古典場から量子場への道

増補第2版

高橋 康・表 實／著

場の量子論を議論する場合，量子力学の上にさらにどれだけの基礎知識を準備しておいたらよいだろうか．無責任な返答だが，量子力学をしっかり勉強しておく以上に，量的にどれだけ知識を準備しておいてもだめだと言うほかない．要は，自分のもっている知識の質であって，あとはそれを土台にして，必要に応じて学んでいく融通性と忍耐である．この点，古典力学や量子力学のような完成した学問を勉強するときと，場の量子論のようにまだ矛盾に満ちた未完成の学問をやるときとでは事情がだいぶ違う．未完成の学問を勉強するのは，ちょうど未開の土地を探検に行くようなもので，多くの準備をして行くにこしたことはないが，ほとんどが無駄になるかもしれないし，あまり重装するとかえって身動きができなくなる．要は，健康であることと，後方との連絡を保ちながら，必要なだけ補給する道を開いておくことである．もちろん，最初から大探検に突入するのは無茶というもので，あらかじめ下調べのため小探検を試みるという手がある（この本が，そのような小探検者のために役立てば幸いである）．とにかく，極端な言い方をすると，本当に必要なものは知識の量ではなく，1つ1つの問題を自分の満足のいくまで徹底的に追及していく気力と論理しかないと言ってもよい．

講談社サイエンティフィク

第１版へのまえがき

この本はえらい先生によって書かれた場の理論のモノグラフとはわけが違う．ある老いた物理屋が，これから場の理論を勉強しようかどうしようかと決めかねている大学の理工科系の学生を相手にして，ステレオでも聞きながら，ごたごたと駄べった記録といったものである．だからずいぶん我流のあらっぽいことを書いたところもたくさんある．

実は，昨夏，国際学会のため東京に帰った折，講談社サイエンティフィクの旧友田代栄之輔君にお会いしたら，前回の拙著「量子力学を学ぶための解析力学入門」に続いて，なんとなくこんな本を書くことになったわけである．旧友というものはなかなかめんどうなもので，会うとろくなことはない．だからといってなんとなく会いたくなるのが旧友の旧友たるゆえんなのであろう．田代君の意見は，あとでいただいた手紙によると次のようなものであった．「私自身のねらいは‘場とは何か’——より正確に言えば‘物理学にとって場とは何か’ということになります．……場というものを‘物理のなかみ’の問題として具体的に書く……」というのであった．こんなむずかしい注文だと知ったらとたんに No！と答えるべきであった．第一，これは私の力に余ることである．そうとは知らずなんとなく考えてみることにしたのが運のつきであった．

Edmonton へ帰ってから，机に向かって過去 30 年おつきあいしてきた場の理論の教科書みたいなものを書いてみようかしらと思って計画をたて，100 枚くらい書いてみたら，あまり技術的になってしまって自分でもいやになった．そのようなものは，田代君の注文とは程遠い．机に向かって書きはじめると，どうも技巧的になる．もちろん場の理論のような抽象的なものを，技巧なしに理解しようと思っても無理な話で，「物理のなかみ」として書く以上，数式に頼らざるを得ない．

とにかく，そういったわけで，今回はあとにもひけず，結局机に向かうことをやめ，ステレオを聞きながら，大学の理工科系の学生（しかも熱心なことは熱心でも少々血のめぐりの遅い仮空の学生）を頭に浮かべて思いつくままに書き流してみることにした．したがって，うんとリラックスして，やさしいことを必要以上にくどくど書いたところあり，少々めんどうくさくなってとばしたところありで，読む人にとっては迷惑千万かもしれない．文献なども，カナダと日本の距離を越えてあまり詳しくさがすのはおっくうであった．そして結局，結果をみると，場とはどうもよくわからないものだということを書いたことになったようである．

Schrödinger がたびたび言ったように，立派な理論というものは，つねにハガキ１枚に書きまとめられるはずのものである．だから「場」を理解しようと思ったら，自分の好きな場の方程式をハガキに書いておいて，それをにらみながら，自分のもっているあらゆる技術とあらゆる知力をしぼりだして，その方程式の数学的，物理的，哲学的意味を徹底的に洗い出してみることである．いったい微分とは何を意味するのか，等号＝とはどういう意味で等しいのか，積分したらどうなるか，この場は物理的に何を意味し，何を背負っているのか，この方程式はいったいどこからどのようにして生まれてきたのか，物理学のほかの分野とどのような関連をもっているか……といったことを徹底的に考えてみるのがよい．困ったら友人をつかまえて，彼や彼女の意見を聞いてみるとよい．そのようなことを考えるとき，この本が何かの役に立てば幸いである．

この本で使った数式の数は，特に前半ではかなり多い．これは，場という抽象的なものを扱う場合，単なるお話以上のことをやろうと思ったら避けられないことで，これを補うために，式の変形の仕方，結果として出てきた式の意味をできるだけ言葉で言い直すように努めたつもりである．しかし，式の変形の仕方の細かい点にはこだわらず，「話のすじ」を明確に理解していくように努められることをおすすめする．式の変形の仕方などは，慣れればなんでもないことで，誰がやったって間違えないかぎり同じ結果が出るはずのものである．各自の独創性が発揮されるのは，まさに何を問題にするか，話のすじをどう立てるか，どう物理的に理解するかにある．私が書いた説明にとらわれず，独自の説明や解釈を「発明」してみられるとよい．というのは，第6章で説明するように，量子場の理論には，われわれが根本的な勘違いをしているところが，どこかにあるはずなのである．

最後に，幾度となく私を激励して下さった田代君と，きたない原稿を清書するといういやな仕事を引き受けて下さった早川さん井上さんに感謝したい．なお，日本大学の仲滋文氏には校正に関してたいへんお世話になった．心から感謝する．

1978年　大晦日

除夜の鐘と雑煮の味を思い浮かべながら

高橋　康

増補第2版へのまえがき

私が場の理論を勉強しはじめた1950年代には，素粒子を取り扱うためには，一般相対性理論は考慮する必要がないというのが常識であった．つまり，素粒子の間の相互作用では，重力場の影響は他の相互作用に比べて小さくて，問題にする必要はないというのが，大勢の物理学者の考えであり，事実，私はその頃，指導教官にそうはっきり言われたのを覚えている．しかし，その後数十年が経過し，素粒子論は，宇宙論と関連して議論されるようになった．したがって，素粒子論者といえども，一般相対性理論をいつまでも無視しているわけにはいかなくなった．

幸か不幸か，私は1960年代，ダブリン高等科学研究所に席をおいて，一般相対性理論の専門家の中で暮らした．毎週のセミナーは，ほとんど一般相対性理論に関したものであって，門外漢の私にとって，いろいろと耳学問が増えていき，一般相対性理論で使われる，いろいろな述語がちっとも恐くなくなったようである．いわゆる，共変的微分とか，空間の曲率に関する量とか，物理量の間に成り立つ，何々の恒等式とか，恐くはなくなったが，それは耳学問の段階でのことであって，いざ，自分で何かを計算するということになると，はたと行き詰まる．自分で，何でも計算できるようになるためには，紙と鉛筆を使ってうんとこさ計算の腕を磨かなければならない．

この本の第1版が出版されたのは1979年のことであり，まだ，素粒子論者にとって，重力はそれほど重要な存在ではなかった．それ以後，ブラックホールなどに関連して，素粒子も，宇宙論的な関連において理解されなければならなくなったようである．

この本の第2版を出すにあたって，第一にこの点を考慮する必要を強く感じたが，私のもっている耳学問では勿論足りない．そこで，この点は気鋭の物理学者表先生に応援して頂くようお願いした．表先生が快く引き受けて下さり，最後の第7章に重力の問題をまとめて頂いた．そのほか，この機会に，第1版の中で，明らかに時代遅れになった表現のあるものを削除した．

この新しい版が，これから，場の理論へ進んで行かれる読者への助けとなるならば，私にとって何よりの幸せである．

2006年1月

Edmontonにて

高橋　康

目　　次

第0章　これから「場」を学ぶ人への助言

場という概念の歴史をたどっていくと，いったいどこまでさかのぼらなければならないのか私は知らない．Newton の力学が確立されてからしばらくの間，力学的自然観が物理学の主流にあって，場の概念が物理学の主要部分を占めるようになったのは Faraday や Maxwell 以後のことだが，場の考え方や取り扱い方は，それ以前に，流体力学や弾性体の力学でだいたい確立されていたといってよい．

流体力学には，よく知られているように，Lagrange による立場と Euler による立場があり，後者においては，座標系を固定しておいて空間の各点における流体の密度や，流体の速度を取り扱う立場がとられている．事実，Faraday が荷電体の周りの状態を実験的に調べた後に，Maxwell は流体力学の考え方を用いて，それを数学的に定式化した．私が学生のころ生意気にも通読しようとした（「通読した」とは言わない）ドイツ語の教科書 Abraham-Becker の「Theorie der Electrizität」では，流体力学の手法がうんとこさ使われていた（その上，この本では vector に花文字を用いてあるので，妙に高級な学問を勉強しているような満足感があった）．

流体を記述するのに Euler の立場では，運動学的な量としての流速 $\boldsymbol{v}$ および熱力学的な量としての圧力 p，密度 ρ，温度 T，内部 energy E や，entropy S などを，人間が勝手に設けた座標系を用いて，その座標の関数として記述し，それらの間の関係式を設定し，それを解いて流体の流れの状態や，流体中で起きるいろいろな現象を調べていく*．つまり座標の各点で速度や密度などを眺めていて，その点で，それらがどのように変化するかを調べる．ここで人間が勝手に設けた座標系と言ったが，その勝手さには実は制限がある．この点は後で触れるが，物理学においては運動方程式を書き下す場合，いつでも，どんな座標系でその運動方程式が正しいのかを気にしておかなければならない．未知量の間にそれと同じ数の独立な運動方程式が成り立てば，それらを解くことによって未知量は原理的に決定できるはずである．

* どちらが Euler で，どちらが Lagrange の立場であったかよく忘れる人は，「オイラは場の理論の立場である」と覚えておくとよい．

この点，ちょっと考えてみておかしいのは，Maxwell の方程式である．Maxwell の方程式は，2 つの vector 方程式と，2 つの scalar 方程式と都合 8 個の方程式を含むが，未知量の数は，2 つの vector $\boldsymbol{E}$ と $\boldsymbol{H}$ で，6 個しかない．何かよけいな方程式が入っているようである．電磁場理論の Hamilton 形式を導入する場合，この点が事情を複雑にしている．

さて，場というものをここではあまりむずかしく考えないで，さしあたり単に空間（3 次元でも 4 次元でもよい）に分布している物理量であると定義しておこう．たとえば物質が空間に連続的に分布しているとき，その密度は一般には空間の点によって異なった値をとるだろう．これを密度の場といってよい．またその物質の各点における速度も，場所によって異なるのが一般であろう．速度を空間の各点の関数と見たとき，それを速度場という．

もう少し抽象的な例をあげよう．たとえば 1 つの荷電体を考える．その荷電体の周りに何も物質がなくても，そこには何かがあると考えたほうがよい．というのは，もう 1 つ別の荷電体を近づけると，それはもとの荷電体によって引っぱられたり押されたりするので，そこには電荷に働く力の場があると考える．単にそう考えるというだけでなく，そこには実際に energy が蓄えられている．また，紙の上に砂鉄をのせて，下に磁石を近づけると，紙の上の砂鉄は一定の配列をする．これは磁石の周りにやはり鉄に働く力の場があるからである．さらに細かく砂鉄の粒子を眺めると，一定の配列だけでなく，粒子が一定の方向を向いて並んでいるのに気がつく．つまり磁石の周りの力の場には，方向性がある．磁気力の場はすなわち vector 場である．

学生の頃，初めて場というものを習ったときの私の先生の説明が今でも印象に残っているので，それをここで紹介しよう．その有名な実験物理学者の説明によると，場とは次のようなものである．まず座標系を設定する．たとえば 3 次元の直交直線座標を考えよう．その空間の各点に，1 個ずつ勝手な数字を書き込む．それらの数字全体の分布を考えたとき，それが scalar 場である．また，空間の各点に，1 個ずつ矢を書き込む．これらの矢の分布を考えたとき，それが vector 場である．矢の長さが，その点における場の大きさであり，矢の方向が，その点における場の方向である．これらの矢が，あっちでもこっちでも，にょきにょき長くなったり短くなったり，方向を変えたりしていれば，それが時間に依存する vector 場である．そのにょきにょきの仕方を決めるのが，場の運動方程式である．……なかなか直観的でよくわかるではないか．

さて，荷電体の周りには電場があり，もう 1 つ別の荷電体（これを試験体とよぶ）がその場の中に入ると，それをある方向に，ある強さで引っぱったり押したりする．その方向と強さを示す矢を空間の各点に書き込んでやると，電場を定量的に表現することができるわけである．もちろん実際には，無限にある空間の各点に，いちいち矢を書いているわけにはいかないから，そこはうまく数式化しなければならない．このことは後で詳しく議論するが，考えのうえで，空間の各「点」に数字や矢を書き込むことができるであろうか．問題は，近づける試験体が実際には有限の大きさをもっているから，幾何学的な意味の「点」における場を正確には指定できないことである．この欠点をできるだけ改良するために試験体を小さく小さくしていくと，今度は別の困難が起きる．というのは，試験体を原子の大きさまで縮小してやると，そこでは量子力学が効いてきて，試験体の運動量と位置の間に不確定性関係が成り立つことになる．したがって，試験体の位置を正確に指定すると，試験体の運動量が不確定になるから，試験体に働く力もわからなくなってしまう．少々数式を用いて書くと，次のようになる．

電場 $\boldsymbol{E}$ の中に，電荷をもった試験体を入れる．ある時刻における試験体の運動量を $\boldsymbol{p}(t)$ とし，微小な時間 δt 後の運動量を $\boldsymbol{p}(t+\delta t)$ とすると，試験体に働く力は $e\delta V\boldsymbol{E}$ である．ただし，δV は試験体の体積で，Newton 力学により，

$$\boldsymbol{p}(t+\delta t)-\boldsymbol{p}(t)=e\delta V\boldsymbol{E}\delta t \tag{1}$$

が成り立つ．ただし，Lorentz の理論によると，動いている荷電体に働く力は

$$\boldsymbol{F}=e\{\boldsymbol{E}+(\boldsymbol{v}/c)\times\boldsymbol{H}\}$$

であるから，(1) の右辺は正しくないが，ここでは，試験体の質量を大きくし，速度 $\boldsymbol{v}$ が大きくならないようにしてあると考える．また，(1) の $\boldsymbol{E}$ は，体積 δV の中での平均の電場である．$\boldsymbol{E}$ を正確に定義するために，δV を小さくしていくと，不確定性関係

$$\Delta p\sim\hbar/\Delta x \tag{2}$$

によって，運動量の不確定さが大きくなり，(1) の左辺がぼやけてしまう．

前に触れた Euler の流体力学のころは流体は連続体であり，原子もなかったし，不確定性関係もなかったから，話は簡単であった．ある点 $\boldsymbol{x}$ を占める小さい体積 δV を考え，その体積中に含まれる質量を δm とする．そして δV を小さくしていくと δm も小さくなり，それらの比 $\delta m/\delta V$ がある値に近づくと考えられる．その極限値で，δV のあった位置 $\boldsymbol{x}$ における密度を定義することができたのである．すなわち流体の密度は

$$\rho(x)\equiv\lim_{\delta V\to 0}\delta m/\delta V \tag{3}$$

と定義する．これは，Newton 力学において質点を考えるのと同様の idealization である．この idealization は，後で場を量子化した場合，「場」が大きさをもたない点粒子と関係してきて，それが原因となっていろいろな困難を引き起こすという結果になる．

場をこのように点の関数と考えることは，点状の試験体による測定が可能であるということを予想していることであり，Fourier 積分の言葉で言うと，場には，無限に短い波長の波が含まれていることである．いま，たとえば x のある関数 $f(x)$ を考え，それを Fourier 積分で表してみると，

$$f(x) = \frac{1}{2\pi}\int_{-\infty}^{\infty} dk f[k] e^{ikx} \tag{4}$$

である．積分は波数kについて，$-\infty$から$+\infty$まで含んでいる．ところが，これをxの周りの幅aで平均してみると，

$$\frac{1}{a}\int_{x-a/2}^{x+a/2} dy\, f(y) = \frac{1}{2\pi}\int_{-\infty}^{\infty} dk\, f[k] \quad \frac{1}{a}\int_{x-a/2}^{x+a/2} dy\, e^{iky}$$
$$= \frac{1}{2\pi}\int_{-\infty}^{\infty} dk\, f[k] e^{ikx} \sin(ka/2)/(ka/2) \tag{5}$$

となる．つまり，関数$f(x)$をxの周りの有限の幅aの間で平均した関数の Fourier 積分は，大きなkに対して，最後の因子だけ収束がよくなっている．平均することによって，短い波長の寄与が少なくなるわけである．試験体として，幾何学的な点をとるということは，$a \to 0$とすることであり，有限のaで平均したときより収束が悪くなる．

この問題について，いまここで文句を言い出すと収拾がつかなくなるから，きわめて楽観的に，力学において質点という概念を飲み込んだときと同様に，「点」で定義された場を1つの数学的抽象化としていちおう受け入れることにしよう．ただし Synge 先生のいわれる Pygmalion 症にかからないように注意しよう．この点については「あとがき」でざん悔をして罪をつぐなうことにする*.

このようにして場を空間の点の関数とし，それがまあまあ数学的によく振る舞っていると仮定すると，微分積分で取り扱うことができるだろう．したがって場を決定するのは，微分方程式か積分方程式であると考えればよい．

場の振る舞いを微分方程式を記述できるようにするためには，さらに物理的な仮定が必要である．微分というのはその定義から明らかなように，ある点xにおける関数の値$f(x)$と，そのすぐ「隣」の点$x + \delta x$における関数の値$f(x + \delta x)$の差を問題にすることである．2階微分では，点xの両隣における関数の値が関係してくる．3階微分では，さらにもう1つ向こう側の両隣……というように，微分の階数が上がるにつれて，ますます遠くのほうの関数の値が関係してくる．しかし隣といっても無限小の隣だから，有限階数の微分をしたときに，有限の距離だけ離れた場が直接関与してくることはない．したがって，有限階の微分方程式を満たす場は，近接作用論に基づいた場であるといってよい．通常われわれが扱う場は，時間と空間の変数について，たかだか2階微分までのものである．

無限階数の微分または積分が入ると，有限遠方の場が効いてくる．これは遠隔作用論に基づいた場の取り扱いで，通常は因果律と矛盾する．空間と時間について有限階の微分方

---

* J. L. Synge: Talking about relativity. 数学的 model と現実の物理的対象をごっちゃにする病気を彼は Pygmalion 症と名づけて警戒している．慢性の Pygmalion 症にかかっては困るが，急性くらいは許してもらいたい．

程式を満たす場を，**局所場**（local field）という．今後われわれはいっさい，話を局所場に限ることにする（ただし，Green 関数を用いると微分方程式を積分形に直すことができるから，そのような積分形は許すことにする）．

さて，適当な物理的考察によって場の量の満たす微分方程式が定まったとしよう．前にも言ったように，未知の場の量の数と**独立な**方程式の数がそろうと，初期値だの境界値だのを与えて方程式を解くことによって，場の量は決まってしまう．

「決まってしまう」というのは実は言い過ぎで，本当に完全に決まってしまったら，場の量子論なんか考える余地がなくなってしまう．正しくは「場の量が，それらが掛け算の順序によらないという仮定のもとに微分方程式を解くと，場の量は決まってしまう」と言うべきであろう．場の量子論では，場の満たす微分方程式としては，古典論と同じものを採用するが，場の量の積に関する規則は別に要求する（第 6 章参照）．

その「場の方程式」だが，物理法則を主張する場合，その法則が成立する条件についての制限まで明記しておかないと，物理法則に意味がなくなる．たとえば，Newton の方程式は，いわゆる慣性系についてのみ成り立つのであって，逆に言えば，Newton の方程式が成り立つような座標系を慣性系とよぶということもできる．慣性系は一義的には定まらないで，一様な並進運動だけ不定である（Galilei の相対性）．

まったく同様の事情は場の方程式にも言えることで，その方程式が成立する座標系を指定しておかないと意味がない．それを数学的にちゃんと表現するためには，座標を変換したとき，場の量がどのように変換するかを決めておかなければならない．その変換の仕方によって，scalar 場とか vector 場を定義する．この定義を正しくやるためには，vector や tensor や spinor 解析が不可欠である．

場の方程式と場の変換性がわかり，その方程式が成り立つ座標系がわかったとして，次に知りたいのは，場に伴ういろいろな物理量，たとえば場の energy とか，場の運動量とか，場の角運動量とか，場の電流などである．たとえば流体が電荷をもっていたら，流体の流れには電流が伴うはずである．その寄与を Maxwell 方程式の右辺の ρ や $\boldsymbol{j}$ に入れてやらなければならない．それらをどのように定義したらよいか．単に試行錯誤に頼るのでは能のない話である．

ここで，古典解析力学では，座標変換と物理量が密接に結びついていたことを思い出そう．たとえば空間座標の推進の母関数が運動量，時間座標の推進の母関数が Hamiltonian，空間座標の回転の母関数が角運動量といった具合である．このことを場の理論に応用すれば，場に伴う運動量や energy や角運動量などを定義できる．その目的のためには，Lagrange 形式や Hamilton 形式を場の理論にまで拡張してやればよい．場の運動方程式の成り立つ座標系を指定するために，座標の推進や回転に対する場の量の変換性はすでに調べてあるわけだから，それを正準形式にもっていって，変換の母関数を定義してやればよい．そうすると場に伴う物理量の定義が明確になるばかりでなく，解析力学でよく知られているいろいろな利点が，すべて場の理論にも，もちこまれることになる．

しかしながら，場を量子化する段階では，あまり解析力学にこだわっていると身動きができなくなることがあるから，解析力学は単なるヒントと考えるのがよいと思う．

場を量子化するというのは，場の量の間に交換関係や反交換関係などを設定し，1つの代数的演算を規定することにあたる．その代数演算を規定する場合，Diracによると，古典解析力学におけるPoisson括弧の理論が手引きとなる．これはあくまで手引きであって，量子場の理論は，いつでも古典場の理論から導き出さなければならないということではない．早い話が，たとえばFermi-Diracの統計に従う粒子が満たす反交換関係は，古典力学におけるPoisson括弧の性質をもってはいない．

ここでちょっと注意しておくが，場の量の満たす運動方程式の中にはPlanckの定数は入っていない．たとえ見かけのうえでPlanckの定数が入っていても，それは定数を再定義することによって，いつでも表面から消し去ることができる（3.1節参照）．Planckの定数が本質的に効いてくるのは，場の量の間に交換関係か反交換関係において，代数演算を規定する段階である．この点は，Planckの定数を0とおいて，古典論的極限をとるとき，特に注意をする（p.72）．

さてそれでは，量子場の理論を定式化する場合，いったい何を基礎に置いたらよいか，古典力学においては，Newtonの3つの法則が基礎になり，それらに力学のすべてが含まれている．電磁気の理論では，Maxwellの方程式が基礎であり，電磁現象はすべてそれから導かれる．熱力学は，第0から第3までの4つの法則にまとめられる．これと同じ意味において，場の量子論では何を基礎方程式として出発したらよいのであろうか．つまり，Schrödingerの意味でハガキ1枚に書くべきものは何であろうか．

手元にある2～3の場の量子論の本をめくってみると，この点，至極あいまいである．出発点における目的と仮定がはっきりと明示されないで，後で使う技巧のお話，たとえば解析関数のことや，Lorentz変換のお話や，場のLagrange形式のことがごたごたと書いてあるのが普通である．これでは，場の量子論がむずかしいものであるという印象を読者が受けるのは当たり前で，原理のわからないまま，技術的なお話を読んでいるうちにいやになってしまう．それを我慢してさらに読んでいくと，こうして交換関係を作れ，ああして反交換関係を作れといった料理法の連続に出くわす．そして，料理法をやっと習得したと思ったら，「実は，相対論的場の理論には，厳密な意味の解はないのである」ということを教えられてがっかりする．その次に，くりこみとか，regularizationとか，いろいろな極限のとり方とか，解でないものから「解」をとり出す高級料理法をうんとこさ勉強させられて，初めて場の理論を実用的に使うことができるようになる．

このような事情は，教わるほうにとってはもちろんのこと，教える側にとっても冷や汗ものである．大学生を相手にして場の理論の講義をするとき，はじめに形式的な整備を行うために導入するLorentz変換や，場の解析力学での種々な仮定は，後になってどんどん破っていかないと話が進まなくなる．学生がそれに気づいて「先生，その量は，ずっと前に小さい量であると仮定したはずですが……」というような質問をされて困ることがよくある．そんなときは，自分の体勢を崩されては話が進められないから，その学生の質問がいかにくだらないものであるかという顔をする先生もでてくる．そんなことをくり返しているうちに，学生のほうも，深刻な質問をしたって，どうせ満足な返答を得ることができないことを悟るのか，それとも，本当に自分の質問はくだらなかったと思い込むのか，単に先生の言うとおりをノートしていくことに落ち着く．

実を言うと，教える側にも一理あることで，事実，学生のときに，深刻なむずかしい問題，もう何十年も世界中の科学者が解こうとして解けないでいる問題に首を突っ込んでしまっては，その学生は一生を棒に振ってしまうことになりかねない．むずかしい問題は後回しにしておいて先に進まないと，奨学資金ももらえないし，物理屋としての職にもありつけない．できるだけやさしい問題を処理する手腕を示しておいて，早くよい職を得るほうが賢明である．したがって，きわめて善意にとれば，先生方は自分でもさんざん苦労してむずかしい問題を解き，世の中をあっと言わせてやろうと長年奮戦してみたがどうにもならなかったので，若い弟子たちにはまあ首を突っ込まないほうがいいよと忠告したいような気持ちが十分入っているわけである（これは「老場(婆)心」と言うべきものであろう）．しかし，誰かがこの難問を解かねばならない．誰かがGordiosの結び目を切らねばならない．

場の量子論を勉強する場合，量子力学の上にさらにどれだけの基礎知識を準備しておいたらよいだろうか．無責任な返答だが，量子力学をしっかり勉強しておく以上に，量的にどれだけ知識を準備しておいてもだめだと言うほかない．要は，自分のもっている知識の質であって，あとはそれを土台にして，必要に応じて学んでいく融通性と忍耐である．

この点，古典力学や量子力学のような完成した学問を勉強するときと，場の量子論のようにまだ矛盾に満ちた未完成の学問をやるときとでは事情がだいぶ違う．未完成の学問を勉強するのは，ちょうど未開の土地を探検に行くようなもので，多くの準備をして行くにこしたことはないが，ほとんどが無駄になるかもしれないし，あまり重装するとかえって身動きができなくなる．要は，健康であることと，後方との連絡を保ちながら，必要なだけ補給する道を開いておくことである．もちろん，最初から大探検に突入するのは無茶というもので，あらかじめ下調べのため小探検を試みるという手がある（この本が，そのような小探検者のために役立てば幸いである）．とにかく，極端な言い方をすると，**本当に必要なものは知識の量ではなく，1つ1つの問題を自分の満足のいくまで徹底的に追及していく気力と論理しかない**と言ってもよい．

いわば，pursuit of clarity とでもいうものだけが原動力になるのではないか……と私は思うが，他の研究者は違った意見をもっておられるかもしれない．自分の知識の量にだまされて，あまり先を急いではいけない．

ここで，この本の読者に予想している準備知識について触れておかねばならない．第1, 2章では，場の概念を導入するために，連続体の取り扱い方と，それを基礎にして電磁場の古典論を概観しただけであるから，量子力学の知識は全然なくても理解できるはずである．古典論の範囲で場の量子論へ移行する準備をするのが主な目的であった．その場合，場の解析力学があると便利には違いないが，ここではそれをも予想しなかった．自動車は高いから自転車くらいで我慢しようというわけである．古典論における連続の方程式の知識で，かなりいける．それに Fourier 積分の簡単な知識があれば十分である．

第3章以後では，量子力学の知識がどうしても必要になる．特に第4章の場の量子化の項では，Hilbert 空間の言葉を使わざるをえない．しかし，調和振動子の量子力学だけを基礎にしたから，むずかしい Hilbert 空間のお話など知っていなくてもよい．特殊相対性理論についても，簡単なことは仮定せざるをえなかった．つまりここまで到着するのに必要なことは，Fourier 積分，調和振動子の量子力学および特殊相対性理論の初歩である．

第5, 6章は，単なるお話と思って読み流してほしい．そこで議論する問題は，深入りすればきりのない問題で，この本では簡単に表面をなでて通った程度にすぎない．読者がこれから場の量子論を勉強していく場合，どこに山がありどこに谷があるか，天候状況はどうかといった，下調べのための小探検を目的としたものである．

この本の最後の「あとがき」は，話を進めるために犯したいろいろな罪をつぐなうためのざん悔である．自分でも完全には納得のいかないことを，いろいろと言わなければならなかった．これも先ほどいった「老場心」の表れである．

余談になるが，ちょっと次のことをつけ加えておく．前にあまり先を急いではいけないと言ったが，なぜそうしてはいけないか？　それは，むずかしい考えを理解する以前に，あまり早く技術に慣れてしまっては，単なる技術屋さんになってしまって，物理学の本質をゆっくりと味わいながら楽しむことができないからである．むずかしい考え方が脳の中に落ち着くのには時間がかかるものである．一方，人間は，技術的なことにはすぐ慣れてしまうものである．計算などが速くできるようになっても，その課目を理解できたと早合点しては困る．いったん研究をやらねばならない段階に達すると，人生そんなに楽しくはない．1年のうち360日くらいは暗中模索まったくの暗がりを手探りで歩いているようなものである．いったい自分が正しい方向に進んでいるかなどわかるはずがない．そう信じて手探りを続けるほかはない．残りの5日くらい（閏年なら6日），ぱっと遠くに光が見えたり，うまくいった……と喜んでみたりすることがあっても，たいがいは幻想である．

それでも一生のうちに，何かちょっとした自然のからくりが理解できればまだ幸運である．そんなことがあるかどうかもわからない．

物理学などという学問（物理にかぎらないかもしれない）は，勉強すればするほどわからない領域のほうが大きくなるのは当たり前で，ここ数十年の高 energy 物理学者の苦悩は，新しく発見された粒子に伴う量子数につけられる名前を見ても，うかがうことができる．Strangeness から始まって，quark，colour，charm などとは，いったい何のことであろう．色や魅力などとは全然関係がないのである．こんな名前は，あとあとになって事情が判明したら，現代の最先端の物理学者がいかに苦しまぎれであったかということを示す名残りにしかならないだろう*．そのときにはまた別種のわけのわからない現象がさらに山積みされていることであろう．

前に，人間は技術的なことにはすぐ慣れてしまうものであると言った．新しいものが導入されると，はじめは変に思うが，すぐ当たり前になってしまう．場の量子論は，1929 年，Heisenberg-Pauli によって定式化され，その直後，それには深刻な困難が含まれていることが指摘された．それは発散の困難といわれているもので，場の量子論を用いてある種の物理量を計算すると，積分が収束しないで，無限大という答えが得られる．一昔前の物理学者は物理学に発散積分が現れるとぎょっとした．したがって，Heisenberg-Pauli の理論が発散の困難を含むことがわかってしばらくの間，なんとか積分を有限にしようという努力がいろいろと試みられた時代があった．しかし，朝永先生や Schwinger，Feynman たちの努力のおかげで，このような発散積分は，一定の計算方法を採用すると，少なくとも量子電気力学（電子と電磁場の相互作用を量子論的に取り扱う学問）に関するかぎり，決まったところにしか出てこないことがわかった．したがって，その決まったところに出てくる発散積分を適当に「解釈」すると，実用的には何も困ったことが起きない．発散積分はあるにはあるが，その値そのものを真正直にとらないで，そこのところは常識で置き換えればよいというわけである．これがいわゆるくりこみ理論である．

われわれの年代の物理屋が物理を始めたのはちょうどそのころであって，それ以後の物理屋の間で「積分が発散しては困る」と思っているのはむしろ少数民族的存在である．われわれの年代の大部分の物理屋は，発散積分を見てもびくともしない．次の年代の物理屋になると，われわれにとっては脅威的なことを平気でやってのける．これは喜ぶべきことか悲しむべきことか，今のところ私にはわからない．

余談はこれくらいにして本論に入ろう．場の理論で考える基本的な問題は，応用問題は別として次の4つにしぼられる．この本で，これらすべての問題を議論するわけにはい

---

* これと似たものに，X 線というのがある．正体がわからないので X 線と名づけられ，その名が固定してしまった．

かないが，一応の目安を書いておくと，

（Ⅰ）場はある運動方程式で決定される．そして，この場の方程式はいかなる座標系で成り立つのか（Galilei 系や Lorentz 系など）という問題

（Ⅱ）場に伴う物理量たとえば energy，運動量，角運動量，電流などをいかに定義するかという問題

（Ⅲ）場や波は，どのように伝播するかという問題

（Ⅳ）波動と粒子（一般には物質）をどのように統一理解するかという問題

である．以下，これらの問題への目標を失わないように進んでいきたい．

第1章　近接作用論の考え方

場という概念を具体的につかむために，ここで流体と弾性体の運動学的力学的取り扱い方を説明する．基調になる考え方は，空間における点と近接作用ということで，ある点における「物」は，そのすぐ隣の点にある物から影響を受けるという考え方をする．Newton 力学には potential energy というものがあるが，それは遠くから時間をかけて伝播してくるものではなく，瞬間的に遠くの粒子から作用してくるものである．したがって Newton 力学にはエーテル（ether）などという仲介物はいらない．

流体や弾性体の中の1点の物質に目をつけたとき，それ以外のすべての点にある物質から，その点に瞬間的に力が働くとしたら，これはたいへんむずかしく手に負えないものになるだろう．幸いなことに，流体や弾性体の一部には，そのすぐ隣の部分からだけ力が働き，遠くのほうの物質の影響を無視してもよい．これはむしろ仮説とみたほうがよいのかもしれないが，この仮説のおかげで，連続体中の1点に働く力は，たった6個の量で代表される力，すなわち応力（stress）である．応力という概念によって連続体の力学は，驚くほど簡単化される．この章では，これらの点を説明しよう．

1.1　Balance 方程式と連続の方程式

Vector 解析などでおなじみだと思うが，場の理論を展開していくとき必要なので，まず balance 方程式と連続の方程式の導き方と，その意味の考察から話を始めよう．

空間にある物理量が分布しているとする．その分布を $\Gamma(x)$ と書く．以下 (x) と書いたらそれは空間座標 $\boldsymbol{x}$ と時間座標 t の関数である．$\Gamma(x)$ は物質の密度や電荷密度のようなものでもよいし，流体の速度場のように方向をもった量でもよい．空間に固定された体積 V を考え，その内部と表面に目をつけよう．体積 V の中の $\Gamma(x)$ の総量は，言うまでもなく $\Gamma(x)$ を体積 V にわたって積分すればよいが，その時間的変化を問題にしよう．それは，体積の外

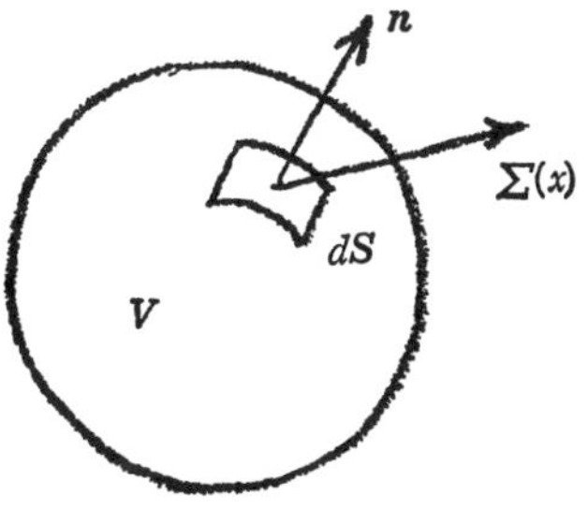

図 1.1

から，全表面を通して単位時間に入ってくる量と，体積中に湧き出す $\Gamma(x)$ の量との和である．このことを数学的に表現するには，V の表面の単位面積を単位時間に流れ出る量(方向まで含めて) $\boldsymbol{\Sigma}(x)$ を導入する．一般には $\boldsymbol{\Sigma}(x)$ は面要素の法線 $\boldsymbol{n}$ と方向が一致しない．面要素 dS から直角に出ていく分は，$\boldsymbol{\Sigma}(x)\cdot\boldsymbol{n}$ だから，表面全体から入ってくる量は，それを全表面積について積分したものの符号を変えたものになる．体積 V 中の点 $\boldsymbol{x}$ から単位時間に湧き出る量を $q(x)$ とすると，全量が balance する条件は，

$$\begin{aligned}\frac{d}{dt}\int_V d^3x\,\Gamma(x) &= \int_V d^3x\frac{\partial\Gamma(x)}{\partial t}\\ &= -\int_S dS\boldsymbol{\Sigma}(x)\cdot\boldsymbol{n}+\int_V d^3x\,q(x)\end{aligned} \tag{1.1}$$

である．右辺第1項は，表面から流れ入る量，第2項は，V 中で湧き出た量である．右辺第1項に，おなじみの Gauss の定理

$$\begin{aligned}\int_S dS\,\boldsymbol{\Sigma}(x)\cdot\boldsymbol{n} &= \int_V d^3x\,\mathrm{div}\,\boldsymbol{\Sigma}(x)\\ &= \int_V d^3x\,\boldsymbol{\nabla}\cdot\boldsymbol{\Sigma}(x)\end{aligned} \tag{1.2}$$

を代入し，考えている体積 V が任意であったことを用いると，(1.1) は微分形

$$\frac{\partial\Gamma(x)}{\partial t}+\boldsymbol{\nabla}\cdot\boldsymbol{\Sigma}(x)=q(x) \tag{1.3}$$

となる．これを **balance 方程式**とよぶ．

もし湧き出しがなかったら，$q(x)=0$，したがって，

$$\frac{\partial\Gamma(x)}{\partial t}+\boldsymbol{\nabla}\cdot\boldsymbol{\Sigma}(x)=0 \tag{1.4}$$

が成り立つ．これを特に**連続の方程式** (continuity equation) という．

(1.3) を導いたとき用いた考え方，またはそれに類似した考え方は，連続体の力学ではしばしば用いられる．(1.4) は，荷電密度や質量密度 $\rho(x)$ と，それらの量の流れ $\boldsymbol{j}(x)$ の間に成り立つ関係

$$\frac{\partial\rho(x)}{\partial t}+\boldsymbol{\nabla}\cdot\boldsymbol{j}(x)=0 \tag{1.5}$$

として，おなじみのものである．

注　意

① Balance 方程式 (1.3) は，物理量の間に成立するきわめて一般的な関係だが，あまりに一般的すぎてこのままでは物理法則にならない．しかしながら，この式を頼りにし

て物理量の定義などをすることができる．たとえばよく知られた Schrödinger の場の方程式[*1]

$$i\hbar\,\dot{\psi}(x)+\left(\frac{\hbar^2}{2m}\right)\nabla^2\psi(x)-V(\boldsymbol{x})\psi(x)=0 \tag{1.6a}$$

とその複素共役

$$i\hbar\,\dot{\psi}^\dagger(x)-\left(\frac{\hbar^2}{2m}\right)\nabla^2\psi^\dagger(x)+\psi^\dagger(x)V(\boldsymbol{x})=0 \tag{1.6b}$$

が与えられている場合[*2]，第 1 の式に $\psi^\dagger(x)$ をかけ，第 2 の式に $\psi(x)$ をかけて加え合わせると，

$$\begin{aligned}&i\hbar\frac{\partial}{\partial t}(\psi^\dagger(x)\psi(x))-\frac{\hbar^2}{2m}(\nabla^2\psi^\dagger(x)\cdot\psi(x)-\psi^\dagger(x)\nabla^2\psi(x))\\&=i\hbar\left[\frac{\partial}{\partial t}(\psi^\dagger(x)\psi(x))+i\frac{\hbar}{2m}\boldsymbol{\nabla}\cdot(\boldsymbol{\nabla}\psi^\dagger(x)\cdot\psi(x)-\psi^\dagger(x)\boldsymbol{\nabla}\psi(x))\right]\\&=0\end{aligned} \tag{1.7}$$

が得られる．[ ] の中は，ちょうど連続の方程式 (1.4) の形をしているから，

$$\Gamma(x)=\psi^\dagger(x)\psi(x) \tag{1.8a}$$

$$\boldsymbol{\Sigma}(x)=i\frac{\hbar}{2m}(\boldsymbol{\nabla}\psi^\dagger(x)\cdot\psi(x)-\psi^\dagger(x)\boldsymbol{\nabla}\psi(x)) \tag{1.8b}$$

によってそれぞれ物質密度とその流れを定義する．

② もっと厳密に物理量を定義するには，解析力学の手法を応用する．解析力学では，座標の無限小推進の母関数が運動量，時間の無限小推進の母関数が energy，無限小回転の母関数が角運動量などという具合に，変換とその母関数の間の関係が知られているので，まったく同様のことを場の理論に行って，場の energy，場の運動量，場の角運動量などを定義する．ただし，場の解析力学を展開するとあまりにも長くなるし，技術的な問題はなるべく避けたいので，この本では (1.3) と (1.4) などで物理量を定義するという便法を用いる．

③ (1.3) や (1.4) を用いるとき，$\boldsymbol{\Sigma}(x)$ には，不定性があるが，これは気にしないことにしよう．たとえば，$\boldsymbol{\Sigma}(x)$ に任意の関数 $\chi(x)$ の回転をつけ加え

$$\boldsymbol{\Sigma}'(x)=\boldsymbol{\Sigma}(x)+\boldsymbol{\nabla}\times\boldsymbol{\chi}(x) \tag{1.9}$$

を用いても，

[*1] ここでは解釈を別として，このような場の方程式が与えられているとする．Schrödinger 方程式を見たことのない読者は，この例をとばして先に進んでよい．第 3 章でこの方程式の意味を説明する．

[*2] ψ の上に打った点は，時間に関する偏微分を意味する．以後しばしば，この記号を用いるから忘れないように．

$$\frac{\partial \Gamma(x)}{\partial t}+\boldsymbol{\nabla}\cdot\boldsymbol{\Sigma}'(x)=q(x) \tag{1.10}$$

が成り立つ（vector 解析では，div・curl はいつでも 0）．

④ ①で（1.3），（1.4）はあまりに一般的すぎて物理法則にならないことを注意した．しかし $\Gamma(x)$ と $\boldsymbol{\Sigma}(x)$ の間に何か別の 3 個の物理的関係が存在すれば，4 個の未知量 $\Gamma(x)$ と $\boldsymbol{\Sigma}(x)$ の間に 4 個の関係式が存在することになり，$\Gamma(x)$ と $\boldsymbol{\Sigma}(x)$ は決定される．このような関係を**構成方程式**（constitutive equation）とよぶ．たとえば，温度分布 $T(x)$ と熱の流れ $\boldsymbol{f}(x)$ の間には balance 方程式

$$C\rho\frac{\partial T(x)}{\partial t}+\boldsymbol{\nabla}\cdot\boldsymbol{f}(x)=q(x) \tag{1.11}$$

が成り立つ．ただし，C は比熱，ρ は物質の密度で，ここでは定数と仮定した．$q(x)$ は $\boldsymbol{x}$ 点において，単位時間，単位体積に湧き出す熱である．これは単なる balance を示す関係である．そして熱はつねに高いほうから低いほうへ移動するという物理法則（構成方程式）

$$\boldsymbol{f}(x)=-\kappa\boldsymbol{\nabla}T(x)\quad(\kappa>0) \tag{1.12}$$

を（1.11）と連立させると，熱の湧き出し口がないところで，

$$\boldsymbol{\nabla}^2T(x)=\frac{C\rho}{\kappa}\frac{\partial T(x)}{\partial t} \tag{1.13}$$

という拡散方程式が得られる．初期条件や境界条件が与えられれば，この方程式から $T(x)$ の時間空間分布が決まる．$T(x)$ は（1.13）からすぐわかるように，時間的に指数的に減っていく．ここで考えた構成方程式，（1.12）も，熱の流れがその近傍における温度差で決まるという近接作用の考え方に基づいていることに注意したい．

⑤ Balance 方程式（1.3）の右辺が 0 なら，もちろん連続の方程式が得られるが，そうでなくても連続の方程式が得られる場合がある．自然にはむしろその場合のほうが多い．よく知られた例は，Newton の方程式

$$m\frac{d^2\boldsymbol{x}(t)}{dt^2}=\boldsymbol{F}(t) \tag{1.14}$$

が成り立つ場合，運動 energy の時間微分は，

$$\frac{d}{dt}\left\{\frac{1}{2}m\frac{d\boldsymbol{x}(t)}{dt}\cdot\frac{d\boldsymbol{x}(t)}{dt}\right\}=m\frac{d\boldsymbol{x}(t)}{dt}\cdot\frac{d^2\boldsymbol{x}(t)}{dt^2}=\frac{d\boldsymbol{x}(t)}{dt}\cdot\boldsymbol{F}(t) \tag{1.15}$$

このままでは，運動 energy は右辺が 0 でないかぎり保存しない．しかし，もし力 $\boldsymbol{F}(t)$ が potential から導かれるような場合，すなわち

$$\boldsymbol{F}(t)=-\boldsymbol{\nabla}V(\boldsymbol{x}(t)) \tag{1.16}$$

ならば，

$$\frac{d}{dt}\left\{\frac{1}{2}m\frac{d\boldsymbol{x}(t)}{dt}\cdot\frac{d\boldsymbol{x}(t)}{dt}\right\}=-\frac{d\boldsymbol{x}(t)}{dt}\cdot\boldsymbol{\nabla}V(\boldsymbol{x}(t))$$
$$=-\frac{d}{dt}V(\boldsymbol{x}(t)) \tag{1.17}$$

となる．したがって運動 energy だけでは保存しないが，運動 energy と potential energy の和が保存する．したがって一般に $q(x)$ が 0 でなくても，

$$q(x)=\frac{\partial r(x)}{\partial t}+\boldsymbol{\nabla}\cdot\boldsymbol{\sigma}(x) \tag{1.18}$$

と書けるような場合には，連続の方程式

$$\frac{\partial}{\partial t}\{\Gamma(x)-r(x)\}+\boldsymbol{\nabla}\cdot\{\boldsymbol{\Sigma}(x)-\boldsymbol{\sigma}(x)\}=0 \tag{1.19}$$

が成り立つ．このような例は後でたくさん出てくる．たとえば，荷電粒子と電磁場の間に成り立つ保存則（2.3 節），電子の軌道角運動量と spin の和が保存する事実（3.2 節）の議論はそのような場合である．

1.2 連続物体中に働く力

1.2.1 質量要素

次に，物体の内部に働く力をどう記述するかを考える．物質は言うまでもなく分子から成り立っているが，そのことをいっさい無視し，物質は連続体から成り立っているとしよう．そして，その中の小さい体積要素 $d^3x \equiv dV$ を考えよう．

まず第 1 の仮定は，この体積要素の中の物質は，いつまでもいっしょにいるということである*．物質の各部分がお互いにあんまり遠ざかっていくことはないとする．dV の中に含まれる質量要素を $dm = \rho dV$ とするとき，

$$\lim_{dV\to 0}\frac{dm}{dV}=\rho(x) \tag{2.1}$$

によって，点 $\boldsymbol{x}$，時刻 t における質量密度を定義する．

質量要素 dm は，その隣の質量要素から何らかの力を受けるだろう．また，外から重力のようなものがかかっているかもしれない．また，物質が電荷を帯びたものなら，すぐ隣の質量要素からだけでなく，ずっと遠方の質量要素から Coulomb 力を受けるであろう．

* 連続体として，電車の中のすしづめの状態を考えてもよいし，高速道路を走る自動車の流れを考えてもよいが，その中に特に crazy な driver がいないものとする．Crazy な driver がほんの少数なら，それらを通常の力学で扱う．数が多いときは，気体分子運動論で論じなければならない．問題なのは，多くの crazy drivers が，長距離力によって秩序ある運動をするときである．たとえば彼らが携帯電話で連絡し合って組織的行動をしていると，手のつけようがない．

いずれにしろ，1つの質量要素に目をつけると，それに働く力を次の3種類に分けて考えた方がよい[*1]．すなわち，

（i）考えている連続体以外からの力（重力など）

（ii）考えている連続体の他の部分から働く長距離力（Coulomb 力など）

（iii）考えている質量要素のすぐ近くの質量要素からくる近距離力（分子間力など）

幸か不幸か，自然には巨視的な中距離力は存在しないようである．

1.2.2 長距離力

（i）の力は体積要素全体に働き，特に体積要素の大きさが外力の波長よりずっと小さいと，力は体積要素の内部に平均して働く．外力の波長が体積要素よりうんと小さくなってしまったら，体積要素の異なった部分には異なった力が働き，結局，正負の効果が打ち消し合ってしまう．船より長い波長の波が来ると，船は波とともに上下するが，船より小さいさざ波が来ても船はゆれないという事情を思い出すとよい．いずれにせよ，結局は，dV が 0 になる極限を考えるので，体積要素はどんな波長の外力とも相互作用する[*2]．ここで考えた外力のように，体積要素全体に働く力を **body force** または **volume force** とよぶ．

次に（ii）の力，つまり連続体のすぐ隣以外の部分から働く力を考慮に入れるのはなかなか大変である．このような力には，Coulomb 力のように各体積要素が荷電をもっているために，向こう三軒両隣をうんと飛び越えて遠くのほうに働く場合と，また（iii）で述べる近距離力が強いために，お互いの体積要素が強く couple し合い，1点の体積要素の働きが途中のものを通じて遠くへ伝達される場合がある．特に後者の場合は，系全体としてある種の秩序状態が作られる．たとえば，強磁性体はある温度以下になると，各体積要素のもつ磁石が強い相互作用のためにすべて一定の方向を向き，系全体として強い磁石になる．このとき，1個の体積要素の磁石をゆすってやると，その影響が次々と伝わって遠くに伝播する．このような遠距離力は強い近距離力から作られたもので，2次的なもののように思われるかもしれないが，実はこの2次的な長距離力は，1次的な力を control して全体として一定の秩序が保たれることになる．超伝導現象，強磁性，弾性体，超流動などすべてこのような機構によって保たれる1つの秩序状態であるという考え方は，現在の場の理論の重要な応用の1つだから，後でもう少し具体的に議論しよう（第5章）．

1.2.3 近距離力と応力

最後の（iii）の力は，体積要素のすぐ近傍の薄い層のみから来る近距離力で，体積要素

[*1] 満員電車に乗ったと考えてみるとよい．自分の体には，すぐ隣の人からの力がかかる．遠くの人から押される力は，次々と人々を伝わって自分の位置に来る．これが（iii）の力．（ii）の力は，満員電車の中で，離れている友人に，次の駅で降りるぞと知らせることにあたる．

[*2] このことが，後になってたいへんなことを引き起こすが，その話は後のお楽しみ．

の表面だけに働くものである．この力を記述するためには，**応力**という考え方が有効である．

連続体の中に，点 P を通る 1 つの面要素 dS を考えよう．その法線を $\boldsymbol{n}$ とし，$\boldsymbol{n}$ の向かっているほうにある部分を A_+，反対方向にある部分を A_- とする．dS を通しての応力 $\boldsymbol{F}dS$ は[*1]，A_+ の部分が A_- の部分に及ぼす力で，一般に $\boldsymbol{n}$ と平行でないばかりか，P の位置や $\boldsymbol{n}$ の方向を変えると，$\boldsymbol{F}$ も変わる．$\boldsymbol{F}$ への寄与は，面 dS に沿った薄い部分からしか来ない（近接作用）としているから，A_+ や A_- にとる体積要素の大きさは，力の作用圏を含むかぎり，問題にしなくてよい．

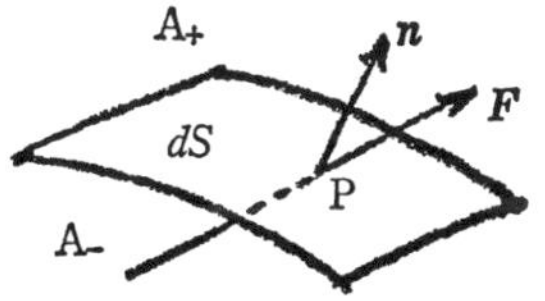

図 1.2

もし，$\boldsymbol{F}$ と $\boldsymbol{n}$ が平行なら，つまり，A_+ 部分が A_- 部分を引っ張っているとき，それを**張力**（tension），反平行のときは**圧力**（pressure），2 つをいっしょにして**法線応力**（normal stress）という．$\boldsymbol{F}$ と $\boldsymbol{n}$ が直角のときは，$\boldsymbol{F}$ を**せん断応力**（shearing stress または tangential stress）という．一般の $\boldsymbol{n}$ では，せん断応力と張力または圧力の組み合わせである．$\boldsymbol{n}$ をどんな方向にとっても，$\boldsymbol{F}$ が同じ大きさの圧力である場合があるが，これを**静水応力**（hydrostatic stress）といい，静止した液体ではこれが実現されている．

1.2.4　応力 tensor

さて，点 P における応力は一般に $\boldsymbol{n}$ に依存しているが，それは案外簡単な線形関係である．それを以下に証明しておこう[*2]．

点 x における応力は一般に $\boldsymbol{n}$ の関数だから，それを $\boldsymbol{F}(x, \boldsymbol{n})$ と書く．物質中に図 1.3 のような無限小四面体 $OA_1A_2A_3$ を想定する．面 $A_1A_2A_3$ の法線は $\boldsymbol{n}$，その面を通る応力は $\boldsymbol{F}(x, \boldsymbol{n})$ である．次に x_1 軸に垂直な面 OA_2A_3 の外向き法線は $\boldsymbol{n}^{(1)} = (-1,\ 0,\ 0)$，その面の応力はしたがって $\boldsymbol{F}(x, \boldsymbol{n}^{(1)})$ である．同様にして，x_2 軸に垂直な面 OA_3A_1 の外向き法線は $\boldsymbol{n}^{(2)} = (0,\ -1,\ 0)$，応力は $\boldsymbol{F}(x, \boldsymbol{n}^{(2)})$ であり，x_3 軸に垂直な面の外向き法線は $\boldsymbol{n}^{(3)} = (0,\ 0,\ -1)$，応力は $\boldsymbol{F}(x, \boldsymbol{n}^{(3)})$ となる．

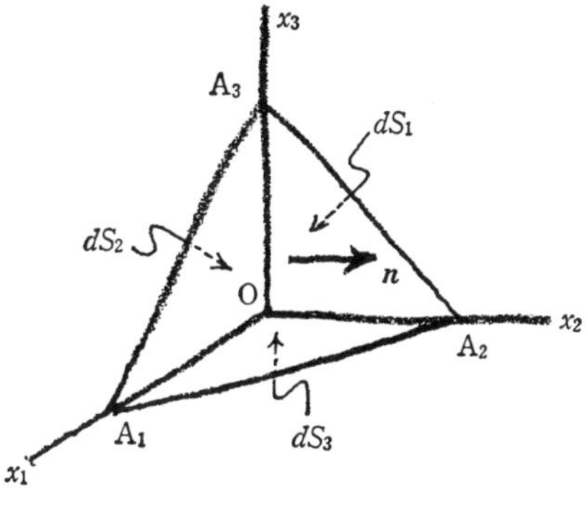

図 1.3

[*1] この力が dS だけに比例しており，A_+ と A_- の部分の大きさによらないのは，面積 dS の両側の薄い層だけが力を及ぼし合っていると仮定しているからである．

[*2] この証明の仕方は誰が最初に見つけたのか知らないが，まったくうまいなとつくづく思う．当たり前と思わないでよくよく玩味あれ．

四面体の体積 dV，その中の物質の質量密度を ρ，加速度を $\boldsymbol{a}$ とすると，Newton の第2法則

$$\rho dV\boldsymbol{a} = \boldsymbol{F}(x,\boldsymbol{n})dS + \sum_{i=1}^{3}\boldsymbol{F}(x,\boldsymbol{n}^{(i)})dS_i + dV\boldsymbol{K}(x) \tag{2.2}$$

が成り立たなければならない*．右辺の最後の項は体積に比例する外力である．ここで今，$\boldsymbol{n}$ の方向を変えないように保ちながら A_1，A_2，A_3 を O に近づける．dV のかかった2つの項は，3次の無限小，dS や dS_i のかかった項は2次の無限小だから，極限では，

$$\boldsymbol{F}(x,\boldsymbol{n}) = -\sum_{i=1}^{3}\boldsymbol{F}(x,\boldsymbol{n}^{(i)})dS_i \,/\, dS \tag{2.3}$$

が成り立たなければならない．すなわち，応力だけの和が0でなければならない．dS_i/dS は，$\boldsymbol{n}$ の各成分に等しい，すなわち

$$dS_i/dS = n_i \qquad i = 1, 2, 3 \tag{2.4}$$

を用いると（2.3）は，

$$\begin{aligned}\boldsymbol{F}(x,\boldsymbol{n}) &= -\sum_{j=1}^{3}\boldsymbol{F}(x,\boldsymbol{n}^{(j)})n_j \\ &= \sum_{j=1}^{3}\boldsymbol{F}(x,-\boldsymbol{n}^{(j)})n_j\end{aligned} \tag{2.5}$$

となる．最後の段階では，作用と反作用が等しいということを用い，$\boldsymbol{n}^{(i)}$ $(i = 1, 2, 3)$ の符号を変えたとき，同時に力の符号も変えた．

さて，（2.5）を眺めると，次のようなことに気がつく．右辺に現れた量，$\boldsymbol{F}(x, -\boldsymbol{n}^{(j)})$ は $\boldsymbol{n}$ にはよらない量である（$\boldsymbol{n}^{(j)}$ は，$\boldsymbol{n}$ の方向と無関係に j- 軸方向を向いている）．したがって（2.5）の主張するところは，$\boldsymbol{F}(x, \boldsymbol{n})$ が n_i の線形関数であるということである（$\boldsymbol{F}$ と $\boldsymbol{n}$ が平行ということではない点に注意！）．成分について書くと，

$$F_i(x,\boldsymbol{n}) = \sum_{j=1}^{3}F_i(x,-\boldsymbol{n}^{(j)})n_j \qquad i = 1,2,3 \tag{2.6}$$

である．勝手な法線 $\boldsymbol{n}$ をもつ平面に働く応力はつねに1, 2, 3軸に垂直な面に働く応力（それは，各面に垂直であるとはかぎらない）に分解できることを，（2.6）は示しているのである．そして，$\boldsymbol{n}$ によらない3個の vector $\boldsymbol{F}(x, -\boldsymbol{n}^{(j)})$ の各成分を，

---

* この関係は，後で弾性体の運動方程式を考えるときにまた用いる．右辺第1項と第2項の $\boldsymbol{F}$ の中の変数 x は，実は変えておかなければならない．つまり，第1項では dS のあるところの x を，第2項では dS_i のあるところの x を用いておかないといけないが，（2.3）では2次の無限小までを考えるからその差は問題にならない．運動方程式を導くときは3次の無限小を問題にするので，その差から力が出てくる．もう1つ気になるのは，（2.2）を書き下す際，表面積を通して実際に出入りする物質を考慮しなかったことである．これを考慮しても2次の無限小の項は自動的に0になり，以下の議論には差し支えない．ただし，3次の無限小には効いてくるから，運動方程式を導く際にはそのような項も考慮しなければならない．この点に関しては，1.4節の流体の項を見よ．

$$F_i(x, -\boldsymbol{n}^{(j)}) = T_{ij}(x) \tag{2.7}$$

と書くと，(2.6) は，

$$F_i(x,\boldsymbol{n}) = \sum_{j=1}^{3} T_{ij}(x) n_j \tag{2.8}$$

となる．これで $F_i(x,\boldsymbol{n})$ は，$\boldsymbol{n}$ を指定したとき 9 個の量 $T_{ij}(x)$ で表現できることがわかった．これは，応力の釣り合いだけから得られた結論である．$T_{ij}(x)$ のことを**応力 tensor** (stress tensor) とよぶ*．すなわち，近接力は 9 個の量で表現できる (後でさらに 6 個に減らすように条件をつける)．

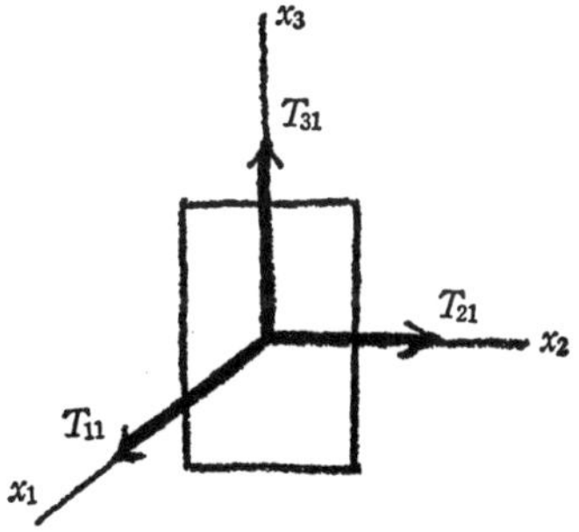

図 1.4

$T_{ij}(x)$ は，定義 (2.7) からわかるように，j 軸に垂直な平面に働く応力の i 方向成分である (後の添字が応力の働く面を示し，前の添字が応力の成分を示す)．したがって，たとえば，$T_{11}(x)$ は (2－3) 面に働く応力の第 1 成分，$T_{12}(x)$ は (3－1) 面に働く応力の第 1 成分，$T_{13}(x)$ は (1－2) 平面に働く応力の第 1 成分という具合である．全部をいっしょの図の中に書き込むとわかりにくくなるから，法線応力 T_{11}，T_{22}，T_{33} と，せん断応力 T_{12}，T_{13}，T_{21}，T_{23}，T_{31}，T_{32} を別々に書くと，図 1.5 および 1.6 のようになる．

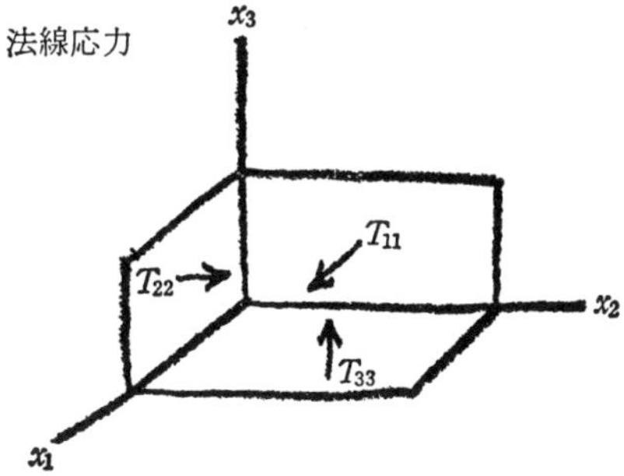

図 1.5

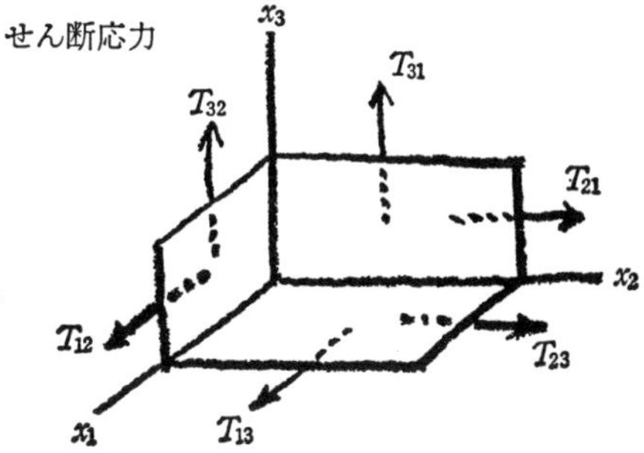

図 1.6

1.2.5 応力 tensor の非対角項

$T_{ij}(x)$ の非対角項 ($i \neq j$) は面に沿って働くせん断応力だから，連続体の部分を回転しようとする (満員電車の中で隣の男――もちろん美しいご婦人ならなおよい――が体を

* これが tensor になるということは証明を要するが，ここでは立ち入らない．p.80 を見よ．

ねじると自分の体の表面にせん断応力が働く，それが T_{ij} の非対角項である[*1]．

非対角項の意味をもう少し詳しく調べるために，いま，図 1.7 のような立方体の表面に働く力を考えよう．T_{13} のある面に働く力の moment は，

$$(T_{13}dx_1dx_2) \times dx_3 \qquad (2.9)$$

一方，T_{31} のある面に働く力の moment は，

$$(T_{31}dx_2dx_3) \times dx_1 \qquad (2.10)$$

両者が釣り合っていれば，

$$T_{13}(x) = T_{31}(x) \qquad (2.11)$$

である．まったく同様にして，釣り合いの条件は一般に，

$$T_{ij}(x) = T_{ji}(x) \qquad (2.12)$$

である．力の moment が釣り合っているときは，応力 tensor はこのように対称である．Tensor の対称性は座標系によらない．ただし，力の moment が釣り合うということは六面体が回転していないということではない．回転に加速度がついていないということである．この点，次章の（2.5）で論ずるが，T_{ij} の対称性は角運動量保存則から来ていると言ってよい．応力はこの場合，6 個の量だけ独立である．

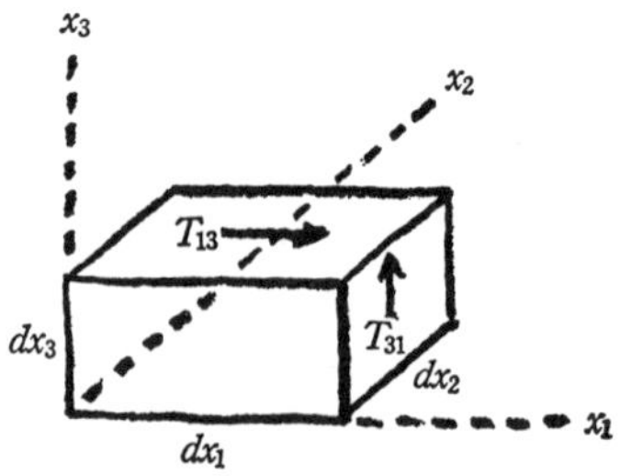

図 1.7

線形代数学によると，対称行列は直交変換でつねに対角化できる．そうすると，せん断応力は消えてしまい，法線応力だけとなる．ただしこの場合は，$T_{ij}(x)$ は x に依存しているので，対角化する直交変換も x に依存する．ということは，x を固定しておくと座標回転によってつねにその点でせん断応力がなくなるようにできるが（このような変換を**主軸変換**ともいう），連続体全体を一様に回転してすべてのせん断応力を消すことはできない[*2]．また，ある点にかぎれば，せん断応力がないような 3 つの直交した平面を見つけることはできるが，これら 3 つの直交平面の方向は一般には場所によって異なると言い換えてもよい．

応力についてはその他いろいろ説明したいことがあるが，一応，連続体の中に働く近接力の概念がこれでだいたいつかめたと思う．

[*1] ただし，このような「男性体論」は本書の程度を越えるので，ここでは論じない．

[*2] 一般相対性理論による重力の理論にもまったく同じ事情がある．Riemann 空間の距離を定義する基本 tensor は対称であるから，点を固定すれば対角化できる．つまり，ある点では重力を消してしまうような座標系を選べるが，すべての点で重力を消して，Minkowski 空間に直すことはもちろん不可能である．弾性体論と一般相対論とはちょっと似たところがあるので，この点についてはまた後で少しだけ触れる（第 7 章参照）．

次に，この近接力によって，連続体の部分がどのような運動をするか知りたいところである．そのためにはまず，運動を記述する変数を決めなければならない．これは目的によりけりで，極端なことを言えば，連続体全体としてどう動くかのみに興味があるならば，応力など忘れて，単に連続体の重心座標なり慣性能率なりを変数として選べばよいわけである．天文学者は地球や太陽を点とみなすではないか．しかし，地球物理学者はそうはいかない．われわれに興味があるのはそんなおおまかなことではなく，応力によって弾性体内の**何がどのように**影響されるかという細かい問題である．このことを次に考えよう．

1.3 歪みの場

連続体の中に応力の場ができると（そのでき方は今は気にしないでおく．外から圧縮したと思っていてよい），連続体の各部分はその力のために位置を変えるだろう．位置を変えて応力の変化を感じなくなるところに落ち着くだろう．たまには，行き過ぎてまた元の方向へ戻り，今度もまた行き過ぎて……という具合に，行きつ戻りつすることもあるだろう．これが弾性体の中の振動である．また，応力によってはどこへ行ってもいっこうに変わりばえがしなくて，連続体の部分は流れ続けることもある．流体力学はこのような場合を扱う．

1.3.1 変位の場

前者のような場合，連続体内のある無限小体積要素の自然な位置を直交座標 x_i ($i = 1, 2, 3$) で表すことにする．この体積要素が点 X_i に移ったとすると，その変位は，

$$u_i \equiv X_i - x_i \tag{3.1}$$

である．この u_i をはじめの点 x_i の関数と見て，$u_i(x)$ と書く．これは変位の場で大きさと方向をもつ量である．この変位によって近くの 2 点の間の相対位置がどう変わるかをまず調べよう．点 x_i は点 $X_i = x_i + u_i$ に移り，点 $x_i + \Delta x_i$ は点 $X_i + \Delta X_i = x_i + u_i + \Delta x_i + \Delta u_i$ に移ったとすると，はじめの 2 点の距離の 2 乗 ds^2 は，

$$ds^2 = \Sigma_{i=1}^{3} \Delta x_i \Delta x_i \tag{3.2}$$

それらが変位した後の 2 点間の距離の 2 乗 dS^2 は，

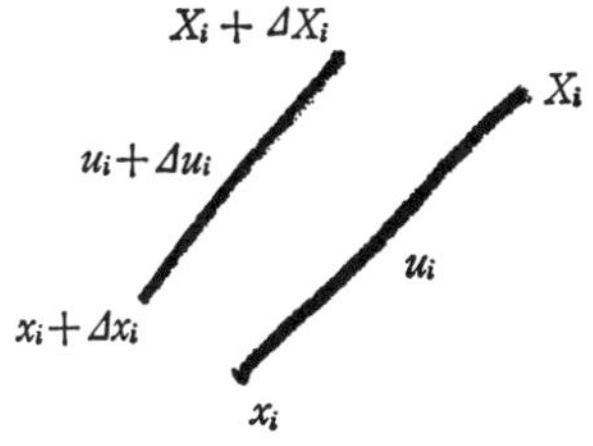

図 1.8

$$
\begin{aligned}
dS^2 &= \sum_{i=1}^{3} \Delta X_i \Delta X_i \\
&= \sum_{i=1}^{3} (\Delta x_i + \Delta u_i)(\Delta x_i + \Delta u_i) \\
&= \sum_{i=1}^{3} (\Delta x_i \Delta x_i + \Delta u_i \Delta x_i + \Delta x_i \Delta u_i + \Delta u_i \Delta u_i) \\
&= ds^2 + \sum_{i,j} \{\partial_j u_i(x) + \partial_i u_j(x)\} \Delta x_i \Delta x_j \\
&\quad + \sum_{i,j} (\sum_k \partial_i u_k(x) \partial_j u_k(x)) \Delta x_i \Delta x_j \\
&\equiv \sum_{i,j} g_{ij}(x) \Delta x_i \Delta x_j
\end{aligned}
\tag{3.3}
$$

となる[*1]. ただし,

$$
g_{ij}(x) = \delta_{ij} + (\partial_i u_j(x) + \partial_j u_i(x)) + \Sigma_k \partial_i u_k(x) \partial_j u_k(x) \tag{3.4}
$$

である. これは微分幾何学でおなじみの**計量基本 tensor** (metric tensor, または単に基本 tensor) といわれるもので, ごらんのように対称 tensor である.

変位 $u_i(x)$ は stress によって起きるから, この $g_{ij}(x)$ をもって stress による連続体の変化を記述する変数と選んでよい. はじめの x_i-座標系はまだそのままあるが, 変位後の点 X_i を新しい座標系と見ると, これは直交系ではなく, また物差しの目盛りも変わっている. g_{11} が第1軸方向の目盛りの変わり方を示し, 非対角項たとえば g_{12} は, 第1軸と第2軸の間の角の cosine になる.

1.3.2 微小変位理論

このような新しい座標系で微分幾何学の手法を駆使して弾性体論を展開するのはおもしろいばかりでなく, 一般相対性理論のためのよい準備にはなるが, それはこの本の程度をはるかに越えるので[*2], ここでは, 話を簡単にするために変位 u_i が小さく, その2乗が省略できるという, いわゆる微小変位理論 (infinitesimal displacement theory) に話を限ろう. そうすると基本 tensor は,

$$
g_{ij}(x) = \delta_{ij} + \partial_i u_j(x) + \partial_j u_i(x) \tag{3.5}
$$

となる.

体積変化 連続体の体積がどう変わっているかを見るには, Jacobian を, 微小変化に注意して,

[*1] $\partial_i = \partial/\partial x_i$. なお和はすべて1から3まで.

[*2] このようなことは, 粘弾性体を論ずるレオロジー (rheology) という分野の人たちによって行われている.

$$\left|\frac{\partial(X_1X_2X_3)}{\partial(x_1x_2x_3)}\right| = \begin{vmatrix} 1+\partial_1 u_1 & \partial_1 u_2 & \partial_1 u_3 \\ \partial_2 u_1 & 1+\partial_2 u_2 & \partial_2 u_3 \\ \partial_3 u_1 & \partial_3 u_2 & 1+\partial_3 u_3 \end{vmatrix}$$
$$= 1 + \sum_i \partial_i u_i + 0(u^2) \tag{3.6}$$

と計算すると，新しい体積要素は，

$$\Delta X_1 \Delta X_2 \Delta X_3 = \left|\frac{\partial(X_1X_2X_3)}{\partial(x_1,x_2,x_3)}\right| \Delta x_1 \Delta x_2 \Delta x_3$$
$$= \left\{1 + \sum_i \partial_i u_i(x)\right\} \Delta x_1 \Delta x_2 \Delta x_3 \tag{3.7}$$

したがって，量

$$\Sigma_i \partial_i u_i = \mathrm{div}\, \boldsymbol{u}(x) \tag{3.8}$$

が負なら縮小，正なら膨張ということになる．(3.8) で定義された量を**体積歪み** (volume dilatation) という．

歪み tensor および回転　われわれは，u_i を x の関数と見ているから[*1]，

$$\Delta u_i(x) = \sum_j \partial_j u_i(x) \Delta x_j$$
$$= \sum_j 1/2\{\partial_j u_i(x) + \partial_i u_j(x)\} \Delta x_j$$
$$+ \sum_j 1/2\{\partial_j u_i(x) - \partial_i u_j(x)\} \Delta x_j \tag{3.9}$$

と書くことができる．右辺に現れる量をそれぞれ

$$S_{ij}(x) \equiv \{\partial_i u_j(x) + \partial_j u_i(x)\}/2 \tag{3.10}$$

$$\Omega_i(x) \equiv 1/2\Sigma_{j,k} \varepsilon_{ijk} \{\partial_j u_k(x) - \partial_k u_j(x)\} = (\nabla \times \boldsymbol{u}(x))_i \tag{3.11}$$

とおき[*2]，それぞれ**歪み tensor** (strain tensor) および**回転** (rotation) とよぶ．その名の由来は次のようである．(3.10) は (3.5) と比較するとわかるように，計量基本 tensor g_{ij} の δ_{ij} からのずれの 2 分の 1 で，連続体がどれだけ歪んだかを示す．

一方，(3.9) の右辺第 2 項は，

[*1] 微小変位理論では，$\boldsymbol{u}$ を x の関数としても，X の関数としても同じことである．その差は高次の無限小になる．また，ここでは u_i の空間的変化だけを問題にする．

[*2] ここで ε_{ijk} というのは，

$$\varepsilon_{ijk} = \begin{cases} 1 & i,\ j,\ k \text{ が } 1, 2, 3 \text{ の偶置換のとき} \\ -1 & \quad〃\quad \text{奇置換}\quad〃 \\ 0 & \text{それ以外のとき} \end{cases}$$

で，たとえば $\Omega_1 = \partial_2 u_3 - \partial_3 u_2$ などである．

$$1/2\Sigma_j(\partial_j u_i(x) - \partial_i u_j(x))\Delta x_j$$
$$= -1/2\Sigma_{j,k}\varepsilon_{ijk}\Delta x_j \Omega_k = -1/2(\Delta \boldsymbol{x} \times \boldsymbol{\Omega})_i \tag{3.12}$$

と書くことができる*．これは，$\Delta \boldsymbol{x}$ を $\boldsymbol{\Omega}$ 方向の軸の周りに無限小角 $\sin^{-1}|\Omega|$ だけ回転したことを示している．回転だからこの項は距離の変化 $g_{ij} - \delta_{ij}$ に効かなかったのである．

注 意

① 変位 u_i は vector で3成分しかもたないのに，それから6個の量 S_{ij} と3個の Ω_i が出てきた．これはその各軸方向への微分を考えたからで，合計9個の量が出てくるのは自然である．われわれは連続体が全体として変位することに興味があるのではなく，連続体の中の点が相対的にどうずれるかに興味があるので，微分を問題にしなければならなかったのである．

② 歪み $S_{ij}(x)$ は相対的な伸び縮みを表す量であるが，そのような歪みのない条件，すなわち，

$$2S_{ij}(x) = \partial_i u_j(x) + \partial_j u_i(x) = 0$$

を，Killing（キリング）の方程式，その解を Killing vector とよぶ．このような変位の場合，2つの vector の成す角も不変である（証明略）．

以上のことから，連続体中に起きる変化を記述するのに目的に応じて $S_{ij}(x)$ なり $\Omega_i(x)$ を用いればよいことがわかる．これらの量が応力 tensor $T_{ij}(x)$ の働きによってどのように決まるかは第2章で論じる．

1.4 速度の場

前節で連続体の変位を問題にし，それを歪みと回転に分けて考えた．そのとき，変位 $\boldsymbol{u}$ が小さいという仮定のもとに $\boldsymbol{u}$ の2次以上を無視した．しかし流体などでは，流れに従って流体は遠くまで動いていくから，小さい変位など考えていたのでは話にならない．しかし大きい $\boldsymbol{u}$ を考えることは問題を複雑にするばかりで手に負えないことになるだろう．そのようなときには，むしろ思い切ってそんな変数を忘れてしまうことである．だいたい流体などを扱う場合，ある点にあった流体がどこまで動いて行くかなどということを問題にすることはほとんどない．むしろ，流体がどのように流れているかと問うほうが自然であろう．このように，物理学では自分の問いに答えられるような変数を探し，それに対する基本的な方程式，つまり物理法則を見つけていくべきものであろう．物理法則はある種の問いに対して作られるもので，法則がどのような問いに答えられるかを決めるものだと

---

* この変形をする場合，

$$\sum_k \varepsilon_{ijk}\varepsilon_{lmk} = \delta_{il}\delta_{jm} - \delta_{im}\delta_{jl}$$

を用いる．

考えるべきであろう．だからといって，まったく勝手な理論を作ったのではお話にならないことは言うまでもない．ついお説教のようになって申し訳ないが，言いたいことは，実際に流れて遠くまで行ってしまうようなものを扱うのには，前節の $\boldsymbol{u}$ というのは適当な物理変数ではないから，問題を変えて何かほかの変数を探せということである．

1.4.1 速度の場

流体を議論するときにはむしろ $\boldsymbol{u}$ を問題にしないで，流体の密度 $\rho(x)$ と $\boldsymbol{u}$ の Lagrange 的な時間的変化として速度の場 $\boldsymbol{v}(x)$ を導入し，それらの間の関係を求めていこうというのである．この場合，Euler の立場，つまり観測者の座標系を固定しておいて，それに固定した体積要素 $d^3x \equiv dV$ を考え，その点における密度 $\rho(x)$ とその点における流体の速度 $\boldsymbol{v}(x)$ を考える．$\boldsymbol{v}(x)$ は言うまでもなく大きさと方向をもった vector である．座標系の各点で異なった方向と大きさをもつという意味で vector 場である．

この速度場 $\boldsymbol{v}(x)$ の定義だが，ここで粒子力学的な考え方と場の理論的な考え方の差がはっきり出るので，少々詳しく考えてみよう．いま，ある時刻 t に点 A にあった流体の小部分に目をつける．その小部分は時刻 $t + dt$ には点 B に移っているであろう．このようにして，流体の小部分に印をつけておいて，それの動きを追いかけていく立場は粒子力学の立場で，**Lagrange** の方法といわれる．そのときはじめにあった点 A における物質の座標を $\boldsymbol{x}$ とすると，それは時間の関数で $\boldsymbol{x}(t)$ と書くべきものである．dt の後にはその物質は B に移っているが，その位置を $\boldsymbol{x}(t + dt)$ と書くと $\boldsymbol{x}(t + dt)$ と $\boldsymbol{x}(t)$ の差は dt（が無限小であるかぎり，それ）に比例するであろう．その比例定数は点 A の座標と時間によるであろうから，それを $\boldsymbol{v}(x)$ と書く．すなわち，

$$\boldsymbol{x}(t + dt) - \boldsymbol{x}(t) = \boldsymbol{v}(x)dt \tag{4.1}$$

この比例定数 $\boldsymbol{v}(x)$ が速度の場である．$\boldsymbol{v}$ の中の $\boldsymbol{x}$ は物質の座標でなく，今度は時間によらない独立変数である．これは，今度は座標系を固定しておいて，どこの点をいつ流体がどのような速さで走っているかを記述する立場で，**Euler** の立場である．Euler の立場では，(x) の x はあくまでも 4 個の独立変数である．以下，Euler の立場で話を進める．

1.4.2 物質の balance

いま，ある体積要素を考え，その中の流体の量の時間的変化と体積要素の表面から入ってくる流体との balance を考える．流体は単位時間に単位面積を通して $\rho(x)\boldsymbol{v}(x)$ で流れているから，1.1 節とまったく同様にして，連続の方程式

$$\frac{\partial\rho(x)}{\partial t} + \boldsymbol{\nabla}\cdot(\rho(x)\boldsymbol{v}(x)) = 0 \tag{4.2}$$

が得られる[*1(次頁)]．これは単に流体が湧いたり消えたりしないということで，4 個の変数 $\rho(x)$ と $\boldsymbol{v}(x)$ の間の 1 式にすぎないから，それらの変数はこの方程式だけからは決まら

ない．そのうえ，(1.9)（1.10）で注意したように，(4.2) から $\boldsymbol{v}(x)$ を決めようとしても，どっちみち unique には決まらない．

構成方程式　それで ρ と $\boldsymbol{v}$ の間に何か別の関係があると好都合である．それを与えるのが物理法則であって，単なる数学的な関係ではないはずである．たとえば，流体の流れの時間的変化が密度の高いところから低いところへ向かって起こるなどという関係があれば，しめたものである．もしそのような関係があったとすると，数式的には，

$$\frac{\partial}{\partial t}(\rho(x)\boldsymbol{v}(x)) = -s^2\boldsymbol{\nabla}\rho(x) \tag{4.3}$$

と書かれるだろう[*2]．すると，(4.2) と (4.3) を連立させて，

$$\frac{\partial^2\rho(x)}{\partial t^2} - s^2\boldsymbol{\nabla}^2\rho(x) = 0 \tag{4.4}$$

が得られる．これは流体中を伝わる音波の方程式にほかならない．このとき s は音波の速度である．(4.4) を解いてその解を (4.3) に代入し，時間積分すると，$\boldsymbol{v}(x)$ が得られる．

流体の中で起こる現象は何も音波の伝播にかぎられていないので，(4.3) という式はすべての事情を記述するには簡単すぎる．(4.3) の左辺を眺めてみると，それは流体の中の点 x における運動量密度の時間的変化であることがわかる．運動量の時間的変化なら，Newton 力学により，それはその点の流体に働く力に等しいはずであろう．そこで，流体にどんな力が働くかを考えてみる．第1に考えられるのが流体に働く外力，第2が，すぐ隣の流体からくる近接力で，これは1.2節で考えた通り，9個または6個の変数をもつ応力 tensor で表されるだろう．中距離力はいちおう考慮しないことにする．

1.4.3　運動量の balance

そこで再び，1.1節でやったようにして運動量密度 $\rho(x)\boldsymbol{v}(x)$ を $\Gamma(x)$ と考えて balance 方程式を立ててみるとよい．しかし，そのような方程式には応力 tensor という未知量が入ってくる．この場合，体積要素の表面から流れ出る運動量の流れは $\rho(x)v_i(x)v_j(x)$ であり，そこに働く応力は $T_{ij}(x)$ だから，(1.3) に相当する balance 方程式は，

$$\frac{\partial(\rho(x)v_i(x))}{\partial t} + \sum_j \frac{\partial}{\partial x_j}(\rho(x)v_i(x)v_j(x)) = \sum_j \frac{\partial}{\partial x_j}T_{ij}(x) + K_i(x) \tag{4.5}$$

---

*1(前頁)　この方程式は，連続体が流体であれ弾性体であれ成り立っている．

*2　この関係を次のように表現することもできる．流体の点に働く力は流体の密度に s^2 をかけたものを potential とするようなものである．左辺は運動量の時間的変化だからである．

となる．$K_i(x)$ は単位体積に働く外力の i 成分である[*1]．たとえば，これが与えられても，まだ $T_{ij}(x)$ がわからないから，方程式は解けない．ある種のせん断応力のない流体では圧力 $p(x)$ を用いて，

$$T_{ij}(x) = -\delta_{ij}p(x) \tag{4.6}$$

と書けるから，(4.6) を (4.5) に入れてもまだだめである．今度は $p(x)$ に関する式が必要になる．

今のところ，未知数は $\rho(x)$，$v_i(x)$，$p(x)$ の 5 個で，方程式は (4.2)～(4.5) の 4 個しかないから，もう 1 つ式が必要である．

Barotropic flow　もし密度 $\rho(x)$ が圧力 $p(x)$ だけの関数なら，すなわち，

$$\rho(x) = f(p(x)) \tag{4.7}$$

という関係があるなら，流体の方程式は (4.2)，(4.5) と (4.7) で閉じることになる．(4.7) が成り立つような流体は barotropic flow（バロトロピー）とよばれる．あとは境界条件さえ与えられれば方程式を解いて解を求めることができる[*2]．Barotropic flow 以外の流体に対してはさらに energy の balance 方程式を考える．それでだめなら，さらに別の方程式をたてる．また，粘性のある流体などでは (4.6) は成り立たないから，それとは別の関係を置かなければならない．

さて，運動量の balance 方程式 (4.5) だが，よく眺めてみると左辺第 2 項に v_iv_j が入っている．これは方程式が v_i について非線形であるということで，数学的事情を意外に複雑にしている．ここではそんなむずかしい方程式を解くことを意図していないから気にしなくてよいが，これも点とその近傍だけを考えてたてた方程式であることをもう一度強調しておこう．ただし実際に方程式を閉じさせようとすると，たとえば (4.7) のような熱力学的な関係の援助を受けなければならないことは言うまでもない．

1.5 速度場の性質

1.5.1 流体の運動

流体の中で物質が実際にどのような運動をしているかを見るために，ある時刻 t に点 $\boldsymbol{x}$ とそれから無限小 vector $\Delta\boldsymbol{x}$ だけ離れた点 $\boldsymbol{x} + \Delta\boldsymbol{x}$ を考えよう．それらの 2 点は δt 時間後に定義 (4.1) により，それぞれ点 $\boldsymbol{x} + \boldsymbol{v}(\boldsymbol{x}, t)\delta t$ と点 $\boldsymbol{x} + \Delta\boldsymbol{x} + \boldsymbol{v}(\boldsymbol{x} + \Delta\boldsymbol{x}, t)\delta t$ に移動している．すなわち，流体の中に考えた vector $\Delta\boldsymbol{x}$ は $\Delta\boldsymbol{x} + \boldsymbol{v}(\boldsymbol{x} + \Delta\boldsymbol{x}, t)\delta t - \boldsymbol{v}(\boldsymbol{x}, t)\delta t$ に移ったことになる．

[*1] 単位体積単位質量に働く外力を用いる人もある．そのときは (4.5) の右辺の最後の項には $\rho(x)$ がかかる．

[*2] 流体の境界条件については流体力学の教科書を参照されたい．たとえば，12) 今井功 (1973)．

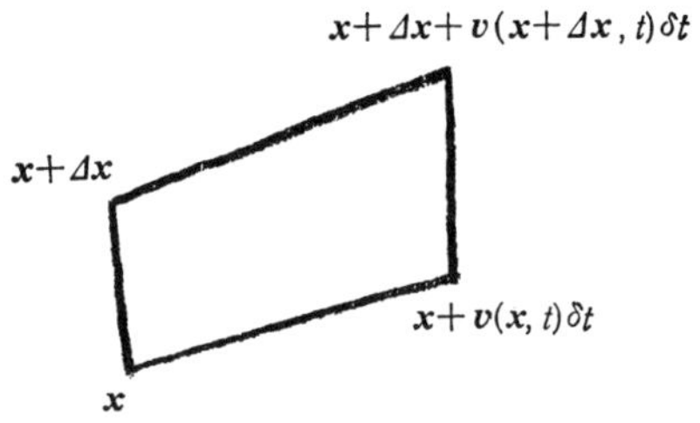

図 1.9

$\Delta\boldsymbol{x}$ が小さいとすると，$\Delta\boldsymbol{x}$ の δt 間での変化は，

$$\{v_i(\boldsymbol{x}+\Delta\boldsymbol{x},t)-v_i(\boldsymbol{x},t)\}\delta t$$

$$=\sum_j \frac{\partial v_i(x)}{\partial x_j}\Delta x_j\delta t$$

$$=\frac{1}{2}\sum_j\left(\frac{\partial v_i(x)}{\partial x_j}+\frac{\partial v_j(x)}{\partial x_i}\right)\delta t\Delta x_j$$

$$+\frac{1}{2}\sum_j\left(\frac{\partial v_i(x)}{\partial x_j}-\frac{\partial v_j(x)}{\partial x_i}\right)\delta t\Delta x_j \tag{5.1a}$$

$$\equiv\sum_j e_{ij}(x)\delta t\Delta x_j+\frac{1}{2}\sum_{j,k}\varepsilon_{ijk}\omega_j(x)\delta t\Delta x_k \tag{5.1b}$$

ただし，記号

$$e_{ij}(x)\equiv\frac{1}{2}\left(\frac{\partial v_i(x)}{\partial x_j}+\frac{\partial v_j(x)}{\partial x_i}\right) \tag{5.2}$$

$$\omega_i(x)\equiv\sum_{j,k}\varepsilon_{ijk}\frac{\partial v_k(x)}{\partial x_j}=(\mathrm{curl}\,\boldsymbol{v}(x))_i \tag{5.3}$$

を用いた．(5.1) は，流体中に考えた vector $\Delta\boldsymbol{x}$ の時間 δt 間の変化を示しているから，流体は

(ｉ) 単なる平行移動

のほかに，

(ii) vector $\Delta\boldsymbol{x}$ を伸ばしたり縮めたり（各方向に違う割合で）し，かつ

(iii) vector $\Delta\boldsymbol{x}$ を各速度 $\boldsymbol{\omega}/2$ で回転しているということになる．

$e_{ij}(x)$ を**歪み速度 tensor** (rate of strain tensor)，$\omega_i(x)$ を**渦度** (vorticity) という．歪み速度 tensor についても歪みの場合とまったく同じ議論ができるから，

$$\sum_i e_{ii}(x) = div\ \boldsymbol{v}(x) \tag{5.4}$$

は体積の時間的変化（rate of volume dilatation）である．これが正のときは，流体は動きながら単位時間に div $\boldsymbol{v}(x)$ の割合で膨張し，負のときは収縮しながら流れていることになる．

div $\boldsymbol{v}(x)$ ＝ 0 の流体を**非圧縮性流体**（incompressible fluid），また curl $\boldsymbol{v}(x)$ ＝ 0 の流体を**渦なし流体**（irrotational fluid）という．

1.5.2　渦なし運動，非圧縮運動

さて，vector 解析によると vector 場 $\boldsymbol{v}(x)$ はつねに 2 つの部分に分けられ，一方はそれに div を作用させると 0，他方はそれに curl を作用させると 0 である．言い方を変えると，$\boldsymbol{v}(x)$ を定めるためには，div $\boldsymbol{v}(x)$ と curl $\boldsymbol{v}(x)$ とを全空間で指定すればよい．これらをそれぞれ

$$\mathrm{div}\ \boldsymbol{v}(x) = \Theta(x) \tag{5.5}$$

$$\mathrm{curl}\ \boldsymbol{v}(x) = \boldsymbol{\omega}(x) \tag{5.6}$$

としよう．右辺が与えられているとき，$\boldsymbol{v}(x)$ は唯一に決まる．これは前の考察からほぼ明らかであろう．すなわち，どれだけ体積が変わるかということとどれだけ回転するかということがわかれば，$\boldsymbol{v}(x)$ の動きはわかるはずである．

以下，(5.5) と (5.6) を別々に考える．

A.　渦なし運動

$$\mathrm{div}\ \boldsymbol{v}(x) = \Theta(x) \tag{5.7a}$$

$$\mathrm{curl}\ \boldsymbol{v}(x) = 0 \tag{5.7b}$$

を積分することを考えよう．

(5.7b) により $\boldsymbol{v}(x)$ はつねにある関数 $\phi(x)$ の grad で表されるから

$$\boldsymbol{v}(x) = \nabla\phi(x) \tag{5.8}$$

とおく．このとき $\phi(x)$ を速度 potential (velocity potential) または scalar potential とよぶ．(5.7b) を満たす運動を渦なし運動というから，(5.8) の事実は，渦なし運動では速度 potential が存在すると表現してもよい*．

さて，(5.8) を (5.7a) に代入すると，ただちに

$$\nabla^2\phi(x) = \Theta(x) \tag{5.9}$$

が得られる．これを **Poisson の方程式**とよぶ．この解は，空間領域が無限大のときはただちに書き下すことができて，

* 渦なしでないときは $\phi = 0$ であるとはいえない．このときは ϕ だけで流体が記述できない．

$$\phi(x) = -\frac{1}{4\pi}\int d^3x' \frac{\Theta(\boldsymbol{x}',t)}{|\boldsymbol{x}-\boldsymbol{x}'|} \tag{5.10}$$

である[*1]．これは左辺の量の点 $\boldsymbol{x}$，時刻 t における値が Θ の点 $\boldsymbol{x}'$ ，**同時刻** t の値で決まるということで，遠隔作用論的表現である．(5.8) に (5.10) を代入すると，

$$\boldsymbol{v}(x) = -\frac{1}{4\pi}\int d^3x' \boldsymbol{\nabla}\frac{\Theta(\boldsymbol{x}',t)}{|\boldsymbol{x}-\boldsymbol{x}'|} \tag{5.11}$$

となって，Θ が与えられたときの (5.7) の解が決まる．

B. 非圧縮運動

$$\mathrm{curl}\, \boldsymbol{v}(x) = \boldsymbol{\omega}(x) \tag{5.12a}$$

$$\mathrm{div}\, \boldsymbol{v}(x) = 0 \tag{5.12b}$$

を満たすように $\boldsymbol{v}(x)$ を決めるには，(5.12b) を恒等的に満たすように

$$\boldsymbol{v}(x) = \mathrm{curl}\, \boldsymbol{A}(x) \tag{5.13}$$

とおくと便利である．この $\boldsymbol{A}(x)$ を vector potential という．そして (5.12) を $\boldsymbol{A}$ の方程式に変換してから解く．ここで (5.13) の左辺が与えられたとき，右辺の $\boldsymbol{A}(x)$ が唯一に決まるかというとそうはいかない．もちろん $\boldsymbol{A}(x)$ が与えられれば $\boldsymbol{v}(x)$ は (5.13) によって決まる．

1.5.3 Vector potential

少々技術的なお話になるが，実はこの不定性を平和利用して方程式を解くのである．$\boldsymbol{A}(x)$ に勝手な scalar $\chi(x)$ の grad を加えると，この項は，

$$\mathrm{curl}\ \mathrm{grad} \equiv 0$$

により，(5.13) には効かない．それで今までの $\boldsymbol{A}$ を $\boldsymbol{A}_{\mathrm{old}}$ とよび，

$$\boldsymbol{A}_{\mathrm{new}}(x) \equiv \boldsymbol{A}_{\mathrm{old}}(x) + \boldsymbol{\nabla}\chi(x) \tag{5.14}$$

を定義する[*2]．したがって，

$$\boldsymbol{v}(x) = \mathrm{curl}\, \boldsymbol{A}_{\mathrm{new}}(x) \tag{5.15}$$

これを (5.12a) に代入して curl curl を計算すると，

$$\mathrm{curl}\ \mathrm{curl}\, \boldsymbol{A}_{\mathrm{new}}(x) = \mathrm{grad}\ \mathrm{div}\, \boldsymbol{A}_{\mathrm{new}}(x) - \boldsymbol{\nabla}^2\boldsymbol{A}_{\mathrm{new}}(x) = \boldsymbol{\omega}(x) \tag{5.16}$$

となる．grad div の項はめんどうだから，任意にとった $\chi(x)$ を

$$\nabla^2\chi(x) = -\,\mathrm{div}\, \boldsymbol{A}_{\mathrm{old}}(x) \tag{5.17}$$

と選んでやると，

[*1] このように積分限界を指定していないときは全空間にわたる積分を意味する．

[*2] $\chi(x)$ を gauge という．これは電磁場のときに出てくる gauge 変換である．

$$\operatorname{div} \boldsymbol{A}_{\text{new}}(x) = \operatorname{div} \boldsymbol{A}_{\text{old}}(x) + \nabla^2 \chi(x) = 0 \tag{5.18}$$

となる*．したがって，(5.16) は簡単に，

$$\nabla^2 \boldsymbol{A}(x) = -\boldsymbol{\omega}(x) \tag{5.19}$$

である．ただし，(5.19) では今までの new という添字を略し，単に $\boldsymbol{A}(x)$ と書いた．

(5.19) は各成分についての Poisson 方程式であり，前と同様にして解くことができる．解は無限の空間領域について

$$\boldsymbol{A}(x) = \frac{1}{4\pi}\int d^3x' \frac{\boldsymbol{\omega}(\boldsymbol{x}',t)}{|\boldsymbol{x}-\boldsymbol{x}'|} \tag{5.20}$$

で，ここでも時刻 t における $\boldsymbol{\omega}$ の分布が同時刻の $\boldsymbol{A}$ を決定しているという遠隔作用論的表示になっている．この表示を (5.15) に代入すると，$\boldsymbol{v}(x)$ は，

$$\boldsymbol{v}(x) = \frac{1}{4\pi}\int d^3x' \operatorname{curl} \frac{\boldsymbol{\omega}(\boldsymbol{x}',t)}{|\boldsymbol{x}-\boldsymbol{x}'|} \tag{5.21}$$

と決まる．

一般の $\boldsymbol{v}(x)$ は (5.11) と (5.21) の和で，

$$\begin{aligned}
\boldsymbol{v}(x) &= \boldsymbol{\nabla}\phi + \operatorname{curl} \boldsymbol{A}(x) \\
&= -\frac{1}{4\pi}\int d^3x' \boldsymbol{\nabla} \frac{\Theta(\boldsymbol{x}',t)}{|\boldsymbol{x}-\boldsymbol{x}'|} + \frac{1}{4\pi}\int d^3x' \boldsymbol{\nabla} \times \frac{\boldsymbol{\omega}(\boldsymbol{x}',t)}{|\boldsymbol{x}-\boldsymbol{x}'|} && (5.22\text{a}) \\
&= \frac{1}{4\pi}\int d^3x' \frac{(\boldsymbol{x}-\boldsymbol{x}')}{|\boldsymbol{x}-\boldsymbol{x}'|^3}\Theta(\boldsymbol{x}',t) \\
&\quad -\frac{1}{4\pi}\int d^3x' \frac{1}{|\boldsymbol{x}-\boldsymbol{x}'|^3}(\boldsymbol{x}-\boldsymbol{x}') \times \boldsymbol{\omega}(\boldsymbol{x}',t) && (5.22\text{b})
\end{aligned}$$

となる．

ここでこれらを詳論したのは，後で電磁場の議論をするとき，これらとまったく同じ関係が出てくるからである．

注 意

これまでの議論でだいたい見当がつかれたと思うが，流体の速度の分布を見ようと思ったら，流体に色のついた粒子をまぜておき，短時間露出で写真を撮るとよい．早く流れているところの粒子は，遅く流れているところの粒子より長く写る．各線分に矢を付けてやると，ある瞬間の速度の場が一目瞭然になる．

---

* 電磁場のとき (5.18) を満たすように χ を選ぶことを Coulomb gauge をとるという．p.57 を見よ．

粒子がどのように動くかを見るには長い露出をかけるとよい．各粒子の軌道が写る．夜空の星を数十分の露出で写真を撮ると，北極星の近くでは光の線が短く，遠くでは長い．これは星の速度の場の写真である（天動説！ geocentric theory）．

さらに勉強したい人へ

流体や弾性体論の参考書をあげていたらきりがないので，次の3冊だけにしておく．13）角谷典彦（1969）が，連続体全体にわたってよくまとまっている．流体力学をもっと深く勉強するには，なんといっても12）今井功（1973）．後者は，基礎概念の説明と応用両方面にわたった良書だが，場の概念を得るだけのためにはもちろん詳しすぎる．5）伏見康治（1955）の第6章には，連続体の力学がよくまとめてある．

第2章　場を決定する方程式

前章では連続体を力学的に記述する量として応力tensorというものを導入した．これは粒子力学で言うならば，粒子に働く外力にあたる．応力の場合は考えている連続体の一部に働く力である．この力は直接遠くから来るものではなく，すぐ近傍の連続体から来るものである．また運動学的な量として，小さな変位場から歪み$S_{ij}(x)$と回転$\Omega_i(x)$を考えた．流体を記述する運動学的量としては，密度$\rho(x)$と速度v_iを用いた．

さて，連続体内部に起きる運動を記述するには，運動量の時間的変化が，働く力に等しいというNewtonの法則が基礎になる．連続体のように物質的なものに対しては，この考え方を用いて運動方程式（または場の方程式）をたてることは比較的容易である．しかし電磁場や，量子力学に出てくる電子場，相対論におけるKlein-Gordonの場合などでは，そのように力学的直観的方法が使えなくなる．だいたい物理学を記述する変数の選び方自体，$\boldsymbol{u}$や$\boldsymbol{v}$のように直観的に行うことができない．新しい現象に出くわしたとき，それを記述する変数をどのように選ぶかについてはもちろん一般論はないので，歴史をふり返りながら，analogyを用いて進むより仕方がないだろう．Newtonが力学を完成したのが1687年，Euler，LagrangeやBernoulliが連続体を扱ったのは1700年代の終わりごろである．Faradayが電磁場の考えにたどりついたのは1837年，それをMaxwellが連続体のanalogyを用いて定式化したのはずっと後の1864年のことである．de Broglieが電子は波だと言い出したのが1923年，Schrödingerの定式化が1926年となる．ここまで来ると，電子場とのanalogyを用いていろいろな場を考える人が多くなり，Diracが相対論的電子場の方程式を1927年に提出した．これは，Schrödingerの波動方程式と，それより少し以前に提出されていたKlein-Gordonの場の方程式からの類推である．湯川先生が中間子場の理論を提出されたのが1935年で，湯川先生はKlein-Gordonの方程式と，Maxwellの電磁場理論を頼りにして，核力の問題を追求されたのである．それ以後になると，場の方程式はかなり当たり前のことになってしまった．Dirac, PauliやFierzによって一般の波動方程式が議論されたり，Wignerらによる議論も出てきた*．以下に見られ

* このあたりは，19）大貫義郎（1976）に詳しい．

るように，場の方程式の導き方は，Maxwell 以前と以後では，まったく異なった方法がとられている．

以上はだいたい，微視的物理学の領域における場の方程式の場合だが，巨視的物理学においても，流体力学や弾性論に関して，新しい場の方程式が発見されている．特に近年，微視的物理学の領域で，巨視的な場の方程式のあるものが注目され始めた．この点については，この本で触れる余裕がないので，28）谷内・西原（1977）を引用するにとどめよう．

この章では，まず弾性体，流体の運動方程式を導く．次に，Maxwell の方程式を考察しよう．

これらの場は，無限個の調和振動子の集まりと同等である．場をこのように調和振動子の集まりと見ることは，場を量子化して粒子像をとり返すことにつながる．量子力学で調和振動子を扱うと，energy-level が $\hbar\omega n$ ($n = 0, 1, 2\cdots\cdots$) となることをご存知だろう*．これはまさに，energy を $\hbar\omega$ を単位として，1個，2個……と数えることができることを示している．つまりこの n が energy $\hbar\omega$ をもった量子の個数となる．場と量子の問題は第4章で扱う．

2.1　弾性体の方程式

2.1.1　運動方程式

弾性体の各点に応力が働くとその力によって変位が起きる．その変位の従う運動方程式を求めるには，もう一度（1.2節　(2.2) 式）に戻ればよい．今回は，体積要素の表面から出たり入ったりする物質にも注意して，balance 方程式を書き下すと，(1.4節　(4.5) 式) とまったく同様にして，3次の無限小から

$$\frac{\partial(\rho(x)v_i(x))}{\partial t}+\sum_j\frac{\partial}{\partial x_j}(\rho(x)v_i(x)v_j(x))=\sum_j\frac{\partial}{\partial x_j}T_{ij}(x) \tag{1.1}$$

が得られる．左辺第1項は，考えている無限小体積中の物体の運動量の変化，第2項は，その体積から失われる運動量，右辺はその体積に働く，隣の物体からの力である．ただし外力はないとした．これは流体の式（1.4節　(4.5) 式）とまったく同じであるが，われわれはまだ微小変位の仮定を入れていない．この仮定を入れると変位 u_i の運動方程式が出る．結果を書くと，

* いわゆる零点 energy は省略した．

$$\rho_M \frac{\partial^2 u_i(x)}{\partial t^2} = \sum_j \frac{\partial}{\partial x_j} T_{ij}(x) \tag{1.2}$$

となる．ただし，ρ_M は定数質量密度である．

（1.1）から（1.2）への変形の仕方について以下説明しよう．まず物質（それが流体であれ弾性体あれ）に関する連続の方程式（1.4 節　(4.2) 式）が成り立つ．それを次のように変形する．

$$\begin{aligned}\frac{\partial \rho(x)}{\partial t} + \boldsymbol{\nabla}\cdot(\rho(x)\boldsymbol{v}(x)) &= \frac{\partial \rho(x)}{\partial t} + \boldsymbol{v}(x)\cdot\boldsymbol{\nabla}\rho(x) + \rho(x)\boldsymbol{\nabla}\cdot\boldsymbol{v}(x)\\ &= \left[\rho(\boldsymbol{x}+\boldsymbol{v}(x)dt, t+dt) - \rho(\boldsymbol{x}, t)\right]/\,dt\\ &\quad + \rho(x)\boldsymbol{\nabla}\cdot\boldsymbol{v}(x)\\ &= 0\end{aligned}$$

$$\therefore\quad \rho(\boldsymbol{x}+\boldsymbol{v}(x)dt, t+dt) = \rho(\boldsymbol{x}, t) + \rho(x)\boldsymbol{\nabla}\cdot\boldsymbol{v}(x)dt \tag{1.3}$$

この式は，ρ の時間空間的変化が 1 次の無限小であることを示している．したがってさらに ρ に 1 次の無限小量がかかっているかぎり，それは空間的，時間的に変化しないと見てよい．それを ρ_M とおく．このことに注意して，さらに（1.1）の右辺から，2 次以上の無限小を省略すると，（1.2）が得られる．この近似の範囲では，

$$\frac{\partial v_i(x)}{\partial t} + \sum_j v_j(x)\frac{\partial v_i(x)}{\partial x_j} = \frac{\partial^2 u_i(x)}{\partial t^2} \tag{1.4}$$

としてよいのである．

こうして，無限小変位の弾性体論では，変位についての運動方程式（1.2）が成立する．しかし，$T_{ij}(x)$ が与えられないかぎり，方程式はまだ完全でない．

Hooke の法則　微小な変形を考えるときは応力 tensor と歪み tensor は，線形関係にあると考えるのが自然である．すなわち弾性定数 C_{ijkl} を用いて，いわゆる Hooke の法則

$$T_{ij}(x) = \sum_{k,l} C_{ijkl} S_{kl}(x) \tag{1.5}$$

を仮定しよう．弾性定数は 1 から 3 まで変わる足を 4 個もっているから，成分は 3 × 3 × 3 × 3 ＝ 81 個あるが，T_{ij} も S_{kl} も対称なので C_{ijkl} ははじめの 2 つ i と j について対称，あとの 2 つ k と l についても対称で，したがって独立な弾性定数は 6 × 6 ＝ 36 個に減る（弾性体の energy を考えると，さらに 21 個に減る．このことは，もう少し後で議論しよう）．

そこで，（1.5）を（1.2）に代入し，$S_{kl}(x)$ の定義

$$S_{kl}(x) = \frac{1}{2}(\partial_k u_l(x) + \partial_l u_k(x)) \tag{1.6}$$

を思い出すと，運動方程式は，3つの未知数 $u_i(x)$ だけを含む式になる．すなわち，

$$\rho_M \frac{\partial^2 u_i(x)}{\partial t^2} = \sum_{j,k,l} C_{ijkl} \frac{\partial}{\partial x_j} S_{kl}$$
$$= \sum_{j,k,l} C_{ijkl} \frac{\partial^2 u_l(x)}{\partial x_j \partial x_k} \tag{1.7}$$

が得られる．ρ_M，C_{ijkl} が与えられると，これは，3個の未知数に対する3個の方程式である．地震学者が扱うのはこの方程式である．ただし，ρ_M や C_{ijkl} は地球のあっちこっちで違っているし，境界条件が複雑だから，波の伝わる事情を知るのはたいへんである．地球物理学者はむしろ逆に，地震のデータから地球内部の ρ_M や C_{ijkl} を逆算しなければならない．

2.1.2　弾性体の energy

弾性体を押してから手を離すと，弾性体は元に戻ろうとする．これは，押したことによる energy が弾性体の中に蓄えられるからである．その energy を見いだすためには（1.2節　(2.8) 式）の関係

$$F_i(x, \boldsymbol{n}) = \sum_i T_{ij}(x) n_j \tag{1.8}$$

に戻って，この力の成す仕事を計算してみればよい．この力による変位 $u_i(x)$ の変化を $\delta u_i(x)$ とすると，各瞬間に弾性体が釣り合いの balance にある程度にきわめてゆっくり $u_i(x)$ を変えるような外力は，$\boldsymbol{n}$ に垂直な面要素 dS を通して

$$\sum_i \delta u_i(x) F_i(x, \boldsymbol{n}) dS = \sum_{i,j} \delta u_i(x) T_{ij}(x) n_j dS \tag{1.9}$$

だけの仕事をする．これを表面積分すると，energy の変化は，

$$\delta W_p = \oint \sum_{i,j} \delta u_i(x) T_{ij}(x) n_j dS$$
$$= \int_V \sum_{i,j} \frac{\partial}{\partial x_j} (\delta u_i(x) T_{ij}(x)) d^3 x$$
$$= \int_V \sum_{i,j} \left\{ \frac{\partial \delta u_i(x)}{\partial x_j} T_{ij}(x) + \delta u_i(x) \frac{\partial T_{ij}(x)}{\partial x_j} \right\} d^3 x \tag{1.10}$$

である．右辺第1項は，$T_{ij}(x)$ の対称性を使うと，

$$\sum_{i,j} \frac{\partial \delta u_i(x)}{\partial x_j} T_{ij}(x) = \sum_{i,j} \frac{1}{2} \left(\frac{\partial \delta u_i(x)}{\partial x_j} + \frac{\partial \delta u_j(x)}{\partial x_i} \right) T_{ij}(x)$$
$$= \sum_{i,j} \delta S_{ij}(x) T_{ij}(x) \tag{1.11}$$

また第2項では，静止の釣り合い状態では，運動方程式 (1.2) によって0である．したがって，

$$\delta W_p = \int_V d^3 x \sum_{i,j} \delta S_{ij}(x) T_{ij}(x) \tag{1.12}$$

となり，体積は任意であったから，弾性体内には，energy が，密度

$$\delta w_p(x) = \sum_{i,j} \delta S_{ij}(x) T_{ij}(x) \tag{1.13}$$

をもって蓄えられていることになる．

Hooke の法則（1.5）が成り立つ場合は，（1.13）は，さらに

$$\delta w_p(x) = \sum_{i,j,k,l} \delta S_{ij}(x) C_{ijkl} S_{kl}(x) \tag{1.14}$$

したがって，

$$w_p(x) = \frac{1}{2}\sum_{i,j,k,l} C_{ijkl} S_{ij}(x) S_{kl}(x) \tag{1.15}$$

となる．この関係は，C_{ijkl} の前の 2 つと，後の 2 つの添字を交換しても変わらない．すなわち，

$$C_{ijkl} = C_{klij} \tag{1.16}$$

ということを示しているから，独立な弾性定数は都合 21 個となる．

Energy の保存　この energy の表式はそのまま一般の energy として使えるであろうか，また保存するであろうか？　それを見るために（1.15）を時間について微分してみると，運動方程式（1.7）を用いて，

$$\begin{aligned}
\frac{\partial w_p(x)}{\partial t} &= \sum_{i,j,k,l} C_{ijkl} \dot{S}_{ij}(x) S_{kl}(x) \\
&= \frac{1}{2}\sum_{i,j,k,l} C_{ijkl} (\partial_i \dot{u}_j(x) + \partial_j \dot{u}_i(x)) S_{kl}(x) \\
&= \sum_{i,j,k,l} C_{ijkl} \left\{ \partial_j (\dot{u}_i(x) S_{kl}(x)) - \dot{u}_i(x) \partial_j S_{kl}(x) \right\} \\
&= \sum_j \partial_j \sum_{i,k,l} C_{ijkl} \dot{u}_i(x) S_{kl}(x) - \sum_i \rho_M \dot{u}_i(x) \ddot{u}_i(x) \\
&= \sum_j \partial_j \sum_{i,k,l} C_{ijkl} \dot{u}_i(x) S_{kl}(x) \\
&\quad - \frac{\partial}{\partial t} \frac{1}{2} \sum_i \rho_M \dot{u}_i(x) \dot{u}_i(x)
\end{aligned} \tag{1.17}$$

したがって，連続の方程式

$$\frac{\partial \varepsilon(x)}{\partial t} + \boldsymbol{\nabla} \cdot \boldsymbol{\Phi}(x) = 0 \tag{1.18}$$

が得られる．ただし，

$$\varepsilon(x) \equiv \frac{1}{2}\sum_i \rho_M \dot{u}_i(x) \dot{u}_i(x) + \frac{1}{2}\sum_{i,j,k,l} C_{ijkl} S_{ij}(x) S_{kl}(x) \tag{1.19}$$

$$\Phi_j(x) \equiv -\sum_{i,k,l} C_{ijkl} \dot{u}_i(x) S_{kl}(x) \tag{1.20}$$

である．そこで（1.19）を変位場 $u_i(x)$ のもつ energy 密度，また $\boldsymbol{\Phi}_j$ を energy の流れの j-方向の成分と解釈することができる．（1.18）を全空間にわたって積分すると，全 energy の保存則を得ることができる．

2.1.3　等方性の弾性体

弾性体がさらにいろいろな対称性をもつと，弾性定数の数は，もっと減る．特に完全な等方体では2個になり，

$$T_{ij}(x) = \lambda\delta_{ij}\Sigma_k S_{kk}(x) + 2\mu S_{ij}(x) \tag{1.21}$$

である．常数 λ と μ は，Lamé（ラメ）の定数といわれる*.

（1.21）を（1.2）に代入して，$S_{ij}(x)$ の定義を用いると，運動方程式は簡単になって

$$\rho_M \frac{\partial^2 u_i(x)}{\partial t^2} = (\lambda+\mu)\sum_j \frac{\partial}{\partial x_i}\frac{\partial u_j(x)}{\partial x_j} + \mu\nabla^2 u_i(x) \tag{1.22}$$

となる．

等方弾性体中の波　（1.22）を解くには，いろいろな方法がある．ここでは後の議論との関係上，平面波の解だけを問題にする．それには例によって，解を

$$u_i(x) \sim A_i e^{i\boldsymbol{kx} - i\omega t} \tag{1.23}$$

と仮定し，（1.22）の中に入れてみる．時間微分をすると $-i\omega$ が出，空間微分すると $i\boldsymbol{k}$ が出るから，

$$(\rho_M\omega^2 - \mu\boldsymbol{k}^2)A_i - (\lambda + \mu)k_i\Sigma_j A_j k_j = 0 \tag{1.24}$$

となって，単なる代数式が得られる．これによって ω が k_i の関数で表される．たとえば，この式に k_i をかけて，i について和をとると，

$$[\rho_M\omega^2 - \mu\boldsymbol{k}^2 - (\lambda + \mu)\boldsymbol{k}^2]\Sigma_j A_j k_j$$
$$= [\rho_M\omega^2 - (\lambda + 2\mu)\boldsymbol{k}^2]\Sigma_j A_j k_j = 0 \tag{1.25}$$

である．したがって $\Sigma_j A_j k_j \neq 0$ ならば，

$$\rho_M\omega^2 - (\lambda + 2\mu)\boldsymbol{k}^2 = 0 \tag{1.26}$$

あるいは，

$$\rho_M\omega^2 - (\lambda + 2\mu)\boldsymbol{k}^2 \neq 0$$

ならば

$$\Sigma_j A_j k_j = 0 \tag{1.27}$$

でなければならない．

（1.26）の場は，振幅 A_i が波の伝播方向 $\boldsymbol{k}$ とは直交していないことがすぐにわかる（$\Sigma_j A_j k_j \neq 0$ だから）．そのとき

$$\omega^2 = \{(\lambda + 2\mu)/\rho_M\}\boldsymbol{k}^2 \tag{1.28}$$

したがって，$\omega = \pm\,\omega_L(k)$ となる．ここに

* 両方とも正である．その物理的意味は，どんな本にでも書いてあるからそれを参照されたい．たとえば，13）角谷典彦（1969）.

$$\omega_L(k) = c_L k \tag{1.29}$$

である．ただし，

$$c_L = \{(\lambda + 2\mu)/\rho_M\}^{1/2} \tag{1.30}$$

で，これは，この波の位相速度である．

一方，(1.27) が成り立つときは，この式を (1.24) に代入すると，

$$(\rho_M\omega^2 - \mu\boldsymbol{k}^2)A_i = 0 \tag{1.31}$$

で，この波は，位相速度

$$c_T = \{\mu/\rho_M\}^{1/2} \tag{1.32}$$

角振動数

$$\omega_T(k) = c_T k \tag{1.33}$$

をもつ．また振幅は，伝播方向 $\boldsymbol{k}$ に直角である．このように進行方向に直角方向に振動する波を**横波** (transverse wave) という[*]．波の伝播方向に直角な 2 つの単位 vector をそれぞれ $\boldsymbol{e}^{(1)}(\boldsymbol{k})$，$\boldsymbol{e}^{(2)}(\boldsymbol{k})$ とすると，横波の振動方向は，この 2 つの方向に分解される．したがって 2 種類の横波があることになる．

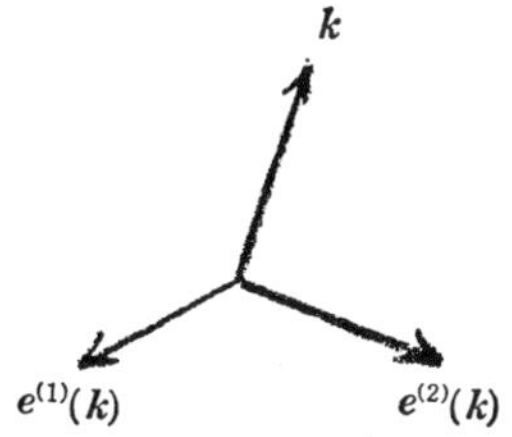

図 2.1

はじめの u_i は vector だから，つねに $\boldsymbol{e}^{(1)}$ と $\boldsymbol{e}^{(2)}$ と

$$\boldsymbol{k}/|\boldsymbol{k}| \equiv \boldsymbol{e}^{(3)}(\boldsymbol{k}) \tag{1.34}$$

の方向に分解できる．$\boldsymbol{e}^{(3)}$ に比例する部分を**縦波** (longitudinal wave) という．結局，u_i 全体は

$$\boldsymbol{u}(x) \sim q_3\boldsymbol{e}^{(3)}(\boldsymbol{k})e^{i\boldsymbol{k}\cdot\boldsymbol{x} - i\omega_L(k)t} + q_2\boldsymbol{e}^{(2)}(\boldsymbol{k})e^{i\boldsymbol{k}\cdot\boldsymbol{x} - i\omega_T(k)t} + q_1\boldsymbol{e}^{(1)}(\boldsymbol{k})e^{i\boldsymbol{k}\cdot\boldsymbol{x} - i\omega_T(k)t} + \text{c.c.} \tag{1.35}$$

ということになる．係数の q_1，q_2，q_3 は，運動方程式からは決まらない．$\boldsymbol{k}$ の任意の関数でよい．それは運動方程式が線形だからで，線形方程式の 1 つの解に任意の定数をかけても，やはりその方程式を満たすという事情による．(1.35) の最後に c.c. と書いたのは，複素共役 (complex conjugate) ということで，$\boldsymbol{u}$ は実数の場だから，(1.35) の右辺を実数にするためである．また $\boldsymbol{k}$ にはなんの制限もなかったから，(1.31) を k_1，k_2，k_3 で積

---

* (1.32) と (1.30) から

$$c_L > c_T$$

であることがわかる．したがって，地震では波の伝播方向の振動が先にやってくる．はじめにぐらぐらときて，次の横波がガタガタとくる．最後に表面波（ここでは議論しない）がくる．表面波は 2 次元的に広がるから，振幅がなかなか減らない．地震ではこれが恐ろしいわけである．ついでに言うと，波の伝播において，空間の次元が多いほど波は広いところに広がってしまうから，その振幅は早く減衰する．空間が 1 次元になってしまうと，波は 1 方向にしか行くところがないから，振幅は減衰しないで，遠くまで伝わっていく．電線を用いて電気を遠くまで送るのはこの原理によるものである．

分したものが一般解である*．なお，（1.3 節　(3.7) 式）によると，$\nabla\cdot\boldsymbol{u}(x)$ は，変位による体積の変化であった．(1.35) を用いて $\nabla\cdot\boldsymbol{u}$ を作ってみると，横波は消えてしまうから，縦波とは弾性体の体積波だということができる．一方，（1.3 節　(3.11) 式）によると $\nabla\times\boldsymbol{u}(x)$ は変位の回転を示すもので，同じく (1.31) によって，$\nabla\times\boldsymbol{u}(x)$ を作ってみると，今度は横波しか効かない．

2.1.4　調和振動子

弾性体中の変位の場 $u_i(x)$ が，実は調和振動子の集まりと同等であるという興味のある事実を次に証明しておこう．Fourier 積分論によると，変位の場 $u_i(x)$ を

$$u_i(x)=(2\pi)^{-3/2}\int d^3k\sum_{r=1}^{3}e_i^{(r)}(\boldsymbol{k})q_{(r)}(\boldsymbol{k},t)e^{i\boldsymbol{k}\cdot\boldsymbol{x}} \tag{1.36}$$

と書くことができる．ここで $e_i^{(r)}(\boldsymbol{k})\,(r=1,2,3)$ は前に導入した互いに直角な 3 個の単位 vector の i-方向成分である．$q_{(r)}(\boldsymbol{k},t)$（複素数）は，$u_i(x)$ の Fourier 係数で，物理的には波数 $\boldsymbol{k}$ をもった振動の振幅である（$q_{(3)}$ が縦波，$q_{(1,2)}$ が横波の振幅）．$u_i(x)$ は実数だから，(1.36) の複素共役をとっても元のものと同じでなければならない．したがって，

$$e_i^{(r)}(\boldsymbol{k})q_{(r)}(\boldsymbol{k},t)=e_i^{(r)}(-\boldsymbol{k})q^*_{(r)}(-\boldsymbol{k},t) \tag{1.37}$$

または

$$e_i^{(r)}(-\boldsymbol{k})=-e_i^{(r)}(\boldsymbol{k}) \tag{1.38}$$

を用いると，

$$q_{(r)}(\boldsymbol{k},t)=-q^*_{(r)}(-\boldsymbol{k},t) \tag{1.39}$$

と書いてもよい．そこで (1.36) を運動方程式 (1.22) に代入して Fourier 係数を比較すると，

$$\begin{aligned}\rho_M\boldsymbol{e}^{(r)}(\boldsymbol{k})\,\ddot{q}_{(r)}(\boldsymbol{k},t)=&-(\lambda+\mu)\boldsymbol{k}\textstyle\sum_j k_j e_j^{(r)}(\boldsymbol{k})q_{(r)}(\boldsymbol{k},t)\\&-\mu k^2\boldsymbol{e}^{(r)}(\boldsymbol{k})q_{(r)}(\boldsymbol{k},t)\end{aligned} \tag{1.40}$$

が得られる．$\boldsymbol{e}^{(1)}$ と $\boldsymbol{e}^{(2)}$ は $\boldsymbol{k}$ に直交，$\boldsymbol{e}^{(3)}$ は $\boldsymbol{k}$ 方向の単位 vector であることを思い出し，$\boldsymbol{e}^{(3)}(\boldsymbol{k})$ をかけると，

$$\rho_M\ddot{q}_{(3)}(\boldsymbol{k},t)+(\lambda+2\mu)k^2q_{(3)}(\boldsymbol{k},t)=0 \tag{1.41}$$

次に，$\boldsymbol{e}^{(1,2)}(\boldsymbol{k})$ をかけると、

$$\rho_M\ddot{q}_{(1,2)}(\boldsymbol{k},t)+\mu k^2q_{(1,2)}(\boldsymbol{k},t)=0 \tag{1.42}$$

が得られる．これらは力学における調和振動子の方程式

$$\ddot{q}+\omega^2q=0 \tag{1.43}$$

とまったく同じ形をしている．すなわち，各 $\boldsymbol{k}$ について縦方向に振動する 1 つの調和振動子と，横方向に振動する 2 つの調和振動子があることになる（$\boldsymbol{k}$ は任意の実 vector だ

---

* これがすべての解をつくしているということは Fourier 積分論によって保証される．

からその数は無限).

このような考え方は,後で弾性体の変位場を量子化するときたいへん重要になる.事実, Debye（デバイ）は固体の比熱を計算するのに弾性体 model を用いて成功した. これは第5章で議論しよう.

2.2　流体の基本方程式

第1章で, 流体の満たす方程式として, 物質の連続方程式

$$\frac{\partial \rho(x)}{\partial t} + \boldsymbol{\nabla}\cdot(\rho(x)\boldsymbol{v}(x)) = 0 \tag{2.1}$$

と, 運動量の balance 方程式

$$\begin{aligned}\frac{\partial(\rho(x)v_k(x))}{\partial t} &+ \sum_j \frac{\partial}{\partial x_j}(\rho(x)v_k(x)v_j(x)) \\ &= \sum_j \frac{\partial}{\partial x_j} T_{kj}(x) + K_k(x)\end{aligned} \tag{2.2}$$

を与えた. これらは確かに連続体について成り立つ関係だが, まだ一般的すぎて流体の特徴も入っていないし, 未知数も多くて, このままでは使いものにならない. 事実, 弾性体についてもこれらの式は成り立っている. 第1章では, これらの式に無限小近似を用いて弾性体の式を導いたわけである.

2.2.1　連続体の角運動量

話のついでに, 連続体の角運動量について触れておく. 速度場が $\boldsymbol{v}(x)$ だから, 原点の周りの連続体の角運動量は

$$l_i(x) \equiv \rho(x)\,(\boldsymbol{x} \times \boldsymbol{v}(x))_i \equiv \textstyle\sum_{j,k}\varepsilon_{ijk}\rho(x)x_j v_k(x) \tag{2.3}$$

と定義がするのが自然であろう. この量の時間微分をとり, (2.2) を用いると,

$$\begin{aligned}\frac{\partial l_i(x)}{\partial t} &+ \sum_l \frac{\partial}{\partial x_l}(l_i(x)v_l(x)) \\ &= \sum_{j,k}\varepsilon_{ijk}x_j\left\{\sum_l \frac{\partial}{\partial x_l}T_{kl}(x) + K_k(x)\right\}\end{aligned} \tag{2.4}$$

右辺の空間微分をそとに出すと,

$$\begin{aligned}\frac{\partial l_i(x)}{\partial t} &+ \sum_l \frac{\partial}{\partial x_l}\left\{(l_i(x)v_l(x)) - \sum_{j,k}\varepsilon_{ijk}x_j T_{kl}(x)\right\} \\ &= -\sum_{j,k}\varepsilon_{ijk}T_{kj}(x) + \sum_{j,k}\varepsilon_{ijk}x_j K_k(x) \\ &= \frac{1}{2}\sum_{j,k}\varepsilon_{ijk}\left\{T_{jk}(x) - T_{kj}(x)\right\} + \sum_{j,k}\varepsilon_{ijk}x_j K_k(x)\end{aligned} \tag{2.5}$$

が得られる．これが角運動量の balance 方程式である．右辺の第2項は外力の moment で，外力がなければ消える．Balance 方程式の一般形（1.1 節　(1.3) 式）と (2.5) を比べてみると，右辺第1項は角運動量の湧き出しにあたる．もし $T_{ij}(x)$ が対称ならば湧き出しは0で，非対称なら角運動量が湧き出して，それは保存しない．逆に言うと，角運動量が保存するなら $T_{ij}(x)$ は対称でなければならない．解析力学で，角運動量とは座標の無限小回転に対する母関係であり，Lagrangian または Hamiltonian が回転に対して不変のときは，角運動量が保存することを知っている．これと上の議論をいっしょにすると，$T_{ij}(x)$ の対称性は Lagrangian または Hamiltonian の回転不変性からの結論であることがわかる*.

連続体の角運動量の議論をすることはめったにない．その理由は，流体は器の中に入れられていることが多いし，弾性体は有限な大きさをもったものであるから，理論の回転に対する不変性は通常満たされていないという事情による．統計力学においても，角運動量の保存を考えることがないのはまったく同じ理由による．しかし，角運動量を議論するということと，それが保存されているということは，いちおう別問題である．

2.2.2 Navier-Stokes の方程式

さて，もとの方程式 (2.1) と (2.2) に戻ろう．多くの気体や流体は，静止している状態では，応力はすべての面に垂直に働き，しかも，面の方向に無関係に一定の圧力であることが経験的に知られている．また，空間的に一様でない流れがあるときには粘性などが働き，空間的に一様に戻ろうとする．これに対する最も簡単な仮定は，応力が単なる圧力のほかに，ちょうど弾性体における Hooke の法則のように，歪みの速度に比例する項をもつとすることである．そこで，

$$T_{ij}(x) \equiv -p(x)\delta_{ij} + \lambda\delta_{ij}\textstyle\sum_k e_{kk}(x) + 2\mu e_{ij}(x) \tag{2.6}$$

とおく．μ は**せん断運動の粘性率**，$\lambda + (2/3)\mu \equiv \xi$ は体積変化に対する粘性率で**体積粘性率**（bulk viscosity）とよぶ．(2.6) は弾性体の Hooke の法則にあたる．また e_{ij} は歪みの速度で

$$e_{ij}(x) = \frac{1}{2}\left(\partial_j v_i(x) + \partial_i v_j(x)\right) \tag{2.7}$$

である．(2.6) のような応力 tensor をもつ流体を，**Newton 流体**という．(2.6) を (2.2) に代入すると，

---

* T_{ij} はつねに対称のような書き方をしてある教科書が多く見うけられるが，この点，注意を要する．(3.2 節　(2.39) 式）を見よ．

$$\frac{\partial(\rho(x)v_i(x))}{\partial t}+\sum_j\frac{\partial}{\partial x_j}(\rho(x)v_i(x)v_j(x))$$
$$=-\frac{\partial}{\partial x_i}p(x)+(\lambda+\mu)\sum_k\frac{\partial^2 v_k(x)}{\partial x_i\partial x_k}$$
$$+\mu\nabla^2 v_i(x)+K_i(x) \tag{2.8}$$

が得られる．これを **Navier-Stokes の方程式**という．(2.1) と (2.8) を連立させて解きたいが，まだ未知量 $p(x)$ が入っているから方程式が足りない．次に energy の balance 方程式を作ってみると，さらに未知量が増えるので，そこは熱力学的法則で処理するのが普通である．ここでは，流体力学にあまり深入りする意志はないので，非常に簡単な場合，前に触れた音波の式が出ることを示すにとどめよう．

2.2.3　音波

外力がなく，粘性率 λ や μ も 0 のときには方程式は，(2.1) と (2.8) を変形して，

$$\frac{\partial v_i(x)}{\partial t}+\sum_j v_j(x)\frac{\partial}{\partial x_j}v_i(x)=-\frac{1}{\rho}\frac{\partial}{\partial x_i}p(x) \tag{2.9}$$

が得られる．これでもまだ左辺第 2 項が非線形のためになかなかやっかいである．そこで，

$$p(x)=p_0+p'(x) \tag{2.10a}$$

$$\rho(x)=\rho_0+\rho'(x) \tag{2.10b}$$

とおいて，p'，ρ'，v_i について線形の項だけ拾うと

$$\frac{\partial\rho'(x)}{\partial t}+\rho_0\boldsymbol{\nabla}\cdot\boldsymbol{v}(x)=0 \tag{2.11a}$$

$$\frac{\partial\boldsymbol{v}(x)}{\partial t}+\frac{1}{\rho_0}\boldsymbol{\nabla}p'(x)=0 \tag{2.11b}$$

となる．Barotropic な流れの場合は，$p(x)$ と $\rho(x)$ が結ばれているので，

$$p'(x)=\left(\frac{\partial p(x)}{\partial\rho(x)}\right)_{\substack{p=p_0\\ \rho=\rho_0}}\rho'(x) \tag{2.12}$$

(2.11) と (2.12) から $\boldsymbol{v}(x)$ を消去すると，

$$\frac{\partial^2\rho'(x)}{\partial t^2}-s^2\nabla^2\rho'(x)=0 \tag{2.13}$$

が得られる．ただし，

$$s^2 \equiv \left(\frac{\partial p(x)}{\partial \rho(x)} \right)_{\substack{p=p_0 \\ \rho=\rho_0}} \tag{2.14}$$

である．こうして（1.4節 （4.4）式）に到達する．ここでは，線形化したために密度波だけになってしまった．この密度の場 $\rho'(x)$ が調和振動子の集まりであることは，弾性体のときとまったく同様にして明らかであろう（この場合のほうがうんと簡単である）．自ら試してみるとよい．

2.3 電磁場の基本方程式

次に，電磁場の基本方程式を説明しなければならない．ご承知のように，電磁気学はそれだけで1つの広大な体系を成しているから，この章であまり深く議論するわけにはいかない．しかし，考えてみれば，Faraday や Maxwell やその他の人々のおかげで電磁気学の法則はたった4個の方程式にまとめられ，すべての電磁現象はこれらの基本方程式から導き出されるべきものになった．それを歴史的な迂余曲折をたどっていったのでは，かえってわかりにくくなるだろう．電磁気的現象を数学的に表現するためにいろいろな人が努力したようだが，流体との類比を使ったもの，熱伝導論との類比を用いようとしたものなどがあるらしいし．電磁現象には，連続の方程式が基本的役割を果たしたので，結局は流体との類比のほうが自然であった（むしろ Maxwell の考えは逆であったかもしれない）．このへんの事情はだいぶ古い本だが40）矢島祐利（1947）に詳しい[*1]．ここでは結果としての Maxwell 方程式を書き下し，これらについて説明するという演繹的方法をとろう．採用する電磁単位は，物理屋なら（特に微視的物理屋なら）非有理化 Gauss 系，engineer または巨視的物理屋なら MKS 系をとる．ここでは微視的物理屋の好む非有理化 Gauss 系を採用する．この単位では，電子の電荷を e とするとき，

$$(e^2/\hbar c)^{-1} = 137 \quad (\text{無次元}) \tag{3.1}$$

である．ここに c は光の速度，$\hbar$ は Planck 定数 h を 2π で割ったものである．

2.3.1 Maxwell の方程式

Maxwell の方程式は，真空の中で，この単位系で[*2]，

$$\mathrm{div}\, \boldsymbol{E}(x) = 4\pi\rho(x) \tag{3.2}$$

[*1] 私の本棚にあるこの本には定価80円と書いてある．学生のころ私はこれを読んだらしい．いま見るとおもしろい書き込みがあるが，これは秘密．学生のころはなかなか original なことを考えるものである．なお，39) Whittaker, E.T. (1976) 参照.

[*2] (3.3) と (3.5) の左辺第2項の符号は「$\boldsymbol{H}$ が positive」とおぼえる．つまり「エッチな人は積極的！」.

$$\mathrm{curl}\, \boldsymbol{H}(x) - \frac{1}{c}\frac{\partial \boldsymbol{E}(x)}{\partial t} = \frac{4\pi}{c}\boldsymbol{j}(x) \tag{3.3}$$

$$\mathrm{div}\, \boldsymbol{H}(x) = 0 \tag{3.4}$$

$$\mathrm{curl}\, \boldsymbol{E}(x) + \frac{1}{c}\frac{\partial \boldsymbol{H}(x)}{\partial t} = 0 \tag{3.5}$$

である．記号は明らかだと思うが，$\boldsymbol{E}(x)$ と $\boldsymbol{H}(x)$ とはそれぞれ電場と磁場，$\rho(x)$ と $\boldsymbol{j}(x)$ はそれぞれ電荷密度と電流密度で連続の方程式

$$\frac{\partial \rho(x)}{\partial t} + \mathrm{div}\, \boldsymbol{j}(x) = 0 \tag{3.6}$$

を満たしている．これは，独立な方程式ではなく（3.2）と（3.3）から出てくる結論である．実は Maxwell は連続の方程式が成立するように，（3.3）の左辺の第 2 項を決めたのである*．この第 2 項の符号を変えたものを**変位電流**（displacement current）とよび，この物理的意味はおいおいに明らかになる［39）Whittaker, E.T.（1976）を見よ］．

以下，（3.2）～（3.5）の意味するところを説明しよう．これらは，$\boldsymbol{E}$ と $\boldsymbol{H}$ のまざった複雑な式で，次のような構造をしている．まず（3.2）により**与えられた**電荷分布によって，電場の分散部が決まる．次に，（3.3）によると，電流は電荷の時間的変化だから，それによって磁場の回転項と電場の回転項のある組み合わせが決まる．（3.4）によると，磁場は回転項しかもたない．その結果と（3.5）つまり磁場の時間的変化から，残りの電場が決まるという複雑な連立方程式である．重要なことは，ここでは電荷と電流だけが基本的には重要な役割をしているということで，**磁荷などという概念は全然入る余地のない**ことである．この点にはまた後で触れるであろう．

2.3.2 時間によらない場

しかし，場が時間によらないときは事情は簡単になり，前に考えた流体力学の手法をそのまま使って方程式を解くことができる．（3.2）～（3.5）から，時間微分の項を落とすと，$\boldsymbol{E}$ と $\boldsymbol{H}$ が分離され

$$\mathrm{div}\, \boldsymbol{E}(\boldsymbol{x}) = 4\pi\rho(\boldsymbol{x}) \tag{3.7}$$

$$\mathrm{curl}\, \boldsymbol{H}(\boldsymbol{x}) = (4\pi/c)\boldsymbol{j}(\boldsymbol{x}) \tag{3.8}$$

---

* Maxwell の伝記によると，彼は磁場に対して歯車で作った力学的 model を考えている．同方向に回っている 2 つの歯車をくっつけるには，その間にもう 1 つの歯車を入れないと歯車が壊れてしまう．この第 3 の歯車が必要なことから，変位電流の存在に気がついたのだそうである．歴史的な事実はそうかもしれないが，われわれとしては電荷の連続性から理解するほうが容易である．いずれにしても Maxwell のころは，物理学には力学しかなかったわけであるから，なんでもかんでも力学的 model で考えられていたようである．

$$\operatorname{div} \boldsymbol{H}(\boldsymbol{x}) = 0 \tag{3.9}$$

$$\operatorname{curl} \boldsymbol{E}(\boldsymbol{x}) = 0 \tag{3.10}$$

となる．(3.7) と (3.10) は $\boldsymbol{E}(x)$ が渦なしであることを示し，(3.8) と (3.9) は，$\boldsymbol{H}(x)$ が非圧縮性の流体の速度場と同じように振る舞うことを示している．したがって，1.5 節の方法をそのまま用いると簡単に積分形に直すことができ，

$$\boldsymbol{E}(\boldsymbol{x}) = -\int d^3x' \boldsymbol{\nabla} \frac{\rho(\boldsymbol{x}')}{|\boldsymbol{x}-\boldsymbol{x}'|} \tag{3.11}$$

$$\boldsymbol{H}(\boldsymbol{x}) = \frac{1}{c}\int d^3x' \boldsymbol{\nabla} \times \frac{\boldsymbol{j}(\boldsymbol{x}')}{|\boldsymbol{x}-\boldsymbol{x}'|} \tag{3.12}$$

である．(3.11) は，電荷 $\rho(\boldsymbol{x}')$ による Coulomb の場，(3.12) は，定常電流 $\boldsymbol{j}(\boldsymbol{x}')$ によって起きる磁場の表式，すなわち Biot-Savart（ビオ–サーバル）の式である．

これらの関係をもう少し見やすくするためには，点電荷による場を計算してみるとよい．原点に局在する点電荷 q は，3 次元 delta 関数を用いて

$$\rho(\boldsymbol{x}) = q\delta(\boldsymbol{x}) \tag{3.13}$$

と表される．これを (3.11) に代入すると，

$$\boldsymbol{E}(\boldsymbol{x}) = q\frac{\boldsymbol{x}}{|\boldsymbol{x}|}\frac{1}{|\boldsymbol{x}|^2} \tag{3.14}$$

つまり原点にある点電荷 q によって作られる電場は，原点と $\boldsymbol{x}$ を結ぶ線の方向を向いて，距離の逆 2 乗に比例する．

電気二重極 また，電気二重極 (electric dipole)

$$\rho(\boldsymbol{x}) = q\delta[\boldsymbol{x} - (\boldsymbol{a}/2)] - q\delta[\boldsymbol{x} + (\boldsymbol{a}/2)] \tag{3.15}$$

では

$$\boldsymbol{E}(\boldsymbol{x}) = q\frac{\boldsymbol{x}-(\boldsymbol{a}/2)}{|\boldsymbol{x}-(\boldsymbol{a}/2)|^3} - q\frac{\boldsymbol{x}+(\boldsymbol{a}/2)}{|\boldsymbol{x}+(\boldsymbol{a}/2)|^3} \tag{3.16}$$

である*.

電気二重極能率

$$\boldsymbol{p} \equiv q\boldsymbol{a} \tag{3.17}$$

* $\boldsymbol{a}$ が小さいときは $\rho(\boldsymbol{x}) = -q\boldsymbol{a}\cdot\boldsymbol{\nabla}\delta(\boldsymbol{x})$ と書けることに注意．このような delta 関数の微分は素粒子論に出てくる．それを dipole ghost とよんでいる．

を定義すると，(3.16) は，$\boldsymbol{a}$ が小さいとき，

$$\boldsymbol{E}(\boldsymbol{x}) = -\frac{1}{|\boldsymbol{x}|^3}\left\{\boldsymbol{p} - 3\boldsymbol{x}(\boldsymbol{p}\cdot\boldsymbol{x})\frac{1}{|\boldsymbol{x}|^2}\right\} \tag{3.18}$$

となる．これは，原点に局在する電気二重極によって作られた電場である．二重極からかなり遠方で成り立つ．

磁場のほうの (3.12) も，定常電流 $\boldsymbol{j}(\boldsymbol{x}')$ からずっと遠方で成り立つ表式を求めるためには，展開形

$$\begin{aligned}\nabla\frac{1}{|\boldsymbol{x}-\boldsymbol{x}'|} &= -\frac{1}{|\boldsymbol{x}-\boldsymbol{x}'|^3}(\boldsymbol{x}-\boldsymbol{x}') \\ &= -\frac{\boldsymbol{x}}{|\boldsymbol{x}|^3} + \frac{\boldsymbol{x}'}{|\boldsymbol{x}|^3} - 3\frac{\boldsymbol{x}}{|\boldsymbol{x}|^5}(\boldsymbol{x}\cdot\boldsymbol{x}') + \cdots\end{aligned} \tag{3.19}$$

を用いる．これを (3.12) に代入すると，

$$\begin{aligned}\boldsymbol{H}(\boldsymbol{x}) = &-\frac{\boldsymbol{x}}{|\boldsymbol{x}|^3}\times\frac{1}{c}\int d^3x'\boldsymbol{j}(\boldsymbol{x}') + \frac{1}{|\boldsymbol{x}|^3}\frac{1}{c}\int d^3x'\boldsymbol{x}'\times\boldsymbol{j}(\boldsymbol{x}') \\ &-\frac{3}{|\boldsymbol{x}|^5}\frac{1}{c}\int d^3x'(\boldsymbol{x}\cdot\boldsymbol{x}')\boldsymbol{x}\times\boldsymbol{j}(\boldsymbol{x}') + \cdots\end{aligned} \tag{3.20}$$

となる．この表式は，電流が 0 でない領域からずっと遠いところでないと意味を成さない．定常電流が実際に与えられると，これによって遠方における磁場の様子が知られる．これを小さい定常円電流に当てはめてみると，ちょうど磁気二重極の作った磁場のようになることがわかる．その具体的な計算は，後に回そう．

2.3.3　Faraday の法則

以上で Maxwell の方程式は，静電荷に対する Coulomb の法則と，定常電流によって生じる磁場に関する Biot-Savart の法則を含むことがわかった．ではたとえば，磁束に関する Faraday の法則や，磁極に対する Coulomb の法則はどうだろう．前者はもちろん時間によらない関係を求めていてもだめである．もとの Maxwell の方程式の 1 つ (3.5) に戻らなければならない．

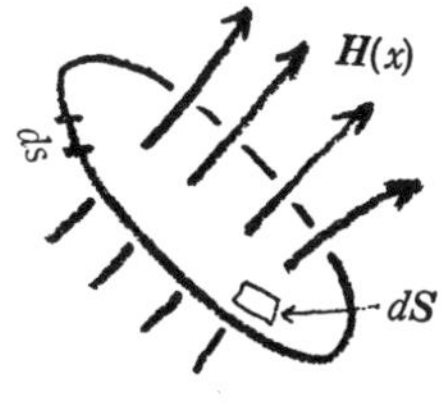

図 2.2

いま空間に固定された皿のような面を考え，それを貫く磁束を

$$\Phi \equiv \int d\boldsymbol{S}\cdot\boldsymbol{H}(x) \tag{3.21}$$

で定義しよう．すると (3.5) により，

$$-\frac{d\Phi}{dt} = -\int d\boldsymbol{S} \cdot \frac{\partial \boldsymbol{H}(x)}{\partial t} = c\int d\boldsymbol{S} \cdot \mathrm{curl}\, \boldsymbol{E}(x) = c\oint d\boldsymbol{s} \cdot \boldsymbol{E}(x) \tag{3.22}$$

が得られる．ここでもStokesの式を用いた．この式の右辺は，回路を1周したときの起電力で，それが磁束の減りに等しいことを述べているFaradayの法則である．

2.3.4 磁極間のCoulombの法則[*1]

最後に気になるのは，静磁気学で習った磁極の間のCoulombの法則がどこから出てくるかである．もう一度Maxwellの方程式をよく眺めてみよう．左辺にある量はすべて$\boldsymbol{E}$と$\boldsymbol{H}$である．右辺にある量は電荷と電流であって，磁極（単極であれ二重極であれ）のようなものは全然現れていない．磁場はあっても，静磁気学で習ったような磁荷などというものは，Maxwellの理論の中には全然ないものである．では，Maxwell theoryの中ではどうして磁場を測るのであろうか？　観測の手段が対象とどう相互作用するかを基本方程式が与えなければ，観測などということはできないはずである（これは物理全体に言えることであろう）．磁荷などいうものがないとすれば，他の手段によって磁場を測るより手がない[*2]．Maxwellの方程式（3.5）または時間に依存しない場合の（3.8）を眺めると，電流$\boldsymbol{j}(x)$を与えるとき，$\boldsymbol{H}(x)$が決まることがわかる．その磁場の中に別の電流をもっていくとAmparéの法則によってどのような力がそれに働くかがわかる．それでは磁荷の間のCoulombの力などというものは考えられないのかというとそうではない．これを見るために閉じた回路を流れる電流を考えてみよう．するとこれがちょうど回路と直角方向に立てた磁石とまったく同じ働きをすることがわかる．そしてこれが，あたかも逆2乗の法則に従う磁極で作られた磁気二重極（magnetic dipole）の周りの磁場と同じになる．それを見るには，次のようにする．

図 2.3

Ring上の定常電流　まずringの上に一様に分布した電荷を数学的に表すことを考えよう．そのringの半径をa，ringの軸方向の単位vectorを$\boldsymbol{e}$としよう．Ringの中心が座標の原点にあると，ring上の点は

$$\boldsymbol{x}^2 = a^2 \tag{3.23a}$$

$$\boldsymbol{e} \cdot \boldsymbol{x} = 0 \tag{3.23b}$$

で表される．つまり（3.23a）は$\boldsymbol{x}$が半径aの球の上にあることを示し，（3.23b）によってそのうち$\boldsymbol{e}$に直角な部分が取り出されるわけである．Ring上の全電荷をqとすると，

[*1] この項は少々めんどうなので，もし気にならなければ変位電流のところまでとばして構わない．

[*2] 大学で電磁気学をやるときは，通常，静磁気学をまず勉強し，そのとき磁荷を用いて磁場を測る方法を習う．それからMaxwellの方程式にいくのだが，そのとき磁荷というものを理論から消してしまうということを忘れてしまう．

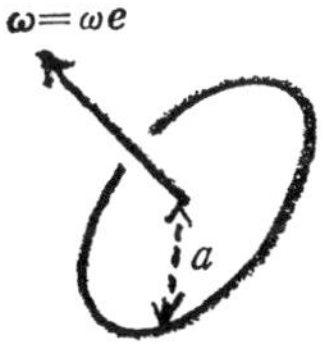

図 2.4

$$\rho(\boldsymbol{x}) = \frac{q}{\pi}\delta(\boldsymbol{x}^2 - a^2)\delta(\boldsymbol{e}\cdot\boldsymbol{x}) \tag{3.24}$$

が半径 a の ring 上に一様な線電荷密度 $q/2\pi a$ で分布した電荷の場を与える．事実，(3.24) を全空間にわたり積分すると全電荷 q を得る．それを見るには，

$$\int d^3x\delta(\boldsymbol{x}^2 - a^2)\delta(\boldsymbol{e}\cdot\boldsymbol{x}) = \pi \tag{3.25}$$

に注意する*1．次に，その ring が軸 $\boldsymbol{e}$ の周りに角速度 ω で回転すると，定常電流が得られる．そのとき ring 上の電荷の速度は

$$\omega\boldsymbol{e} \times \boldsymbol{x} = \boldsymbol{v}(\boldsymbol{x}) \tag{3.26}$$

である*2．したがって，このときの電流は

$$\begin{aligned}\boldsymbol{j}(\boldsymbol{x}) &= \boldsymbol{v}(\boldsymbol{x})\rho(\boldsymbol{x})\\ &= \omega\boldsymbol{e} \times \boldsymbol{x}\rho(\boldsymbol{x})\end{aligned} \tag{3.27}$$

である．この電流による磁場を求めるには (3.27) を (3.20) に代入して，たんねんに計算を遂行すればよい．そのとき必要な公式は

$$\textstyle\sum_{j,k}\varepsilon_{ijk}\varepsilon_{ljk} = 2\delta_{il} \tag{3.28}$$

$$\int d^3xx_ix_j\delta(\boldsymbol{x}^2 - a^2)\delta(\boldsymbol{e}\cdot\boldsymbol{x}) = (\delta_{ij} - e_ie_j)\frac{A}{2} \tag{3.29}$$

$$A = \pi a^2 \tag{3.30}$$

である*3．結果を書くと，

$$\boldsymbol{H}(\boldsymbol{x}) = -\frac{q}{c}\frac{A}{2\pi}\frac{\omega}{|\boldsymbol{x}|^3}\left\{\boldsymbol{e} - 3\boldsymbol{x}(\boldsymbol{e}\cdot\boldsymbol{x})\frac{1}{|\boldsymbol{x}|^2} + \cdots\right\} \tag{3.31}$$

である．これが，原点に局在する半径 a，方向 $\boldsymbol{e}$ の円電流によって作られる磁場で，ω は電荷の角振動数である．これと電気二重極による場 (3.18) と比較すると，たいへんおもしろいことに気がつく．両者の $\boldsymbol{x}$ 依存性はまったく同じ，(3.18) における電気二重極能率 $\boldsymbol{p}$ の代わりに

---

*1 この積分を実行するには，全体が，$\boldsymbol{e}$ の方向によらないことを用い，$\boldsymbol{e}$ = (0, 0, 1) の場合を計算してみればよい．

*2 Ring 上の電荷が ring を 1 周して元へ戻る時間は $2\pi/\omega$．

*3 (3.29) の形を導くには，$\boldsymbol{x}$ が $\boldsymbol{e}$ といつでも直交していることから $(\delta_{ij} - e_ie_j)$ を得，また $i = j$ として 1 から 3 まで足すと，左辺は (3.25) により $a^2\pi$，右辺は A となる．

$$\boldsymbol{p}_m \equiv \frac{q}{c} A \frac{\omega}{2\pi} \boldsymbol{e} \tag{3.32}$$

が入っている．すなわち，それによって生成される磁場は，逆2乗のCoulombの法則に従う電荷から成る電気二重極によって作られた電場とまったく同じだということなる．これで閉じた定常電流によって作られた2つの磁極（単独には取り出せないが）の間には，逆2乗のCoulombの法則が成り立っていると結論できるわけである．

注　意

磁石の真ん中を糸でつるしたとき，北へ向く方をその磁石の北極（N極），南へ向くほう南極（S極）と呼ぶのが常である．同種の極は反発しあい，異種の極は引き合うから，地球の北極には地磁気の南極があり，南極には地磁気の北極があるというめんどうなことになる．しかし（3.2）～（3.5）で表される物理法則は，そんな勝手な命名法とは無関係である*.

もう1つ，前に電荷には最小単位eがあって，$e^2/\hbar c = (137)^{-1}$であると言ったが，磁荷にもそんな単位があるであろうか？　この点，いろいろな議論があってまだ定説といったものはない．いずれにしろ，巨視的な現象では，磁石というものはいつでもN極とS極があって，磁石を半分に切ってもまた新しくS極とN極が現れ，両方を分離することはできないということには意見が一致している．しかし，Maxwellの理論の中には磁極などというものはいっさい入っていないのに，電流によって磁気的双極子と同じ効果が出るということはたいへん教訓的である．つまり電荷の運動が磁気的双極子を生むのであって，運動とは単にものが動くという以上の意味をもっているのである．では磁石とは何かということは，第5章でお話する．

微視的物理学では磁気単極が存在するかもしれないというspeculationがある．しかしそう考えることが，われわれが現在当面している基本的な困難を積極的に解決するのに役立たないかぎり，私にはあまり食欲がわかない．実験的に見いだされれば話は別である．

2.3.5　変位電流

真空中のMaxwell方程式はよく知られた電磁気的法則を含んでいるわけだが，単に知られた法則をまとめただけのものなら，あまり感激的ではないだろう．ところが，変位電流の効果を調べてみると，その中に新しい事実が含まれていることがわかる．(3.2)～(3.5)で，電荷と電流のまったくない場合には，

* 上記のような人間の命名が，宇宙の他の高等動物にも採用されているなどとは思えないが，物理法則は宇宙の他の部分でも真であるはずであろう．火星から持って帰ったお土産の磁石には，NとSが逆になっているかもしれない．もし地球のものと同じだったら単なる偶然か，よくよく見るとmade in Japanと書いてあるかもしれない．

$$\mathrm{div}\,\boldsymbol{E} = 0 \tag{3.33}$$

$$\mathrm{curl}\,\boldsymbol{E} + \frac{1}{c}\frac{\partial \boldsymbol{H}}{\partial t} = 0 \tag{3.34}$$

$$\mathrm{div}\,\boldsymbol{H} = 0 \tag{3.35}$$

$$\mathrm{curl}\,\boldsymbol{H} - \frac{1}{c}\frac{\partial \boldsymbol{E}}{\partial t} = 0 \tag{3.36}$$

となる．(3.34) の時間微分をとり，(3.36) を代入すると，(3.35) により

$$\begin{aligned}\frac{1}{c^2}\frac{\partial^2 \boldsymbol{H}}{\partial t^2} &= -\mathrm{curl}\,\frac{1}{c}\frac{\partial \boldsymbol{E}}{\partial t} = -\mathrm{curl}\,\mathrm{curl}\,\boldsymbol{H}\\ &= -\mathrm{grad}\,\mathrm{div}\,\boldsymbol{H} + \boldsymbol{\nabla}^2\boldsymbol{H} = \boldsymbol{\nabla}^2\boldsymbol{H}\end{aligned} \tag{3.37}$$

また，(3.36) の時間微分をとって (3.34) を代入し，(3.33) を用いると，

$$\frac{1}{c^2}\frac{\partial^2 \boldsymbol{E}}{\partial t^2} = \boldsymbol{\nabla}^2\boldsymbol{E} \tag{3.38}$$

が得られる．これらの (3.37)，(3.38) は，前節の音波の (2.13)，2.1 節の弾性体中の波の方程式（たとえば (1.22) の div をとってみよ）とまったく同じである．これは，$\boldsymbol{E}$ や $\boldsymbol{H}$ が自由空間中を速さ c の波として伝播することを示している．もし変位電流の項がなかったら，このようなことは起きない．定数 c は実は光の速度であった．電気磁気の波と光がまったく同じ速さで伝播するということは注目に値する．光を電磁気の波として反射や屈折の仕方を調べると，万事好都合に説明できる［この点については，14) 木内政蔵 (1935) に詳しい*］．

弾性波にしろ音波にしろ，そこにはそれぞれ振動する物（媒質）があった．Maxwell の理論はいろいろな意味で，流体の考え方をお手本にしてできあがったが，根本的な違いはまさにそこにある．電場や磁場を何か別の物質の振動と考えるためには，そのような物質の性質を議論しなければならない．そのような媒質としてどんなものを考えたらよいであろうか．この問題とは別に，電磁波と光を同一視することにはまだちょっと難点がある．それは，Maxwell の方程式は，vector 量 $\boldsymbol{E}$ や $\boldsymbol{H}$ で書かれているから，それらの向きに従って横波や縦波などの 6 個の mode が出てきそうなことである．前に考えた弾性波の場合には，それは vector であるから，2 個の横波と 1 個の縦波があった．Maxwell の電磁波には，いったいいくつの波があるのだろうか．一方，光はたった 2 個の偏りしかないではないか．この点をどう処理したらよいのだろうか．

2.3.6　Lorentz の力

このような種々の疑問を調べる前に，もう 1 つ考えておかなければならないことがある．

---

* この本はもう手に入らないかもしれない．光の物理的本性についての詳しい説明がある．

それは，電磁場が物体に対して（それは電荷をもった物体でなければならないことは明らかであるが）どのような力を及ぼすかという知識がわれわれにはまだ欠けている．そのような知識を与えてくれるものが，いわゆる**Lorentzの力**の公式である．いま，粒子の荷電を q，その速度を $\boldsymbol{v}$ とすると，その粒子に働く力は

$$\boldsymbol{F}(x)=q\left\{\boldsymbol{E}(x)+\frac{1}{c}\boldsymbol{v}\times\boldsymbol{H}(x)\right\} \tag{3.39}$$

で与えられる．ここの x とは，粒子の位置と時間である．これによると，時刻 t に，点 $\boldsymbol{x}(t)$ を占める粒子には（3.39）の力が働き，Newtonの運動方程式

$$m\frac{d^2\boldsymbol{x}(t)}{dt^2}=\boldsymbol{F}(\boldsymbol{x}(t),t)=q\left\{\boldsymbol{E}(\boldsymbol{x}(t),t)+\frac{1}{c}\frac{d\boldsymbol{x}(t)}{dt}\times\boldsymbol{H}(\boldsymbol{x}(t),t)\right\} \tag{3.40}$$

が成り立つことになる．この右辺に出てきた $\boldsymbol{E}$ や $\boldsymbol{H}$ は粒子の位置における電場と磁場で，それらにはこの粒子以外から来た電磁場と同時に，粒子自身によって作られた電磁場も含まれている．粒子自身によって作られる電磁場を**自己場**（self-field）という[*1]．

2.3.7 場の energy[*2]

いま，この粒子のenergyの時間的変化を調べてみよう．

$$\begin{aligned}\frac{d}{dt}\left\{\frac{1}{2}m\dot{\boldsymbol{x}}^2(t)\right\}&=m\dot{\boldsymbol{x}}(t)\cdot\ddot{\boldsymbol{x}}(t)\\&=q\dot{\boldsymbol{x}}(t)\cdot\left[\boldsymbol{E}(\boldsymbol{x}(t),t)+\frac{1}{c}\dot{\boldsymbol{x}}(t)\times\boldsymbol{H}(\boldsymbol{x}(t),t)\right]\\&=q\dot{\boldsymbol{x}}(t)\cdot\boldsymbol{E}(\boldsymbol{x}(t),t)\end{aligned} \tag{3.41}$$

一方，Maxwellの方程式（3.3）と（3.5）によると，

$$-\boldsymbol{H}(x)\cdot\text{curl}\,\boldsymbol{E}(x)-\frac{1}{c}\boldsymbol{H}(x)\cdot\dot{\boldsymbol{H}}(x)=0 \tag{3.42}$$

$$\boldsymbol{E}(x)\cdot\text{curl}\,\boldsymbol{H}(x)-\frac{1}{c}\boldsymbol{E}(x)\cdot\dot{\boldsymbol{E}}(x)=\frac{4\pi}{c}\boldsymbol{E}(x)\cdot\boldsymbol{j}(x) \tag{3.43}$$

両式を加え合わせると，balance方程式

[*1] これは，後で話すように，なかなかやっかいなものである．そのことは（3.14）からも予想がつく．自己場は，粒子自身の位置で無限大になってしまうものである．その無限大の分だけ差し引いておかなければならない．これは，高エネルギー物理学におけるくりこみ理論へ発展する．

[*2] 計算のいやな読者は（3.47）と（3.50）だけに注意すればよい．場のもつenergyを適当に定義してやると，それと粒子のenergyとの和全体が保存するということを議論する．
また，$\boldsymbol{E}\cdot\nabla\times\boldsymbol{H}-\boldsymbol{H}\cdot(\nabla\times\boldsymbol{E})=-\nabla\cdot(\boldsymbol{E}\times\boldsymbol{H})$．

$$-\boldsymbol{\nabla}\cdot(\boldsymbol{E}(x)\times\boldsymbol{H}(x))-\frac{1}{2c}\frac{\partial}{\partial t}(\boldsymbol{E}^2(x)+\boldsymbol{H}^2(x))$$
$$=\frac{4\pi}{c}\boldsymbol{E}(x)\cdot\boldsymbol{j}(x) \tag{3.44}$$

が得られる．点電荷による電流は

$$\boldsymbol{j}(x)=q\dot{\boldsymbol{x}}(t)\delta(\boldsymbol{x}-\boldsymbol{x}(t)) \tag{3.45}$$

と書かれるから，これを（3.44）の右辺に代入して，点 $\boldsymbol{x}$ を含む 3 次元の任意の体積 V について積分すると，

$$q\dot{\boldsymbol{x}}(t)\cdot\boldsymbol{E}(\boldsymbol{x}(t),t)=-\frac{d}{dt}\int_V d^3x\{\boldsymbol{E}^2(x)+\boldsymbol{H}^2(x)\}\frac{1}{8\pi}$$
$$-\int_V d^3x\,\boldsymbol{\nabla}\cdot\{\boldsymbol{E}(x)\times\boldsymbol{H}(x)\}\frac{c}{4\pi} \tag{3.46}$$

となる*．前の粒子の運動方程式（3.41）といっしょにすると，

$$\frac{d}{dt}\left[\frac{1}{2}m\dot{\boldsymbol{x}}^2(t)+\int_V d^3x\frac{1}{8\pi}\{\boldsymbol{E}^2(x)+\boldsymbol{H}^2(x)\}\right]$$
$$+\int_V d^3x\frac{c}{4\pi}\boldsymbol{\nabla}\cdot\{\boldsymbol{E}(x)+\boldsymbol{H}(x)\}=0 \tag{3.47}$$

が得られる．積分体積は，荷電粒子を含む体積ならなんでもよい．（3.47）は連続の方程式の形をしているから（実はそれを積分したもの），第 1 章でやった解釈をすればよい．すなわち，体積 V の中には，粒子の energy $(1/2)\,m\dot{\boldsymbol{x}}^2(t)$ と，電磁場の energy

$$\boldsymbol{E}_{\text{e.m.}}^{(V)}\equiv\frac{1}{8\pi}\int_V d^3x\{\boldsymbol{E}^2(x)\times\boldsymbol{H}^2(x)\} \tag{3.48}$$

があり，その体積の表面には，energy の流れ

$$\boldsymbol{g}_{\text{e.m.}}(x)\equiv\frac{c}{4\pi}\boldsymbol{E}(x)\times\boldsymbol{H}(x) \tag{3.49}$$

がある．これを **Poynting vector** という．体積を十分大きくし，表面を十分遠方へもっていくと，$\boldsymbol{E}(x)$ や $\boldsymbol{H}(x)$ は小さくなるから energy の流れは消える．したがって，そのとき全 energy の保存則

$$\frac{d}{dt}\left[\frac{1}{2}m\dot{\boldsymbol{x}}^2(t)+E_{\text{e.m.}}^{(\infty)}\right]=0 \tag{3.50}$$

が成り立つことになる．こうして，電磁場には

* 荷電粒子がたくさんあると，（3.46）の左辺はそれらについて全部の和，右辺はそれらすべての粒子を含む任意の体積について積分しなければならない．

$$\mathscr{H}_{\text{e.m.}}(x) \equiv \frac{1}{8\pi}\{\boldsymbol{E}^2(x)+\boldsymbol{H}^2(x)\} \tag{3.51}$$

だけの energy 密度が伴うことがわかった．この energy は架空のものではなく，実際に粒子に仕事をしたり，仕事をとり出したりする．だからこそ粒子の運動 energy との和をとったとき，それが保存したわけである．

2.3.8 場の運動量[*1]

Energy の流れ（3.49）の意味を見るには，粒子の運動量を調べてみればよい．運動方程式（3.40）に戻ると，

$$\frac{d}{dt}\{m\dot{\boldsymbol{x}}(t)\} = q\left\{\boldsymbol{E}(\boldsymbol{x}(t),t)+\frac{1}{c}\dot{\boldsymbol{x}}(t)\times\boldsymbol{H}(\boldsymbol{x}(t),t)\right\} \tag{3.52}$$

である．一方, energy の流れ（3.49）の時間微分をとってみると, Maxwell の方程式により

$$\begin{aligned}\frac{\partial \boldsymbol{g}_{\text{e.m.}}(x)}{\partial t} &= \frac{c}{4\pi}\left\{\frac{\partial \boldsymbol{E}(x)}{\partial t}\times\boldsymbol{H}(x)+\boldsymbol{E}(x)\times\frac{\partial \boldsymbol{H}(x)}{\partial t}\right\}\\ &= \frac{c^2}{4\pi}\left[\left\{\text{curl}\,\boldsymbol{H}(x)-\frac{4\pi}{c}\boldsymbol{j}(x)\right\}\times\boldsymbol{H}(x)-\boldsymbol{E}(x)\times\text{curl}\,\boldsymbol{E}(x)\right]\\ &= -\frac{c^2}{8\pi}\boldsymbol{\nabla}\{\boldsymbol{E}^2(x)+\boldsymbol{H}^2(x)\}\\ &\quad +\frac{c^2}{4\pi}\sum_{j=1}^{3}\frac{\partial}{\partial x_j}\{\boldsymbol{E}(x)E_j(x)+\boldsymbol{H}(x)H_j(x)\}\\ &\quad -c^2\rho(x)\boldsymbol{E}(x)-c\boldsymbol{j}(x)\times\boldsymbol{H}(x)\end{aligned} \tag{3.53}$$

というめんどうな balance 方程式になる[*2]．前とまったく同様にして，

$$\rho(x) = q\delta(\boldsymbol{x}-\boldsymbol{x}(t)) \tag{3.54a}$$

$$\boldsymbol{j}(x) = q\dot{\boldsymbol{x}}(t)\delta(\boldsymbol{x}-\boldsymbol{x}(t)) \tag{3.54b}$$

を代入して，空間積分し，粒子の運動方程式（3.52）と組み合わせると，各成分につき

$$\begin{aligned}&\frac{d}{dt}\left\{m\dot{x}_i(t)+\int_V d^3x\frac{1}{c^2}g_i(x)\right\}\\ &\qquad +\int_V d^3x\sum_{j=1}^{3}\frac{\partial}{\partial x_j}\left(\frac{\delta_{ij}}{8\pi}\{\boldsymbol{E}^2(x)+\boldsymbol{H}^2(x)\}\right.\\ &\qquad \left. -\frac{1}{4\pi}\{E_i(x)E_j(x)+H_i(x)H_j(x)\}\right)=0\end{aligned} \tag{3.55}$$

が成り立つ．前と同じように積分は荷電粒子を含む領域について行う．あとは前の議論とまったく同じである．（3.55）に出てきた対称な量

[*1] この項も計算がややこしいから，少々とばして（3.57）と（3.60）に気をつければよい．やはり場のもつ運動量を適当に定義すると，それと粒子の運動量の和が保存するというお話である．

[*2] これは，vector 解析の公式と Maxwell の方程式全部を用いて，たんねんに計算した結果である．

$$t_{ij}(x) \equiv \frac{1}{4\pi}\{E_i(x)E_j(x) + H_i(x)H_j(x)\} - \frac{\delta_{ij}}{8\pi}\{\boldsymbol{E}^2(x) + \boldsymbol{H}^2(x)\} \tag{3.56}$$

は **Maxwell の応力**とよばれている．それが実は第 1 章で導入した応力とまったく同じ意味をもっていることは，次のようにすれば明らかになると思う．すなわち (3.55) を

$$\begin{aligned}&\frac{d}{dt}\left\{m\dot{x}_i(t) + \frac{1}{c^2}\int_V d^3x g_i(x)\right\} - \int_V d^3x \sum_{j=1}^{3} \frac{\partial}{\partial x_j} t_{ij}(x) \\ &= \frac{d}{dt}\left\{m\dot{x}_i(t) + \frac{1}{c^2}\int_V d^3x g_i(x)\right\} \\ &- \int_S dS \sum_{j=1}^{3} t_{ij}(x) n_j = 0\end{aligned} \tag{3.57}$$

と書く．最後の段階では，Gauss の定理を用いて体積積分を表面積分に直した．例によって，この解釈はすぐできるであろう．すなわち，体積 V の中には，粒子の運動量 $m\dot{\boldsymbol{x}}(t)$ と**電磁場の運動量**

$$\boldsymbol{p}_{\mathrm{e.m.}}^{(V)} \equiv \frac{1}{c^2}\int_V d^3x \boldsymbol{g}_{\mathrm{e.m.}}(x) \tag{3.58}$$

があり，その時間的変化が，体積の表面に働く応力 $t_{ij}(x)\,n_j$ と balance しているわけである．体積を無限大までもっていくと，energy のときと同じ理由によって，応力は消えるから，全運動量保存則

$$\frac{d}{dt}\{m\dot{\boldsymbol{x}}(t) + \boldsymbol{p}_{\mathrm{e.m.}}^{(\infty)}\} = 0 \tag{3.59}$$

が成り立つ．こうして

$$\boldsymbol{p}(x) \equiv \boldsymbol{g}_{\mathrm{e.m.}}(x)\,/\,c^2 \tag{3.60}$$

が電磁場のもつ運動量密度である．これらの energy や運動量の定義は，場の正準形式を勉強すると，もっと簡単直明になることを注意しておこう［46) 高橋・柏 (2005) を参照］．

2.3.9 Vector と scalar potential

めんどうな計算をやってうんざりしたから，少々話を変えて，流体のときに導入した scalar と vector potential をこの場合にも用い，vector potential の任意性を利用して，話を簡単化することを試みる．Maxwell の方程式のうち (3.4) は $\boldsymbol{H}$ が非圧縮性であるということで，そのときは，vector potential $\boldsymbol{A}(x)$ を用いて

$$\boldsymbol{H}(x) = \nabla \times \boldsymbol{A}(x) \tag{3.61}$$

と表現できる*1(次頁)．これを (3.5) に代入すると，

$$\boldsymbol{\nabla}\times\left\{\boldsymbol{E}(x)+\frac{1}{c}\frac{\partial\boldsymbol{A}(x)}{\partial t}\right\}=0 \tag{3.62}$$

が得られる．｛　｝の中の vector は今度は渦なしであるから，scalar potential が存在し，

$$\boldsymbol{E}(x)+\frac{1}{c}\frac{\partial\boldsymbol{A}(x)}{\partial t}=-\boldsymbol{\nabla}A_0(x) \tag{3.63a}$$

すなわち

$$\boldsymbol{E}(x)=-\boldsymbol{\nabla}A_0(x)-\frac{1}{c}\frac{\partial\boldsymbol{A}(x)}{\partial t} \tag{3.63b}$$

である[*2]．これで4個の量 $\boldsymbol{A}(x)$ と $A_0(x)$ を用いて，6個の量 $\boldsymbol{E}(x)$ と $\boldsymbol{H}(x)$ が表現できたわけである．これは，Maxwell の方程式のうち，電荷と電流に関係のない（3.4）と（3.5）の結論であり，したがって電荷や電流があろうとなかろうと，つねに可能なことである．言い換えれば，Maxwell の方程式は表面上6個の未知数 $\boldsymbol{E}$ と $\boldsymbol{H}$ を含んでいるように見えるが，実は4個しか未知数がないということである．残りの Maxwell の方程式（3.2）と（3.3）を $\boldsymbol{A}$ と A_0 で表すと，

$$\boldsymbol{\nabla}^2A_0(x)+\frac{1}{c}\frac{\partial}{\partial t}\boldsymbol{\nabla}\cdot\boldsymbol{A}(x)=-4\pi\rho(x) \tag{3.64}$$

$$\begin{aligned}&\left(\nabla^2-\frac{1}{c^2}\frac{\partial^2}{\partial t^2}\right)\boldsymbol{A}(x)-\frac{1}{c}\frac{\partial}{\partial t}\boldsymbol{\nabla}A_0(x)\\&\quad-\boldsymbol{\nabla}(\boldsymbol{\nabla}\cdot\boldsymbol{A}(x))=-\frac{4\pi}{c}\boldsymbol{j}(x)\end{aligned} \tag{3.65}$$

となる[*3]．これらは，4個の未知数に対する4個の方程式だから，原理的には解けるはずである．これが解けたら，$\boldsymbol{E}$ と $\boldsymbol{H}$ の定義式（3.63b）と（3.61）を用いて，電磁場がわかるという段取りである．これで Maxwell の方程式は忘れてしまって，（3.64）と（3.65）だけを問題にすればよい．

2.3.10　Gauge 変換[*4]

（3.64），（3.65）はまだ少々複雑である．流体のときに vector potential が unique でないということを利用して，$\nabla\cdot\boldsymbol{A}$ の項を消してしまったあのやり方で簡単化できないだろうか．まず，今の場合，$\boldsymbol{A}$ や A_0 がどの程度 unique なものかを調べてみなければならない．われわれの目的は $\boldsymbol{E}$ や $\boldsymbol{H}$ を正しく計算することだから，$\boldsymbol{A}$ や A_0 に不定性があっても，$\boldsymbol{E}$ や $\boldsymbol{H}$ の計算に影響を与えなければよかろう．今度の場合，

---

*1(前頁) もし，磁極などというものが存在すれば $\boldsymbol{H}$ は非圧縮性でなくなるから，（3.61）のようには書けない．

*2 前の scalar potential（1.5節　(5.8) 式）と符号を逆にとった．これは，後の便利のためで，本質的なことではない．

*3 使う公式は $\nabla\times(\nabla\times\boldsymbol{A})=\nabla(\nabla\cdot\boldsymbol{A})-\nabla^2\boldsymbol{A}$

*4 24）高橋康（1974）付録 B を見よ．

$$\boldsymbol{A}(x) \to \boldsymbol{A}(x) + \boldsymbol{\nabla}\chi(x) \tag{3.66a}$$

$$A_0(x) \to A_0(x) - \frac{1}{c}\dot{\chi}(x) \tag{3.66b}$$

と変換しても，$\boldsymbol{E}$ と $\boldsymbol{H}$ に影響しないことは（3.61）と（3.63）から明らかであろう．したがって $\chi(x)$ を適当に選ぶと，A_0 と $\boldsymbol{A}$ の方程式（3.64）と（3.65）を簡単にすることができるであろう．（3.66）の変換を **gauge 変換**という．すなわち，$\boldsymbol{E}$ と $\boldsymbol{H}$ とは，gauge 変換によって不変である．次の 2 つの場合を考えよう．

A. Coulomb gauge

流体のときとまったく同様にして，

$$\nabla \cdot \boldsymbol{A}(x) = 0 \tag{3.67}$$

と選ぶ．この条件は，後でわかるように $\boldsymbol{A}$ が波数 vector に直角方向に振動するということである．このように gauge を選ぶことを **Coulomb gauge** をとるという．Coulomb gauge を選ぶと，方程式（3.64）(3.65）はそれぞれ

$$\nabla^2 A_0(x) = -4\pi\rho(x) \tag{3.68}$$

$$\left(\nabla^2 - \frac{1}{c^2}\frac{\partial^2}{\partial t^2}\right)\boldsymbol{A}(x) = -\frac{4\pi}{c}\boldsymbol{j}(x) + \frac{1}{c}\frac{\partial}{\partial t}\boldsymbol{\nabla} A_0(x) \tag{3.69}$$

となる．（3.68）は Poisson の方程式で，ただちに解けて

$$A_0(x) = \int d^3x' \frac{\rho(\boldsymbol{x}', t)}{|\boldsymbol{x} - \boldsymbol{x}'|} \tag{3.70}$$

であるから，これを（3.69）の右辺に代入すると，

$$\begin{aligned}\left(\nabla^2 - \frac{1}{c^2}\frac{\partial^2}{\partial t^2}\right)\boldsymbol{A}(x) &= -\frac{4\pi}{c}\boldsymbol{j}(x) \\ &\quad - \frac{1}{c}\frac{\partial}{\partial t}\int d^3x' \frac{\rho(\boldsymbol{x}', t)}{|\boldsymbol{x} - \boldsymbol{x}'|}\frac{(\boldsymbol{x} - \boldsymbol{x}')}{|\boldsymbol{x} - \boldsymbol{x}'|^2}\end{aligned} \tag{3.71}$$

が $\boldsymbol{A}$ の満たす方程式となる．

注 意

① ここで注意すべきことは，Coulomb gauge を選ぶと，もう gauge 変換をする余地がなくなることである．言い換えると，（3.67）を要求すると $\boldsymbol{A}(x)$ は unique となる．なぜかというと，Coulomb gauge の $\boldsymbol{A}(x)$ にさらに gauge 変換

$$\boldsymbol{A}(x) \to \boldsymbol{A}(x) + \nabla\chi_C(x) \tag{3.72}$$

をほどこすと，その結果がまた Coulomb gauge であるためには，

$$\nabla^2\chi_C(x) = 0 \tag{3.73}$$

でなければならない．ところが（3.73）は，遠方で0であるような解をもたないのである（至るところ0である解以外はない）．

② （3.70）を見ると，時刻tにおける scalar potential A_0が同じ時刻tにおける電荷密度ρで決まっている．相対論的な電磁場の理論でこのような瞬間的な作用が出てきたのはたいへんおかしい．だいたい Coulomb gauge の条件（3.67）は，特別な Lorentz 系で成り立つ関係だから，非相対論的な表示（3.70）が出てきてもいっこうにふしぎではないということはできない．というのは，はじめ相対論的であったものが特別の Lorentz 系をとったからといって，それが壊れるはずがないからである．ところが注意しなければならないのは，$\boldsymbol{A}$やA_0はわれわれが直接観測するものではないということである．直接観測されるのは，gauge によらない量$\boldsymbol{E}$や$\boldsymbol{H}$である．（3.70）と（3.71）の積分を用いて実際に$\boldsymbol{E}$や$\boldsymbol{H}$を作ってみると，この瞬間的な力はちょうど消し合い，やはりρや$\boldsymbol{j}$の遅延効果だけが効いているということがわかる．この点は自分でやってみられるとよい．

B. Lorentz gauge

Coulomb gauge を選ぶ代わりに

$$\boldsymbol{\nabla}\cdot\boldsymbol{A}+\frac{1}{c}\dot{A}_0=0 \tag{3.74}$$

が成り立つように gauge を制限することもできる．このような gauge を **Lorentz gauge** という．Lorentz gauge を選ぶと，運動方程式は，

$$\left(\nabla^2-\frac{1}{c^2}\frac{\partial^2}{\partial t^2}\right)A_0(x)=-4\pi\rho(x) \tag{3.75}$$

$$\left(\nabla^2-\frac{1}{c^2}\frac{\partial^2}{\partial t^2}\right)\boldsymbol{A}(x)=-\frac{4\pi}{c}\boldsymbol{j}(x) \tag{3.76}$$

となる．これらはA_0と$\boldsymbol{A}$に対して対称な形をしていて，後で見るように相対論的見地からはたいへん便利である*．Coulomb gauge のときと違って，Lorentz gauge にはまだ gauge 変換をする余地が残っている．すなわち（3.74）に矛盾しないように gauge 変換

$$\boldsymbol{A}(x)\to\boldsymbol{A}(x)+\boldsymbol{\nabla}\chi_L(x) \tag{3.77a}$$

$$A_0(x)\to A_0(x)-\frac{1}{c}\dot{\chi}_L(x) \tag{3.77b}$$

をするには，

$$\left(\nabla^2-\frac{1}{c^2}\frac{\partial^2}{\partial t^2}\right)\chi_L(x)=0 \tag{3.78}$$

---

* これらの式の積分表示については，（3.4 節 （4.38）（4.39）式）を参照せよ．

を満たすように制限しておけばよい．(3.78) は空間的に遠方で 0 になるような解をもっている．したがって，Lorentz gauge の $\boldsymbol{A}$，A_0 はまだ unique に決まっていない．

注　意

① Gauge 変換のことをなぜここでやかましく言ったかというと，それは前に述べた光と電磁場の関係を吟味したいからである．光はたった 2 方向の偏りしかないのに，電磁波は $\boldsymbol{A}$ と A_0 という 4 個の量で記述されている．しかし上に見たように，たとえば Coulomb gauge をとると，まず A_0 が消え，さらに $\boldsymbol{A}$ のほうには

$$\nabla \cdot \boldsymbol{A} = 0 \tag{3.79}$$

という制限がつくから，結局，2 成分しか独立でないのである．これはちょうど，光が 2 つの偏りをもつことと一致している．後で示すように（または，弾性波のところで見たように），(3.79) という条件は $\boldsymbol{A}$ が進行方向に直角な 2 つの横波であることを言っているのである．

Lorentz gauge をとっても事情は同じで，$\boldsymbol{A}$，A_0 の 4 個は (3.74) を満たさなければならないから，3 個だけが独立で，さらにまだ (3.78) を満たす gauge の任意性が残っているから，それを利用して，もう 1 つ成分を減らすことができる．したがって，結局は 2 成分だけが独立なわけである．

② Gauge 変換の問題は，実は場を量子化するときたいへんやっかいなことを起こす．ふしぎなことに，そのやっかいなことは理論の結論にほとんどきかない．したがって，たいへん practical な主義の持ち主は，gauge の問題をあまりやかましく言う必要はないのである（理論形式に神経質な人は，いまだに gauge，gauge とうるさいことである）．

③ しかし，理論が gauge 不変であるということは，電荷保存と強く結びついている．いつでも，理論の不変性――時間推進や空間回転など――は，保存則を意味するが，gauge 不変性もその点，例外ではない．素粒子物理学の領域では，電荷のほか種々の量子数が保存している．それらの保存則を，統一的に gauge 不変性から導こうという努力が今でも続けられている．この努力は，かなり成功している [3) 江沢・恒藤 (1977) 河原林氏の項，および 4) 江沢・恒藤 (1978) 南部氏の項参照]．

2.4　電磁場と調和振動子

前に弾性波が調和振動子の集まりとして記述できることを述べた．電磁場についても同様のことが言える．電磁場が調和振動子の集まりと同等であるということは，電磁場を量子化する際に重大だから，ここでそれを詳論しよう．その場合，一般的な gauge についてやると議論が複雑になるので，Coulomb gauge の場の方程式 (3.67)(3.71) を考えよう．右辺の電流の項の詳細にはいまタッチしないで，それを簡単に，$\boldsymbol{J}(x)$ と書いておく．すなわち，扱う方程式は

$$\left(\nabla^2 - \frac{1}{c^2}\frac{\partial^2}{\partial t^2}\right)\boldsymbol{A}(x) = -\boldsymbol{J}(x) \tag{4.1}$$

$$\nabla \cdot \boldsymbol{A}(x) = 0 \tag{4.2}$$

$$\nabla \cdot \boldsymbol{J}(x) = 0 \tag{4.3}$$

である．(4.3) は (3.71) の右辺に ∇ をかけてみると，電荷と電流の間に成り立つ連続方程式の結果であることがわかる．

2.4.1 完全直交関数系

後で空洞輻射の問題を論ずるときのために，ここでは，電磁場が1辺が長さ L の大きな立方体の中に閉じ込められている場合を考える．この立方体の中の電磁場を Fourier 級数に展開しよう．sine と cosine でやらないで，その組み合わせの exponential でやったほうが便利である．直交関数系として

$$f_{\boldsymbol{k}}(\boldsymbol{x}) \equiv e^{i\boldsymbol{k}\cdot\boldsymbol{x}}/L^{3/2} \tag{4.4}$$

ととろう．ただし，$i = 1, 2, 3$ に対し，

$$k_i = 2\pi n_i/L \qquad n_i = 0, \pm 1, \pm 2, \cdots\cdots \tag{4.5}$$

である．直交条件は

$$\begin{aligned}\int_V d^3x f_{\boldsymbol{k}}^*(\boldsymbol{x}) f_{\boldsymbol{k}'}(\boldsymbol{x}) &= \frac{1}{L^3}\int_V d^3x e^{-i(\boldsymbol{k}-\boldsymbol{k}')\cdot\boldsymbol{x}} \\ &= \delta_{\boldsymbol{k},\boldsymbol{k}'} \qquad \text{(Kroneker delta)}\end{aligned} \tag{4.6}$$

また，完全性の条件は

$$\Sigma_{\boldsymbol{k}} f_{\boldsymbol{k}}(\boldsymbol{x}) f_{\boldsymbol{k}}^*(\boldsymbol{x}') = \delta(\boldsymbol{x} - \boldsymbol{x}') \quad \text{(Dirac delta)} \tag{4.7}$$

である．この条件があると，任意の関数は，$f_{\boldsymbol{k}}(\boldsymbol{x})$ で展開できる．そこで，$\boldsymbol{A}(x)$ と $\boldsymbol{J}(x)$ を展開すると，

$$\boldsymbol{A}(x) = \sqrt{4\pi}c\sum_{\boldsymbol{k}}\boldsymbol{q}(\boldsymbol{k},t) f_{\boldsymbol{k}}(\boldsymbol{x}) \tag{4.8}$$

$$\boldsymbol{J}(x) = \sqrt{4\pi}c\sum_{\boldsymbol{k}}\boldsymbol{g}(\boldsymbol{k},t) f_{\boldsymbol{k}}(\boldsymbol{x}) \tag{4.9}$$

となる*．ここで，$\sqrt{4\pi}c$ という因子をつけたのは便宜にすぎない．(4.6) を用いると，$\boldsymbol{q}$ や $\boldsymbol{g}$ がそれぞれ $\boldsymbol{A}$ や $\boldsymbol{J}$ の空間積分で表される．

Coulomb gauge の条件　いま，(4.8) と (4.9) をそれぞれ (4.2) と (4.3) に代入してみるとすぐわかるが，$\boldsymbol{q}$ と $\boldsymbol{g}$ は，波数 vector $\boldsymbol{k}$ と直交していなければならない．したがって図 2.1 のように 3 個の互いに直交した単位 vector $\boldsymbol{e}^{(1)}(\boldsymbol{k})$，$\boldsymbol{e}^{(2)}(\boldsymbol{k})$，$\boldsymbol{e}^{(3)}(\boldsymbol{k})$ =

---

* $\boldsymbol{A}$ や $\boldsymbol{J}$ は実数だから，$\boldsymbol{q}(\boldsymbol{k}, t) = -\boldsymbol{q}^{\dagger}(-\boldsymbol{k},t)$ でなければならない．$\boldsymbol{J}$ についても同じ．ここで † は複素共役である．

$\boldsymbol{k}/|\boldsymbol{k}|$ をとったとき，$\boldsymbol{q}$ や $\boldsymbol{g}$ は $\boldsymbol{e}^{(3)}$ 方向の成分をもたない．このことを考慮すると，結局，

$$\boldsymbol{A}(x)=\sqrt{4\pi}c\sum_{\boldsymbol{k}}\sum_{r=1,2}\boldsymbol{e}^{(r)}(\boldsymbol{k})q^{(r)}(\boldsymbol{k},t)f_{\boldsymbol{k}}(\boldsymbol{x}) \tag{4.10}$$

$$\boldsymbol{J}(x)=\sqrt{4\pi}c\sum_{\boldsymbol{k}}\sum_{r=1,2}\boldsymbol{e}^{(r)}(\boldsymbol{k})\boldsymbol{g}^{(r)}(\boldsymbol{k},t)f_{\boldsymbol{k}}(\boldsymbol{x}) \tag{4.11}$$

と展開できる．これらは Coulomb gauge をとったことによる結論である．

調和振動子系　(4.10) と (4.11) を運動方程式 (4.1) に代入し，左から，$f^*_{\boldsymbol{k}}(\boldsymbol{x})\boldsymbol{e}^{(r)}(\boldsymbol{k})$ をかけて，立方体全体にわたって $\boldsymbol{x}$ について積分すると，

$$\ddot{q}^{(r)}(\boldsymbol{k},t)+c^2\boldsymbol{k}^2q^{(r)}(\boldsymbol{k},t)=\boldsymbol{g}^{(r)}(\boldsymbol{k},t)\qquad r=1,2 \tag{4.12}$$

という式を得る．つまり Coulomb gauge において，vector potential の振幅は，各波数 $\boldsymbol{k}$ について 2 つの独立な（外力がかかった）調和振動子とまったく同等である，という重大な結論に達する．

2.4.2　不確定性

(4.12) を得るとき，$\boldsymbol{x}$ について積分した結果，この式には，$\boldsymbol{x}$ が全然入っていないことに気をつける必要がある．これは調和振動子をうんぬんするかぎり，それがどこにあるかということを問題にしてはいけないことを意味する．この調和振動子は空間のどこにあるというものではなく，考えている立方体の全体にわたって一様に存在する，いわば全空間的なものである．量子力学における不確定性関係を思い出せばすぐわかることだが，ここでは，波数 $\boldsymbol{k}$ を正確に指定したがために，波の位置のほうが完全にわからなくなったものである．ある程度位置の information を得たいなら，波数 $\boldsymbol{k}$ を正確に知ることを犠牲にしなければならない．ここで量子力学を持ち出すのはけしからんと思われるかもしれない．しかし，実は，量子力学における不確定性関係というのは，波動性の結論だったのである．純古典的な波動にも，波の位置と波数の間には不確定性関係が存在し，

$$\Delta\boldsymbol{x}\Delta\boldsymbol{k}\sim 1 \tag{4.13}$$

である．古典論ではこれは当たり前のことで，別に取り立てて言うほどのことではない．しかし，運動量 $\boldsymbol{p}$ をもった量子が，波数 $\boldsymbol{k}$ をもった波に対応するとし，

$$\boldsymbol{p}=\hbar\boldsymbol{k} \tag{4.14}$$

とおくと，事は重大になる．というのは，(4.13) と (4.14) から

$$\Delta\boldsymbol{x}\Delta\boldsymbol{p}\sim\hbar \tag{4.15}$$

となり，古典的力学像で考えられる粒子の位置と運動量の間に (4.15) のような制限が出るからである．

とにかく，(4.13) には Planck の定数 h がまだ入っていないが，波の位置と波数（これは今のところ運動量とは何ら関係がない）の間には，不確定性関係が満たされているわけである．

2.4.3 荷電粒子による電磁波の発射

この調和振動子の image によると，荷電粒子が電磁波を発射するという物理現象は，次のような言葉で置き換えられる．すなわち，ある荷電粒子が角振動数 ω_0，振幅 $g^{(r)}(\boldsymbol{k})$ で振動したとき，この荷電粒子の振動は，電磁場を記述する調和振動子のうち，特に振動数が ω_0 に近いものを励起する．調和振動子はこれによって，荷電粒子の energy を吸い取るから，荷電粒子のほうは energy を失っていく．これが荷電粒子による電磁波の発射である．

2.4.4 調和振動子系の energy

実際に，調和振動子のもつ energy が電磁場のもつ energy にほかならないことを見るには，前に定義した電磁場の energy (3.48) を，調和振動子の座標で書いてみるとよい．そのために，$\boldsymbol{E}$ や $\boldsymbol{H}$ を，まず $q^{(r)}$ で書いてみよう．電場 $\boldsymbol{E}$ のうち，vector potential $\boldsymbol{A}$ から来ている部分は，

$$\boldsymbol{E}^{v}(x) \equiv \boldsymbol{E}(x) + \boldsymbol{\nabla} A_0(x) = -\frac{1}{c}\dot{\boldsymbol{A}}(x)$$

$$= -\sqrt{4\pi}\sum_{\boldsymbol{k}}\sum_{r=1,2}\boldsymbol{e}^{(r)}(\boldsymbol{k})\dot{q}^{(r)}(\boldsymbol{k},t)f_{\boldsymbol{k}}(\boldsymbol{x}) \tag{4.16a}$$

$$= -\sqrt{4\pi}\sum_{\boldsymbol{k}}\sum_{r=1,2}\boldsymbol{e}^{(r)}(\boldsymbol{k})p^{(r)}(\boldsymbol{k},t)f^{*}_{\boldsymbol{k}}(\boldsymbol{x}) \tag{4.16b}$$

と書ける[*1]．(4.16b) は，これで $p^{(r)}(\boldsymbol{k}, t)$ を定義したまでである（正準形式の理論が頭にあることは言うまでもない）．また，磁場のほうは

$$\boldsymbol{H}(x) = \boldsymbol{\nabla}\times\boldsymbol{A}(x)$$

$$= \sqrt{4\pi}c\sum_{\boldsymbol{k}}\sum_{r=1,2}i\boldsymbol{k}\times\boldsymbol{e}^{(r)}(\boldsymbol{k})q^{(r)}(\boldsymbol{k},t)f_{\boldsymbol{k}}(\boldsymbol{x}) \tag{4.17}$$

となるから，(4.16)，(4.17) を (3.48) に代入すると，

$$H_{\mathrm{e.m.0}} = \frac{1}{2}\sum_{\boldsymbol{k}}\sum_{r=1,2}\{p^{(r)\dagger}(\boldsymbol{k},t)p^{(r)}(\boldsymbol{k},t)$$
$$+c^2\boldsymbol{k}^2q^{(r)\dagger}(\boldsymbol{k},t)q^{(r)}(\boldsymbol{k},t)\} \tag{4.18}$$

が得られる．計算は少々めんどうでもむずかしくはないから，自ら試してほしい．ただし，

$$[\boldsymbol{k}\times\boldsymbol{e}^{(r)}(\boldsymbol{k})]\cdot[\boldsymbol{k}'\times\boldsymbol{e}^{(s)}(\boldsymbol{k}')] = (\boldsymbol{k}\cdot\boldsymbol{k}')(\boldsymbol{e}^{(r)}(\boldsymbol{k})\cdot\boldsymbol{e}^{(s)}(\boldsymbol{k}'))$$
$$-(\boldsymbol{e}^{(r)}(\boldsymbol{k})\cdot\boldsymbol{k}')(\boldsymbol{e}^{(s)}(\boldsymbol{k}')\cdot\boldsymbol{k}) \tag{4.19}$$

に注意する[*2]．

[*1] $p^{(r)}$ についても，$\boldsymbol{E}$ が実数であることから $p^{(r)}(\boldsymbol{k}, t) = -p^{(r)\dagger}(-\boldsymbol{k},t)$ が成り立つ．

[*2] (4.18) の形を見ると，複素数の p や q が入っており，それらを実量で表すと自由度が2倍に増えるように見えるが，(4.8) や (4.16) の脚注で書いたような関係があるために，自由度は増えない．

(4.18) は，各波数 vector $\boldsymbol{k}$ および各偏りについて，力学における調和振動子の Hamiltonian とまったく同じ形をしているではないか！　この場合には $q^{(r)}$ などが複素量であるということだけ力学のときと違う．しかしこのことは本質的な問題ではない．複素量はつねに2つの実量で書けるからである．(4.18)全体はもちろん実量である．とにかく(4.18)によると，調和振動子の振幅が大きいほど電磁場に含まれる energy は大きい．

Coulomb 相互作用の energy　なお，もとの電磁場の energy (3.48) の中には scalar potential A_0 から来る部分も入っていた．ついでにその部分を計算すると，

$$H_{\text{Coul.}} = \frac{1}{8\pi}\int_V d^3x\{\boldsymbol{\nabla} A_0(x)\cdot\boldsymbol{\nabla} A_0(x) + \frac{2}{c}\dot{\boldsymbol{A}}(x)\cdot\boldsymbol{\nabla} A_0(x)\} \tag{4.20a}$$

$$= -\frac{1}{8\pi}\int_V d^3x A_0(x)\nabla^2 A_0(x) \tag{4.20b}$$

$$= \frac{1}{2}\int_V d^3x\int_V d^3x'\left.\frac{\rho(x)\rho(x')}{|\boldsymbol{x}-\boldsymbol{x}'|}\right|_{t=t'} \tag{4.20c}$$

となり，これは荷電粒子の間の Coulomb 相互作用による energy にほかならない．ここで (4.20a) から (4.20b) へ移るとき，立方体はうんと大きいとして，部分積分したとき出てくる表面積分を落とした．また (4.20b) から (4.20c) への変形では (3.68) と (3.70) を用いた．

上の計算からわかることは次のようである．以前に energy の保存則から電磁場のもつ energy を (3.48) で定義したが，これは空間のどこにあるかわからない調和振動子の energy (4.18) と，荷電粒子の間の Coulomb 相互作用の energy (4.20c) から成っている．すなわち，

$$E^{(V)}_{\text{e.m.}} = H_{\text{e.m.0}} + H_{\text{Coul.}} \tag{4.21}$$

となる．これに荷電粒子の運動 energy を加えたもの全体が保存する ((3.50) を見よ)．

2.4.5　調和振動子系の運動量

(3.58) で，われわれは，電磁場のもつ運動量を

$$\boldsymbol{p}_{\text{e.m.}} = \frac{1}{4\pi c}\int_V d^3x\boldsymbol{E}(x)\times\boldsymbol{H}(x) \tag{4.22}$$

と定義した．これを調和振動子の振幅で表すには

$$\boldsymbol{e}^{(r)}(\boldsymbol{k})\times(\boldsymbol{k}'\times\boldsymbol{e}^{(s)}(\boldsymbol{k}')) = \boldsymbol{k}'(\boldsymbol{e}^{(r)}(\boldsymbol{k})\cdot\boldsymbol{e}^{(s)}(\boldsymbol{k}')) - \boldsymbol{e}^{(s)}(\boldsymbol{k}')(\boldsymbol{k}'\cdot\boldsymbol{e}^{(r)}(\boldsymbol{k})) \tag{4.23}$$

に気をつける．結果は，

$$\boldsymbol{p}_{\text{e.m.}} = -\sum_{\boldsymbol{k}}\sum_{r=1,2} i\boldsymbol{k}p^{(r)}(\boldsymbol{k},t)q^{(r)}(\boldsymbol{k},t) \tag{4.24}$$

となる．振動する荷電粒子から失われた運動量が (4.24) だけ調和振動子のほうに移って，

全体が保存するのである．この（4.24）において，電磁場のもつ運動量が波数 $\boldsymbol{k}$ に比例しているということは重大である．これは，後で議論しよう．またこの場合にも，調和振動子の振幅が大きいほど電磁場の運動量も大きい．

2.4.6 空洞輻射

電磁場の energy を調和振動子の量で書くと，（4.18）のように力学における調和振動子の Hamiltonian とまったく同じ形になる．電磁場の場合，その自由度は空間の点と同じだけ，すなわち無限大の自由度をもっていることを反映して，（4.18）の和も，無限の項から成っている．古典統計力学によると，温度 T の熱平衡状態において，その系のもつ energy は

$$(\text{自由度})\times\frac{1}{2}k_BT \tag{4.25}$$

である．したがって，古典統計力学をわれわれの調和振動子系にあてはめると，電磁場のもつ energy は有限温度 T においてはつねに無限大であるという悲劇が起こる．これは空洞輻射の問題として，前世紀の物理学者を深刻に悩ませた問題であった．この問題の分析は，32）朝永（1952）に詳しいから，それを繰り返さないで，ここでは，調和振動子の議論をしたついでに，Planck の輻射公式を導く準備をしておこう．そのためには，

$$a^{(r)}(\boldsymbol{k},t)\equiv\frac{1}{\sqrt{2\hbar}}\left\{\sqrt{\omega(k)}q^{(r)}(\boldsymbol{k},t)+i\frac{1}{\sqrt{\omega(k)}}p^{(r)\dagger}(\boldsymbol{k},t)\right\} \tag{4.26a}$$

$$a^{(r)\dagger}(\boldsymbol{k},t)\equiv\frac{1}{\sqrt{2\hbar}}\left\{\sqrt{\omega(k)}q^{(r)\dagger}(\boldsymbol{k},t)-i\frac{1}{\sqrt{\omega(k)}}p^{(r)}(\boldsymbol{k},t)\right\} \tag{4.26b}$$

によって次元のない新しい変数 a と $a^\dagger$ を導入しておいたほうが便利である*．ここで，

$$\omega(k)=c|\boldsymbol{k}| \tag{4.27}$$

であり，$\hbar$ は Planck の定数を 2π で割ったもの，ただしここでは Planck とは関係のない単なる定数と考えておいてよい．（4.26）を逆に解くと，

$$q^{(r)}(\boldsymbol{k},t)=\sqrt{\frac{\hbar}{2\omega(k)}}\{a^{(r)}(\boldsymbol{k},t)-a^{(r)\dagger}(-\boldsymbol{k},t)\} \tag{4.28a}$$

$$p^{(r)}(\boldsymbol{k},t)=i\sqrt{\frac{\hbar\omega(k)}{2}}\{a^{(r)\dagger}(\boldsymbol{k},t)+a^{(r)}(-\boldsymbol{k},t)\} \tag{4.28b}$$

---

* 次元は，energy の（3.48）から計算するとよい．
$[\boldsymbol{E}]=[\boldsymbol{H}]=\mathrm{M}^{1/2}\mathrm{L}^{-1/2}\mathrm{T}^{-1}$，$[\boldsymbol{A}]=\mathrm{M}^{1/2}\mathrm{L}^{1/2}\mathrm{T}^{-1}$，$[\omega]=\mathrm{T}^{-1}$，$[\hbar]=\mathrm{ML}^2\mathrm{T}^{-1}$，$[q]=\mathrm{M}^{1/2}\mathrm{L}$ である．

である．(4.26) から，

$$\hbar a^{(r)\dagger}(\boldsymbol{k},t)a^{(r)}(\boldsymbol{k},t)=\frac{1}{2}\left\{\omega(k)q^{(r)\dagger}(\boldsymbol{k},t)q^{(r)}(\boldsymbol{k},t)+\frac{1}{\omega(k)}p^{(r)\dagger}(\boldsymbol{k},t)p^{(r)}(\boldsymbol{k},t)\right\}$$
$$+\frac{i}{2}\{p^{(r)\dagger}(\boldsymbol{k},t)q^{(r)\dagger}(\boldsymbol{k},t)-p^{(r)}(\boldsymbol{k},t)q^{(r)}(\boldsymbol{k},t)\} \tag{4.29}$$

が得られるから，これに $\omega(k)$ をかけて，$\boldsymbol{k}$ と r について和をとると，右辺第 2 項からの寄与は，$\boldsymbol{k}$ の部分と $-\boldsymbol{k}$ の部分で消し合い，結局，

$$H_{\mathrm{e.m.0}}=\textstyle\sum_{\boldsymbol{k}}\sum_{r=1,2}\hbar\omega(k)a^{(r)\dagger}(\boldsymbol{k},t)a^{(r)}(\boldsymbol{k},t) \tag{4.30}$$

が得られる．一方 (4.29) に $\boldsymbol{k}$ をかけ，$\boldsymbol{k}$ と r について和をとると，右辺第 1 項からの寄与が消し合って，

$$\boldsymbol{p}_{\mathrm{e.m.}}=\textstyle\sum_{\boldsymbol{k}}\sum_{r=1.2}\hbar\boldsymbol{k}a^{(r)\dagger}(\boldsymbol{k},t)a^{(r)}(\boldsymbol{k},t) \tag{4.31}$$

となる．調和振動子系の energy が (4.30)，その運動量が (4.31) であるということはなかなか思わせぶりではないか．すなわち，量子力学によると，調和振動子の energy 固有値は，零点 energy を別にすると，

$$E_n=\hbar\omega n \qquad n=0,1,2,\cdots \tag{4.32}$$

である．これと (4.30) を比較すると，各 $\boldsymbol{k}$ と r について，

$$a^{(r)\dagger}(\boldsymbol{k},t)a^{(r)}(\boldsymbol{k},t)=n \qquad n=0,1,2,\cdots \tag{4.33}$$

であることを暗示している．そうすると，(4.30) は電磁場の energy が各 $\boldsymbol{k}$ と r について 1 個，2 個，……と数えられる energy の粒 $\hbar\omega(k)$ から成り立っていることになる．また，(4.33) を運動量のほうの式 (4.31) にあてはめてみると，今度は電磁場は運動量 $\hbar\boldsymbol{k}$ をもった粒の集まりとして理解できることがわかる．この点は後で話すが，(4.33) というのが，まさに場を量子化したときの関係なのである．

Planck の輻射公式　さて，古典論に戻り，energy (4.30) の温度 T における平均値をとってみよう．それには，Boltzmann 因子 $\exp(-\beta\varepsilon)$ をかけて*，

$$\langle E\rangle=\sum_{\boldsymbol{k}}\sum_{r=1,2}\left(\int_0^\infty\varepsilon e^{-\beta\varepsilon}d\varepsilon\middle/\int_0^\infty e^{-\beta\varepsilon}d\varepsilon\right)$$
$$=-\sum_{\boldsymbol{k}}\sum_{r=1,2}\frac{\partial}{\partial\beta}\left(\log\int_0^\infty e^{-\beta\varepsilon}d\varepsilon\right) \tag{4.34}$$

を計算すればよい．古典論ではもちろん ε は連続的に 0 から∞まで変化するから，積分は容易に遂行できる．すると，energy 等分配則

* $\beta^{-1}=k_BT$ で，で，k_B は Boltzmann の定数，T は絶対温度．

$$-\frac{\partial}{\partial\beta}\log\int_0^\infty e^{-\beta\varepsilon}d\varepsilon=\frac{1}{\beta}=k_BT \tag{4.35}$$

が得られ，(4.25) の悲劇に戻る．

一方，Planck に従い，今のところわけのわからない関係 (4.33) を採用し，積分を和で置き換えると，

$$\begin{aligned}\int_0^\infty e^{-\beta\varepsilon}d\varepsilon\to\sum\nolimits_{n=0}^\infty e^{-\beta\hbar\omega n}&=1+e^{-\beta\hbar\omega}+\cdots\\&=(1-e^{-\beta\hbar\omega})^{-1}\end{aligned} \tag{4.36}$$

となるから*，

$$\begin{aligned}\langle E\rangle&=\sum\nolimits_{\boldsymbol{k}}\sum\nolimits_{r=1,2}\frac{\partial}{\partial\beta}\log\{1-e^{-\beta\hbar\omega(k)}\}\\&=\sum\nolimits_{\boldsymbol{k}}\sum\nolimits_{r=1,2}\frac{\hbar\omega(k)e^{-\beta\hbar\omega(k)}}{1-e^{-\beta\hbar\omega(k)}}\\&=2\sum\nolimits_{\boldsymbol{k}}\frac{\hbar\omega(k)e^{-\beta\hbar\omega(k)}}{1-e^{-\beta\hbar\omega(k)}}\end{aligned} \tag{4.37}$$

という空洞輻射に関する Planck の式が得られる．

話をまとめてみると次のようになる．電磁場は，全空間的な無限個の調和振動子の集まりと同等で，各調和振動子に対して，古典的な Boltzmann 統計をあてはめると，立方体の中の電磁場の energy は，有限温度 T で無限大になってしまう．ところが今の段階では，よく意味のわからない関係 (4.33) を採用して電磁場の energy が $\hbar\omega(k)$ を単位とした粒からできているとして，熱平衡における平均 energy を計算すると，空洞輻射の温度 T における energy は実験とよく合う Planck の分布をする．

2.4.7　場の量子化の問題

はじめにあった場 $\boldsymbol{E}$ や $\boldsymbol{H}$ を Fourier 展開し，電磁場の振動の振幅を変数と考えると，それは，調和振動子の方程式を満たす．このことは具体的なものを抽象的なもので置き換えて，かえって事情をわかりにくくしたように見えるが，実は energy や運動量の表式 (4.30) や (4.31) に見られるように，あらっぽく言うと energy は振幅の 2 乗に $\hbar\omega(k)$ をかけたもの，運動量は振幅の 2 乗に $\hbar\boldsymbol{k}$ をかけたもの，そして振幅の 2 乗が勝手な値をとらずに (4.33) のように正整数値をとるように制限すると，空洞輻射に対する正しい式 Planck の公式が得られることを上に確かめたのである．

調和振動子の振幅の 2 乗が正整数値をとるという関係 (4.33) は，今のところどのよう

---

* $\sum_{n=0}^{\infty}x^n=1+x+x^2+\cdots=(1-x)^{-1}$ である．ただし，$|x|<1$.

にして導いたらよいかわからない．これはちょうど，前期量子論におけるわけのわからない量子条件

$$\oint pdq = hn \tag{4.38}$$

にあたる関係である．前期量子論ではわけのわからなかった量子条件は，量子力学では正準変数の間の交換関係というもので置き換えられた．われわれの電磁場も，調和振動子を記述する正準変数の間の交換関係から（4.33）が得られるとすれば，場の量 $\boldsymbol{E}$ や $\boldsymbol{H}$ や $\boldsymbol{A}$ も勝手に交換してはいけない，いわゆる q-数になるであろう．そうすると，頭から（4.33）のような関係を置かないでも，それは理論の結果として出てくるであろう．そのような数学的定式化を実行するのが場の量子化の問題であって，もちろんそれは，Planck の輻射公式を与えるのみならず，いろいろな現象，たとえば荷電粒子による電磁波の放出や散乱の問題などに関して，根本的に新しい見方を提供することになる．

われわれはいま，電磁場の量子化の問題のほんの玄関先まで来ているわけである．しかし，ここで話を転じて物質波のほうを眺めてみよう．物質場には電磁場のときに見られなかった特別の性質があるので，それを調べた後に量子化の問題をまとめて考えたほうがよいと思われるからである．

さらに勉強したい人へ

量子力学との関連に特に注意して書かれた古典電磁気学の参考書は，20) Oppenheimer, J. R. (1960)（小林稔による訳あり）．また，11) Heitler, W. (1944) の第 I 章にも要領よくまとめられている（Heitler の本の新版には，沢田克郎による訳がある）．34) 朝永振一郎編 (1969) は非専門家のために書かれたものだが，第 II 章と第 IV 章にそれぞれ光の波動説と電気振動のわかりやすいお話がある．専門家（および専門家になろうとする人）にも一読をすすめる．電磁気学が Maxwell によって完成されたいきさつについては，39) Whittaker, E.T. (1976) に詳しい．

電磁気の教科書は枚挙にいとまがない．ここでは私の手元にある 23) 高橋秀俊 (1959) のみをあげておく．

第3章　物質場の波動方程式

今まで典型的な古典場の扱い方を概観してきた．次に物質の場の導き方およびその取り扱い方を簡単に説明する．物質，たとえば電子も波動方程式を満たすものであるという勇敢な考え方は de Broglie によって提唱され，量子力学の概念的，数学的発展に根本的役割を果たした．以下に見るように，物質場の方程式の導き方は前章で扱ったものとは根本的に異なっている．この章ではまず，非相対論的な電子場の方程式を導き，それに付随する物理量，たとえば energy とか運動量とか spin とかを定義しよう．それから相対論的粒子の満たす波動方程式を導く．最後に，相対論的波動がどのように伝播するかを簡単に議論しよう．

3.1　電子の場

3.1.1　電子場の方程式のたて方

さて，趣をかえて電子の場の話に移ろう．電子の従う場の方程式の導き方は，古典的な弾性体や流体の場の方程式との類比に従った電磁場の方程式の導き方とはかなり異なったものである．それは，電子とは粒子として認識されていたものであり，電子場の方程式には電子の粒子としての性格が反映されていなければならないからである．

基本的実験事実　何か基本的な実験事実をもとにしないかぎり新しい場の方程式を導けるはずはないので，ここでは電子の粒子性と波動性を結びつける基本的な実験事実として，Einstein-de Broglie の関係

$$E = \hbar\omega \tag{1.1}$$

$$\boldsymbol{p} = \hbar\boldsymbol{k} \tag{1.2}$$

をとろう．(1.1) と (1.2) の左辺は粒子的な量，すなわち電子の energy E と運動量 $\boldsymbol{p}$ である．一方，右辺には波動論的な量，角振動数 ω と波数 vector $\boldsymbol{k}$ が現れており，それらが Planck 定数 h を 2π で割ったもので結ばれている．自由な電子の energy と運動量との間には，粒子像によると，

$$E = \boldsymbol{p}^2/2m \tag{1.3}$$

が成り立っているから，角振動数と波数 vector の間にも対応した関係が成り立っていな

ければならない．

波動方程式 いま，(1.3) に (1.2) を用いると，

$$E = \frac{\hbar^2}{2m}\boldsymbol{k}^2 \tag{1.4}$$

が得られる．波数 vector $\boldsymbol{k}$ というのは，第2章の例でも見たように，何かある場に作用する operator $-i\nabla$ に対応する．場を Fourier 級数か Fourier 積分で表すと，$-i\nabla$ が $\boldsymbol{k}$ に変わる．そこで，(1.4) の関係をある場 $\varphi(x)$ に作用する operator の関係と見なし，

$$E\varphi(x) = -\frac{\hbar^2}{2m}\nabla^2\varphi(x) \tag{1.5}$$

とする．そうすると $\varphi(x)$ を

$$\varphi(x) = \sum_{\boldsymbol{k}} C(\boldsymbol{k}, t) f_{\boldsymbol{k}}(\boldsymbol{x}) \tag{1.6}$$

と Fourier 変換したとき[*1]，
(1.5) は

$$EC(\boldsymbol{k},t) = \frac{\hbar^2}{2m}\boldsymbol{k}^2 C(\boldsymbol{k},t) \tag{1.7}$$

となり，$C(\boldsymbol{k}, t)$ が 0 でないところで，energy と波数の関係 (1.4) が成立する．Energy と角振動数の関係 (1.1) まで考慮しようと思ったら，(1.5) を

$$i\hbar\frac{\partial}{\partial t}\varphi(x) = -\frac{\hbar^2}{2m}\nabla^2\varphi(x) \tag{1.8}$$

と書いておけばよい[*2]．なぜなら，$\varphi(x)$ の時間に関する Fourier 展開を $\exp(-i\omega t)$ でやると，

$$i\hbar\frac{\partial}{\partial t} \longrightarrow \hbar\omega \tag{1.9}$$

と変わり，

$$\hbar\omega = (\hbar^2/2m)\boldsymbol{k}^2 \tag{1.10}$$

という関係が得られるからである．(1.8) が，よく知られた電子の場に対する de Broglie-Schrödinger の方程式である．$\varphi(x)$ を簡単に**電子場**とよぶ．

Potential 中の電子 このようにして電子場の満たす方程式が予想されたが，もちろんこのままでは $\varphi(x)$ の意味などわかりっこない．第一，これは自由な電子について成り立つ関係 (1.3) が出るようにしたので，potential 中の電子を表す方程式ではないわけである．そのような場合を扱うためには，(1.1) と (1.2) が自由な電子だけでなくて，いつ

[*1] $f_{\boldsymbol{k}}(x)$ は (2.4 節 (4.4) 式) をそのまま用いてよい．$C(\boldsymbol{k}, t)$ はここでは $\varphi(x)$ の展開係数である．
[*2] (1.8) は実の解 $\varphi = \varphi^\dagger$ をもたないことを試してみよ．

でも成り立つ関係であることに注目しよう．このことは，Fourier 係数で言うかぎり，古典力学の energy $\boldsymbol{E}$ のところを

$$E \longrightarrow i\hbar\frac{\partial}{\partial t} \tag{1.11a}$$

で置き換え，古典力学の運動量 $\boldsymbol{p}$ のところを

$$\boldsymbol{p} \longrightarrow (\hbar/i)\nabla \tag{1.11b}$$

で置き換えればよいことを暗示している．古典力学によると，一般に電子は energy と運動量の間で

$$E = \frac{1}{2m}\boldsymbol{p}^2 + V(\boldsymbol{x}) \tag{1.12}$$

という関係を満たしている．ここで $V(\boldsymbol{x})$ は電子に働く potential である．そこで，このような電子に対応する電子波 $\varphi(x)$ の満たす方程式を得るには，(1.12) に (1.11) の置き換えをして $\varphi(x)$ に演算すればよい．すなわち，$\varphi(x)$ の満たす方程式は，

$$i\hbar\frac{\partial}{\partial t}\varphi(x) = -(\hbar^2/2m)\nabla^2\varphi(x) + V(\boldsymbol{x})\varphi(x) \tag{1.13}$$

であろう．これが potential 中を動く電子に対応する電子波の満たす Schrödinger 方程式である．といってもこのままではまったくのナンセンスをしゃべっているのかもしれない．この方程式を解いてその中の未知量 $\varphi(x)$ を求めてみても，$\varphi(x)$ がいったい何であるかわからなかったら実験との比較もできないから，何にもならない．第一，$\varphi(x)$ が何であるかわからなかったら，方程式 (1.13) を満足に解くことすらできない．というのは，このような偏微分方程式を解くためには，初期条件や境界条件が必要であり，それらは物理的条件で決まるのであって，物理的に不明な量には境界条件の与えようがないからである．

電子場 とにかく，ここで導入した場 $\varphi(x)$ は，電子に伴う何ものかであるという以上，その正体はわからないから，試行錯誤の方法によってその意味を探っていく以外にない．しかしおそらく，$\varphi(x)$ のないところには電子はないだろうということは言えるのではないか*．量子力学によると，$\varphi(x)$ はその2乗が点 $\boldsymbol{x}$ と時刻 t における電子存在の確率を表すものであると解釈されている．すると，$\varphi(x)$ は確率振幅といった量でよいとして，ではその確率によって見いだされる電子そのものは，いったいどのように振る舞うのかと問いたくなる．言うまでもなく，そのような問いに対する答えは Schrödinger 方程式 (1.13) の中に含まれてはいない．この点，古典的な確率という概念と量子力学的な確率という概

* という言い方は変で，量子力学が出現する直前直後には，電子の正体自身がまったくわからなかったわけである．電子というものがあって，それに波が伴うというのではない．水面を泳ぐカエルとそのまわりの波といった関係ではなく，電子そのものが波である．電子顕微鏡とは，電子そのものの波動性を利用したものである．

念とは，根本的に異なったものなのである．古典的な確率論では，各個体の従う運動法則は統計と無関係に与えられており，多くの個体から成る系を扱う場合，その全体の運動法則を追いかけていくのはおっくうなので統計をとるまでの話である．量子力学では，電子そのものが波であり，したがって波特有の干渉や回折などを起こす．この電子波は媒質も何もない空間を伝わっていくようなものである．

3.1.2 自由度の問題

この点，少し考えるとたいへん奇妙なことである．というのは，古典力学で質点というものは，自由度が3であってそれ以上ではない．電子が粒子であるならばそれは自由度3しかないはずである．それなのにわれわれは，無限の自由度をもつ「場」$\varphi(x)$ を導入し，それを電子波そのものだと主張するのは矛盾である．いったいその無限の自由度は，電子の3個の自由度と無関係なものではないのだろうか．やはり電子は3個の自由度しかもっていないのだが，その「行動の場」が無限大の自由度として現れているのではないか？
実際，人間1人とってみても，人体の力学的自由度は並進と回転の6個しかないが，波の行動の場は世界中に広がっていて構わない．Newton力学においては電子の自由度が3であり，それが行動する場としてpotentialを考えた．Potentialはいわば空間につけた目印で，粒子がどの点にくればどれだけの力が働くということを示す量である．またpotentialは簿記（book-keeping）のようなもので，粒子の位置がどこならどれだけという数値を与えてくれる．その数値に粒子の運動energyを加えてやると，至るところでその和が変わらないといったものである．粒子自身の行動はNewtonの方程式によって支配されている．そのような意味ならわれわれにも自由度の差が理解できるが，そうならそうで，3個の自由度の行動自身を記述する方程式がないと，理論は完全ではないのではないか．言葉は違うが，量子力学の発展に大きな貢献をしたEinsteinが，死ぬまで量子力学の確率的解釈に同意しなかったのは，このような意味ではなかったかと思われる．

さて，ここでこのような深刻な問題を解決するわけにはいかないから，きわめて楽観的な立場をとろう．そして事の成り行きをしばらく眺めてみよう．楽観的な立場とは次のようなものである．すなわち，電子というものは元来が無限の自由度をもった場であって，それを3個の自由度で記述していた古典論は確かにまちがっていた．したがって古典論が原子的なscaleで無力であったのは無理のないことである．しかし，量子力学では，$\varphi(x)$ はあくまで1電子の確率振幅であって，物理的対象を記述するのに無限の自由度を使うのは，やはりやりすぎではないのか？ 確かに，量子力学の段階にとどまるかぎり，この問題に対する満足な説明はできそうもない．この点，量子力学も満足なものではない．そこで，どうしても量子化された場の理論まで行かなければならない．量子化された場の理論の立場では，電子場 $\varphi(x)$ はただ1個の電子を記述するものでなく，ゼロから無限に多くの電子を含む系までの全体を表していることになる．そうすると少なくとも電子場自身が無限の自由度をもつという点は理解できる．場の理論というのは，この意味でいつでも多体問題を背景にしているものである．

このことは電磁場に対しても言えることで，古典論に関するかぎり，やはり無限の自由度の系を導入することはうまく理解できない．事実，空洞輻射の問題では，Planck の仮定を入れないかぎり矛盾に陥る．Planck の仮定は，後で見るように，まさに電磁場が量子化された場であるということである．量子化された電磁場は，光子の 1 つもない系から光子を無限に含む系まで含めたものである．

この問題はおいおい勉強していくことにして，しばらく自由度の問題は棚上げにして，電子は純古典的な場であるとして話を進めよう[*1]．

1 電子問題 さて，方程式（1.13）の potential に Coulomb potential を代入し，空間的な無限の遠方で φ は 0 になるという境界条件を課して方程式を解くと，よく知られた水素原子の energy spectrum に対応する数列が得られる[*2]．そのとき，その数列は，前期量子論において Bohr の理論を用いて決めた energy-level を示す数列と一致する．さらにおもしろいことは，Schrödinger 方程式を解いたとき，特定の energy-level に対応する数に属する波動関係 φ を 2 乗すると，その最大値はちょうど Bohr 理論によって計算した古典的電子軌道のあるところと一致する．

また，Schrödinger 方程式（1.13）を，入射波と散乱波がある条件で解き，φ の 2 乗が電子存在の確率であると解釈すると，古典論における Rutherford の散乱式とまったく同じものが得られる．これらのことから，やはり，わけのわからない電子場 $\varphi(x)$ とは，その 2 乗が電子存在の確率であると解釈するのがよさそうである．もしそのようなものなら，電子を立方体の中に閉じこめたとき，立方体中のどこかにそれが見いだされる確率は 1 だから，

$$\int_V d^3x\varphi^\dagger(x)\varphi(x)=1 \tag{1.14}$$

でなければならない．いま，(1.14) に (1.6) を代入してみると，直交条件（2.4 節 (4.6) 式）により，

$$\int_V d^3x\varphi^\dagger(x)\varphi(x)=\sum_{\boldsymbol{k}} C^\dagger(\boldsymbol{k},t)C(\boldsymbol{k},t)=1 \tag{1.15}$$

[*1] 純古典的方程式に，Planck 定数 $\hbar$ が出てくるのはおかしいと思ったら，$\sqrt{\hbar}\varphi$，$m/\hbar$，$V(\boldsymbol{x})/\hbar$ をそれぞれ新しく φ，m，$V(\boldsymbol{x})$ とよぶと，$\hbar$ は表面から消えてしまう．新しい m や V は，電子場を特徴づける新しい量と考える．

[*2] Schrödinger 方程式の固有値問題として得られる数列は単に振動数に対する数列であって，それに $\hbar$ をかけてそれを energy と解釈しなければならない．Schrödinger 方程式は単なる波動方程式で，それにはまだ energy という概念が入っていない．波動の energy は振幅の 2 乗であって振動数とは関係がないものである．

となる．これは波動論の言葉で，電子波がどんな波数 vector でもよいから見いだされる確率は 1 であるということができる．電磁場の場合に説明したように，波数 vector を指定したら波の位置のほうは全然不確定である．

3.1.3 電子の粒子性

電子が 1 個だとしたら（1.15）でよいが，もっと多くの電子があったら（1.15）は正しくない．第一，（1.13）と（1.14）からは電子がなぜ粒子であるかが説明できない．一般には，おそらく

$$C^{\dagger}(\boldsymbol{k},t)C(\boldsymbol{k},t)=n \qquad n=0,1,2,\cdots\cdots \tag{1.16}$$

と拡張しなければならないだろう．これは，どこかで見たことのある式である．電磁場の振動の振幅に対して，Planck の輻射公式を与えるために課した（2.4 節 （4.33）式）と同じではないか．したがって電子場を議論する場合，量子力学の確率解釈をやめて，（1.14）という関係を捨てなければ多電子の問題は扱えないだろう．われわれは確率的解釈をやめて，$\varphi(x)$ とは電子そのものの場であり，それの満たす方程式は自由電子に対して，

$$i\hbar\frac{\partial}{\partial t}\varphi(x)=-(\hbar^2/2m)\nabla^2\varphi(x) \tag{1.17}$$

であるという立場をとってみる．電子の数はいくつでもよく，互いに相互作用していなければよい．（1.16）の右辺に出てくる正整数はこの段階では出ないが，それは電磁場のとき（2.4 節 （4.33）式）の正整数 n が理論自身からは結論できなかったのと同じである．

3.1.4 調和振動子

方程式（1.17）に従う電子場は，電磁場のときと同じように，やはり調和振動子の集まりと同等である．このことは 26）拙著（1978）の付録に説明したが，簡単に復習してみよう．まず $C(\boldsymbol{k},t)$ という量は，（1.17）によって

$$i\hbar\dot{C}(\boldsymbol{k},t)=(\hbar^2/2m)\boldsymbol{k}^2C(\boldsymbol{k},t) \tag{1.18a}$$

を満たす．その復素共役は，

$$i\hbar\dot{C}^{\dagger}(\boldsymbol{k},t)=-(\hbar^2/2m)\boldsymbol{k}^2C^{\dagger}(\boldsymbol{k},t) \tag{1.18b}$$

である．いま，

$$q(\boldsymbol{k},t)\equiv\sqrt{\{\hbar/2\omega(k)\}}\{C(\boldsymbol{k},t)+C^{\dagger}(\boldsymbol{k},t)\} \tag{1.19a}$$

$$p(\boldsymbol{k},t)\equiv i\sqrt{\{\hbar\omega(k)/2\}}\{C^{\dagger}(\boldsymbol{k},t)-C(\boldsymbol{k},t)\} \tag{1.19b}$$

によって，変数 $q(\boldsymbol{k},t)$ と $p(\boldsymbol{k},t)$ を導入すると，

$$\dot{q}(\boldsymbol{k},t) = \sqrt{\{\hbar / 2\omega(k)\}}\{\dot{C}(\boldsymbol{k},t) + \dot{C}^{\dagger}(\boldsymbol{k},t)\}$$
$$= i\sqrt{\{\hbar\omega(k) / 2\}}\{C^{\dagger}(\boldsymbol{k},t) - C(\boldsymbol{k},t)\}$$
$$= p(\boldsymbol{k},t) \tag{1.20a}$$

$$\dot{p}(\boldsymbol{k},t) = i\sqrt{\{\hbar\omega(k) / 2\}}\{\dot{C}^{\dagger}(\boldsymbol{k},t) - \dot{C}(\boldsymbol{k},t)\}$$
$$= -\omega^2(k)\sqrt{\{\hbar / 2\omega(k)\}}\{C(\boldsymbol{k},t) + C^{\dagger}(\boldsymbol{k},t)\}$$
$$= -\omega^2(k)q(\boldsymbol{k},t) \tag{1.20b}$$

となる．ただし，

$$\hbar\omega(k) \equiv (\hbar^2/2m)\boldsymbol{k}^2 \tag{1.21}$$

である．方程式（1.20）は，座標 $q\,(\boldsymbol{k},\,t)$ と正準共役運動量 $p\,(\boldsymbol{k},\,t)$ の間に成り立つ調和振動子の正準方程式にほかならない．このとき Hamiltonian は，

$$H = \frac{1}{2}\sum\nolimits_{\boldsymbol{k}}\{p(\boldsymbol{k},t)p(\boldsymbol{k},t) + \omega^2(k)q(\boldsymbol{k},t)q(\boldsymbol{k},t)\} \tag{1.22}$$

である．事実，(1.22）に対して Hamilton の運動方程式をたてると，(1.20）が得られる．

定義（1.19）を用いて，Hamiltonian (1.22）を $C^{\dagger}(\boldsymbol{k},\,t)$ と $C\,(\boldsymbol{k},\,t)$ で書いてみると，

$$H = \sum\nolimits_{\boldsymbol{k}}\hbar\omega(k)C^{\dagger}(\boldsymbol{k},\,t)C(\boldsymbol{k},\,t) \tag{1.23}$$

となる．$\hbar\omega\,(k)$ は，(1.10）で見たように，電子の energy を波数 vector で表したものである．そこでもし（1.16）が正しいならば，(1.23）は電子場のもつ energy が各波数について $\hbar\omega\,(k)$ という単位で1個，2個，……と数を勘定できることになり，電子の粒子性を取り返すことができる．しかも，電子場は無限個の電子まで含めた系であることになり，前の自由度の問題がよく理解できる．

もし，このことが正しいならば，電子場のもつ運動量も電磁場のときと同じように

$$\boldsymbol{P} = \sum\nolimits_{\boldsymbol{k}}\hbar\boldsymbol{k}C^{\dagger}(\boldsymbol{k},\,t)C(\boldsymbol{k},\,t) \tag{1.24}$$

となるであろうことが予想される．それを見るためには，(1.23）や（1.24）をもとの電子場 $\varphi\,(x)$ で書いておき，それから電子場のもつ energy 密度や energy の流れを定義し，それらが連続の方程式を満たすことを確かめるとよい．

3.1.5 電子場の energy

(1.6）の逆変換

$$C(\boldsymbol{k},t) = \int_V d^3x f_{\boldsymbol{k}}^{*}(\boldsymbol{x})\varphi(x) \tag{1.25a}$$

とその複素共役

$$C^{\dagger}(\boldsymbol{k},t) = \int_V d^3x \varphi^{\dagger}(x) f_{\boldsymbol{k}}(\boldsymbol{x}) \tag{1.25b}$$

を（1.23）に代入すると，

$$H = \sum_k \hbar\omega(k) \int_V d^3x \int_V d^3x' \varphi^\dagger(x) f_{\boldsymbol{k}}(\boldsymbol{x}) f_{\boldsymbol{k}}^*(\boldsymbol{x}') \varphi(x') \tag{1.26}$$

ところが，（2.4 節（4.7）式）の完全性の条件によると，

$$\begin{aligned}\sum_k \hbar\omega(k) f_{\boldsymbol{k}}(\boldsymbol{x}) f_{\boldsymbol{k}}^*(\boldsymbol{x}') &= (\hbar^2/2m) \sum_{\boldsymbol{k}} \boldsymbol{\nabla} f_{\boldsymbol{k}}(\boldsymbol{x}) \cdot \boldsymbol{\nabla}' f_{\boldsymbol{k}}^*(\boldsymbol{x}') \\ &= (\hbar^2/2m) \boldsymbol{\nabla} \cdot \boldsymbol{\nabla}' \sum_{\boldsymbol{k}} f_{\boldsymbol{k}}(x) f_{\boldsymbol{k}}^*(\boldsymbol{x}') \\ &= (\hbar^2/2m) \boldsymbol{\nabla} \cdot \boldsymbol{\nabla}' \delta(\boldsymbol{x} - \boldsymbol{x}')\end{aligned} \tag{1.27}$$

である．これを（1.26）に入れて積分を遂行すると，

$$H = (\hbar^2/2m) \int_V d^3x \, \boldsymbol{\nabla}\varphi^\dagger(x) \cdot \boldsymbol{\nabla}\varphi(x) \tag{1.28}$$

となる．したがって，電子場の energy 密度を

$$\boldsymbol{\mathcal{E}}(x) \equiv (\hbar^2/2m) \boldsymbol{\nabla}\varphi^\dagger(x) \cdot \boldsymbol{\nabla}\varphi(x) \tag{1.29}$$

と定義してよい．Energy 密度（1.29）の時間微分をとると，Schrödinger 方程式（1.17）とその複素共役を用いて，

$$\begin{aligned}\frac{\partial \boldsymbol{\mathcal{E}}(x)}{\partial t} &= (\hbar^2/2m)\{\boldsymbol{\nabla}\dot{\varphi}^\dagger(x) \cdot \boldsymbol{\nabla}\varphi(x) + \boldsymbol{\nabla}\varphi^\dagger(x) \cdot \boldsymbol{\nabla}\dot{\varphi}(x)\} \\ &= (\hbar^2/2m)\boldsymbol{\nabla}\{\boldsymbol{\nabla}\varphi^\dagger(x) \cdot \dot{\varphi}(x) + \dot{\varphi}^\dagger(x)\boldsymbol{\nabla}\varphi(x)\} \\ &\qquad - (\hbar^2/2m)\{\boldsymbol{\nabla}^2\varphi^\dagger(x) \cdot \dot{\varphi}(x) + \dot{\varphi}^\dagger(x)\boldsymbol{\nabla}^2\varphi(x)\} \\ &= (\hbar^2/2m)\boldsymbol{\nabla}\{\boldsymbol{\nabla}\varphi^\dagger(x) \cdot \dot{\varphi}(x) + \dot{\varphi}^\dagger(x)\boldsymbol{\nabla}\varphi(x)\}\end{aligned} \tag{1.30}$$

が得られるから，energy の流れ

$$\boldsymbol{T}_0(x) \equiv (\hbar^2/2m) \{\boldsymbol{\nabla}\varphi^\dagger(x) \cdot \dot{\varphi}(x) + \dot{\varphi}^\dagger(x) \boldsymbol{\nabla}\varphi(x)\} \tag{1.31}$$

を定義したとき，連続の方程式

$$\frac{\partial \boldsymbol{\mathcal{E}}(x)}{\partial t} - \boldsymbol{\nabla} \cdot \boldsymbol{T}_0(x) = 0 \tag{1.32}$$

が満たされる．

3.1.6 電子場の運動量

一方，運動量（1.24）のほうは，同様にして

$$\boldsymbol{P} = \frac{1}{2} \int_V d^3x \frac{\hbar}{i} \{\varphi^\dagger(x)\boldsymbol{\nabla}\varphi(x) - \boldsymbol{\nabla}\varphi^\dagger(x)\varphi(x)\} \tag{1.33}$$

となるから，運動量の密度を

$$\boldsymbol{p}(x) = \frac{1}{2} \frac{\hbar}{i} \{\varphi^\dagger(x)\boldsymbol{\nabla}\varphi(x) - \boldsymbol{\nabla}\varphi^\dagger(x)\varphi(x)\} \tag{1.34}$$

と定義する．これに対しては，i 方向の運動量の j 方向の流れを

$$T_{ji}(x) = (\hbar^2/2m)\{\partial_i\varphi^\dagger(x)\partial_j\varphi(x) + \partial_j\varphi^\dagger(x)\partial_i\varphi(x)\} + \delta_{ij}(i\hbar/2)\{\varphi^\dagger(x)\dot{\varphi}(x) - \dot{\varphi}^\dagger(x)\varphi(x)\} - \delta_{ij}(\hbar^2/2m)\nabla\varphi^\dagger(x)\cdot\nabla\varphi(x) \tag{1.35}$$

としたとき，連続の方程式

$$\dot{p}_i(x) - \sum_j\partial_j T_{ji}(x) = 0 \tag{1.36}$$

が満たされる*．

注　意

電磁場の場合，場の energy の流れはちょうど場の運動量に c^2 をかけたものになっていたが，Schrödinger の方程式に従う電子場の場合はそうはならない．このことは，実は前者が相対論的に不変であることに関係している．後者は相対論的に不変でないので，これが成り立たない．（c^2 ×運動量）が energy の流れと同じであるということが有名な $E = mc^2$ と同一なのである．なぜなら energy の流れは $E\boldsymbol{v}$ であり，運動量は $m\boldsymbol{v}$ だから，上のことは $E\boldsymbol{v} = c^2 m\boldsymbol{v}$ を意味するからである．

このようにして，energy (1.28) と運動量（1.33）とは時間的に保存されるから，それぞれ電子場の energy および運動量と見てよいであろう．事実，(1.33）の右辺の第1項には，量子力学的な運動量 operator $(\hbar/i)\nabla$ を $\varphi^\dagger$ と φ ではさんだものが入っているではないか．もっと正確に場の energy や運動量を定義するには，たびたび述べたように場の解析力学に頼らなければならない．

3.2　電子場の性質

3.2.1　Fermi-Dirac 統計

電子は1つの量子状態に2個は入りえないという，いわゆる **Fermi-Dirac 統計**に従う粒子である．もし（1.16）のように，ある波数の電子の個数が 0，1，2，……となりうるとするなら，そのような粒子は Fermi-Dirac 統計に従わないことになる．したがって，Fermi-Dirac 統計を正しく考慮するためには，(1.16）はまずい．(1.16）の代わりに，

$$C^\dagger(\boldsymbol{k}, t)C(\boldsymbol{k}, t) = n \qquad n = 0, 1 \tag{2.1}$$

だけに制限するような理論でなければならない．そうすると，前に電磁場のときにやったのと同様に，立方体の中に閉じこめられた電子場は，温度 T における熱平衡状態で，energy 分布

* 運動量の流れ（1.35）を運動方程式（1.17）のみに頼って発見するのはたいへんである．実は，これを見いだすために場の解析力学に頼ったのである．ここでは（1.36）が実際に満たされているのを試してみるとよい．詳しくは 24）高橋康（1974）付録A，46）高橋・柏（2005）を見よ．

$$\begin{aligned}\langle E\rangle &= -\sum_{\boldsymbol{k}}\frac{\partial}{\partial\beta}\log\sum_{n=0,1}e^{-\beta n(\hbar\omega(\boldsymbol{k})-\zeta)}\\ &= -\sum_{\boldsymbol{k}}\frac{\partial}{\partial\beta}\log(1+e^{-\beta(\hbar\omega(\boldsymbol{k})-\zeta)})\\ &= \sum_{\boldsymbol{k}}\frac{\hbar\omega(k)}{1+e^{-\beta(\hbar\omega(\boldsymbol{k})-\zeta)}}\end{aligned} \tag{2.2a}$$

をもつことになる[*1]．電子の数は保存されるので，それを平均的に考慮するため grand 正準集団について平均をとったので，定数 ζ が入り，それを全電子の数 $\langle N\rangle$ が

$$\langle N\rangle = \sum_{\boldsymbol{k}}\frac{1}{1+e^{-\beta(\hbar\omega(\boldsymbol{k})-\zeta)}} \tag{2.2b}$$

となるように決めたのである．これが Fermi-Dirac の統計に従う電子の熱平衡における分布を示す式で，金属中の電子などに応用される．しかしながら，(2.1) の性質は場を古典的に扱っているかぎり，どこからも出てこないものである．これこそ量子化された場の理論において，初めて得られる関係である．

3.2.2 電子場と電磁場の相互作用

電子はよく知られているように，電荷 e をもっているので，それは電磁場と相互作用する．したがって電子場も電磁場と相互作用する．電磁場と相互作用している電子場の方程式を得るには，粒子像と波動像との間の対応関係 (1.11) を頼りにする．古典解析力学によると，荷電粒子が電磁場と相互作用する場合，それが Lorentz の力を受けるようにするには，自由粒子の Hamiltonian

$$H_0 = \boldsymbol{p}^2/2m \tag{2.3}$$

において，

$$H_0 \longrightarrow H - eA_0(x) \tag{2.4a}$$

$$\boldsymbol{p} \longrightarrow \boldsymbol{p} - (e/c)\boldsymbol{A}(x) \tag{2.4b}$$

とすればよい．すなわち，電磁場と相互作用している粒子の Hamiltonian は，

$$H = \frac{1}{2m}(\boldsymbol{p}-(e/c)\boldsymbol{A}(x))^2 + eA_0(x) \tag{2.5}$$

である[*2]．

これを波動論の言葉で置き換えるには，

$$i\hbar\frac{\partial}{\partial t} \longrightarrow i\hbar\frac{\partial}{\partial t} - eA_0(x) \tag{2.6a}$$

[*1] $\beta^{-1} = T\times$ (Boltzmann 定数)．なお，上式の β の微分は $\hbar\omega$ の前の β にだけかかるとしてある．

[*2] 46) 高橋・柏 (2005) 第 3 章．(2.4) の置き換えをして電磁場との相互作用を導入することを，minimal な電磁相互作用を導入するという．ここで e は電子の電荷で負である．

$$\frac{\hbar}{i}\boldsymbol{\nabla} \longrightarrow \frac{\hbar}{i}\boldsymbol{\nabla} - \frac{e}{c}\boldsymbol{A}(x) \tag{2.6b}$$

なる置き換えを，Schrödinger 方程式（1.13）または（1.17）に行えばよい．後者の場合，方程式は，

$$i\hbar\frac{\partial}{\partial t}\varphi(x) = -(\hbar^2 / 2m)\{\boldsymbol{\nabla} - i(e/\hbar c)\boldsymbol{A}(x)\}^2\varphi(x) + eA_0(x)\varphi(x) \tag{2.7a}$$

$$= -(\hbar^2 / 2m)\{\boldsymbol{\nabla}^2 - i(e/\hbar c)\boldsymbol{\nabla}\cdot\boldsymbol{A}(x) - i(e/\hbar c)\boldsymbol{A}(x)\cdot\boldsymbol{\nabla} - (e/\hbar c)^2\boldsymbol{A}(x)\cdot\boldsymbol{A}(x)\}\varphi(x) + eA_0(x)\varphi(x) \tag{2.7b}$$

となる，これが電磁場と相互作用している電子場の満たす方程式で minimal な電磁相互作用として電磁場が考慮された結果として，この電子場には Lorentz の力（2.3 節　(3.39) 式）に相当する力が働いている．

（2.7）の gauge 不変性については 3.3 節で述べる．

3.2.3　電荷と電流

第 1 章で連続の方程式を議論したとき，Schrödinger の場の方程式の例をあげた．電磁場と相互作用している電子場の方程式にまったく同様の議論をすると，

$$\rho(x) = e\varphi^{\dagger}(x)\varphi(x) \tag{2.8}$$

$$\boldsymbol{j}(x) = i(e\hbar/2m)[\{\boldsymbol{\nabla} + i(e/\hbar c)\boldsymbol{A}(x)\}\varphi^{\dagger}(x)\cdot\varphi(x) - \varphi^{\dagger}(x)\{\boldsymbol{\nabla} - i(e/\hbar c)\boldsymbol{A}(x)\}\varphi(x)] \tag{2.9}$$

が連続の方程式

$$\frac{\partial\rho(x)}{\partial t} + \boldsymbol{\nabla}\cdot\boldsymbol{j}(x) = 0 \tag{2.10}$$

を満たすことが容易に確かめられる．$\rho(x)$ は電子場の電荷密度，$\boldsymbol{j}(x)$ は電流密度と解釈することができる．この理由は，$\rho(x)$ を全空間について積分すると，

$$\int_V d^3x\rho(x) = \sum_{\boldsymbol{k}} eC^{\dagger}(\boldsymbol{k},t)C(\boldsymbol{k},t) \tag{2.11}$$

となって，これは（1.16）または，(2.1）によると，電荷 e の粒子を表しているからである．したがって $\boldsymbol{j}(x)$ のほうは連続方程式（2.10）によって電流密度となる．

第 2 章で論じた電磁 vector potential の方程式の右辺に（2.8）や（2.9）を入れると，それらの式と（2.7）で完結した方程式となる．すなわち，4 個の未知量 $\boldsymbol{A}(x)$ と $\varphi(x)$ に対し，ちょうど 4 個の方程式が成り立つ．

電磁場は調和振動子の集まりであり，電子場のほうも調和振動子の集まりである．したがって，電磁場と電子場の系では，いろいろな調和振動子が energy や運動量をやりとりしていることになる．

その様子をもう少し詳しく眺めてみよう．(2.9) で定義した電流のうち，e に比例する項を Fourier 分解してみると，

$$\boldsymbol{j}^{(1)}(x) \equiv i\frac{e\hbar}{2m}\{\boldsymbol{\nabla}\varphi^{\dagger}(x)\cdot\varphi(x)-\varphi^{\dagger}(x)\boldsymbol{\nabla}\varphi(x)\} \tag{2.12a}$$

$$=\frac{1}{V}\frac{e\hbar}{2m}\sum_{\boldsymbol{l},\boldsymbol{l}'}(\boldsymbol{l}+\boldsymbol{l}')C^{\dagger}(\boldsymbol{l}',t)C(\boldsymbol{l},t)e^{i(\boldsymbol{l}-\boldsymbol{l}')\cdot\boldsymbol{x}} \tag{2.12b}$$

$$=\frac{1}{V}\frac{e\hbar}{m}\sum_{\boldsymbol{k}}\sum_{\boldsymbol{l}}(\boldsymbol{l}-\frac{1}{2}\boldsymbol{k})C^{\dagger}(\boldsymbol{l}-\boldsymbol{k},\ t)C(\boldsymbol{l},\ t)e^{i\boldsymbol{k}\cdot\boldsymbol{x}} \tag{2.12c}$$

となる．(2.12a) は定義，(2.12b) はそれに (1.6) を代入しただけ，(2.12c) は，$\boldsymbol{l}-\boldsymbol{l}'=\boldsymbol{k}$ と置いて和を書き直しただけである．(2.12c) には，波数 $\boldsymbol{l}$ をもった電子場の調和振動子と，波数 $\boldsymbol{l}-\boldsymbol{k}$ をもったものが入っている．したがって，Coulomb gauge の電磁場の調和振動子の方程式は (2.4 節 (4.12) 式) において，

$$\boldsymbol{g}^{(r)}(\boldsymbol{k},t)=\frac{e\hbar}{2m}\frac{\sqrt{4\pi}}{c^2}\sum_{\boldsymbol{l}}(\boldsymbol{e}^{(r)}(\boldsymbol{k})\cdot\boldsymbol{l})C^{\dagger}(\boldsymbol{l}-\boldsymbol{k},t)C(\boldsymbol{l},t) \tag{2.13}$$

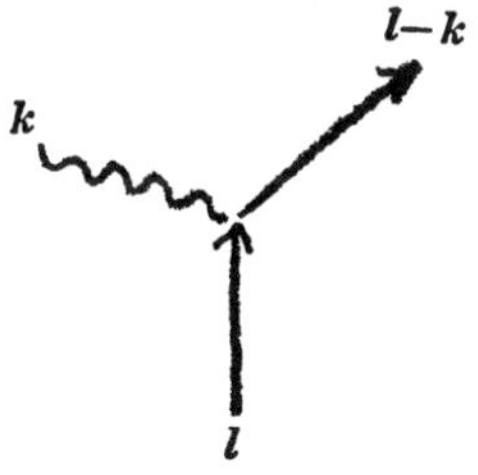

図 3.1

を用いたものとなる．これはかなりめんどうな式のようだが，よくよく眺めてみると次のような簡単なことを主張していることがわかる．(2.13) によると，波数 $\boldsymbol{l}$ をもった電子場の調和振動子が，波数 $\boldsymbol{l}-\boldsymbol{k}$ をもった調和振動子と couple しており，それが $\boldsymbol{l}$ の方向に偏りをもち，波数 $\boldsymbol{k}$ をもった電磁場の調和振動子を励起する．電子の波は，はじめ $\boldsymbol{l}$ の方向へ進み，それが $\boldsymbol{l}-\boldsymbol{k}$ の方向へ進路を変えると同時に，$\boldsymbol{l}$ 方向に偏りをもち，$\boldsymbol{k}$ 方向へ進む電磁波を発射するといってもよい．

3.2.4 電子の spin

最後に，もう 1 つやっかいな電子場の性質を説明しておかなければならない．電子波の beam を不規則な磁場を通過させて 2 本の beam に分ける Stern-Gerlach の実験や，原子 spectrum の微細な構造の分析から，電子は単なる粒ではなく 2 個の値をとりうるもう 1 つの自由度をもったものであることが明らかになった*．この余分の自由度は，電子が固有の角運動量をもっているためであり，量子力学によると角運動量 $\hbar s$ をもった状態は $(2s+1)$ 個の値を取りうるから，電子の場合，

$$2s+1=2 \tag{2.14}$$

* この発見にいたる劇的なお話については，35) 朝永振一郎 (1974) に詳しい．

すなわち，電子は固有の角運動量 $\hbar/2$ をもつことになる．これを**電子の spin** とよぶ．もし電子が scalar 場であるとすると，これは1成分しかないから，公式

$$2s + 1 = 1 \tag{2.15}$$

によると，$s = 0$ すなわち scalar では電子の spin を説明できない．もし，電子が vector 場だったら，vector は3成分をもつから，公式

$$2s + 1 = 3 \tag{2.16}$$

により，$s = 1$ となり，やはり $s = 1/2$ は説明できない．そうすると，どうしても何か2成分をもった場でないと電子の spin は記述できない．事実，Stern-Gerlach の実験は，電子波の beam が，不規則な電磁場によって2本の beam に分かれることを示している．また多電子原子の spectrum の分析も，電子が energy-level の低いほうから2つずつつまっていくことを示している．2成分の量は，古典的な vector や tensor 解析では知られていなかった量で，それを spinor とよぶ．Scalar や tensor の厳密な定義は座標の回転に対する性質によって与えられることは周知であろうが，ではいったい spinor にも同じように回転する性質としての定義を与えることができるであろうか．

3.2.5 空間回転

いま，直角座標 x_i ($i = 1, 2, 3$) を回転して得られた新しい座標を x_i' としよう．これは回転だから長さを変えない．x_i' と x_i とが線形関係

$$x_i' = \sum_j a_{ij} x_j \tag{2.17}$$

で結ばれているとすると，長さを変えない変換はすべての x_i について，

$$\sum_i x_i' x_i' = \sum_{i,j,k} a_{ij} a_{ik} x_j x_k = \sum_k x_k x_k \tag{2.18}$$

でなければならない．したがって，

$$\sum_i a_{ij} a_{ik} = \delta_{jk} \tag{2.19}$$

が成り立たなければならない．これが長さを変えない変換の満たさなければならない条件である．これを満たすような a_{ij} を**直交行列** (orthogonal matrix)，そのときの (2.17) を**直交変換** (orthogonal transformation) という．回転は直交変換だがその逆は真ではない．座標の反転をしても長さは変わらないが，それは回転ではないからである．以下，直交変換のうち回転のみを問題にする．

いま，1成分の場 $\phi(\boldsymbol{x})$ を回転後の座標系で記述したものを $\phi'(\boldsymbol{x}')$ としよう．このとき，

$$\phi'(\boldsymbol{x}') = \phi(\boldsymbol{x}) \tag{2.20}$$

であれば，それを **scalar 場**という．もし3成分の場，$A_i(\boldsymbol{x})$ があって，それを回転後の座標系で記述したものを，$A_i'(\boldsymbol{x}')$ とするとき，

$$A_i'(\boldsymbol{x}') = \sum_j a_{ij} A_j(\boldsymbol{x}) \tag{2.21}$$

が成り立つとすれば，$A_i(\boldsymbol{x})$ を **vector 場**という．9成分の場 $T_{ij}(\boldsymbol{x})$ について

$$T_{ij}'(\boldsymbol{x}') = \sum_{k,l} a_{ik} a_{jl} T_{kl}(\boldsymbol{x}) \tag{2.22}$$

が成り立つとき, $T_{ij}(\boldsymbol{x})$を **tensor 場**という．このようにしていくらでも多くの添字をもった高階の tensor 場を定義することができる．電磁場の vector potential はこの意味で vector，ずっと以前出てきた歪み tensor は（2.22）の意味で tensor であった．

しかし，このようにいくら a_{ij} を重ねても 2 成分の量など出てくるわけはない．それで（2.17）なる変換と同型（isomorphic）な次のような 2×2 行列による変換を考える*1．それには，まず量子力学でおなじみの Pauli spin 行列

$$\sigma_1 = \begin{bmatrix} 0 & 1 \\ 1 & 0 \end{bmatrix}, \quad \sigma_2 = \begin{bmatrix} 0 & -i \\ i & 0 \end{bmatrix}, \quad \sigma_3 = \begin{bmatrix} 1 & 0 \\ 0 & -1 \end{bmatrix} \tag{2.23}$$

を考える．次に，変換 a_{ij} が与えられたとき，

$$\textstyle\sum_j \sigma_j a_{ji} = S(a)\sigma_i S^{-1}(a) \tag{2.24}$$

で定義される 2 行 2 列の unitary 行列 $S(a)$ を考える．$S(a)$ の例として，無限小変換

$$a_{ji} = \delta_{ji} + \varepsilon_{ji} \tag{2.25}$$

をとると，直交変換の条件（2.19）によって，ε_{ij} は反対称

$$\varepsilon_{ij} + \varepsilon_{ji} = 0 \tag{2.26}$$

であるが*2，このとき，

$$S(a) = 1 + (1/4)\textstyle\sum_{i,j}\varepsilon_{ij}\sigma_i\sigma_j \tag{2.27a}$$

$$S^{-1}(a) = 1 - (1/4)\textstyle\sum_{i,j}\varepsilon_{ij}\sigma_i\sigma_j \tag{2.27b}$$

ととると，Pauli 行列の満たす交換関係から，（2.24）が実際に満たされていることが確かめられる（ただし ε に関して 2 次の無限小を省略する）．

Spinor　（2.24）に戻り，いま 2 成分の場

$$\varphi(\boldsymbol{x}) = \begin{bmatrix} \varphi_1(\boldsymbol{x}) \\ \varphi_2(\boldsymbol{x}) \end{bmatrix} \tag{2.28}$$

を考え，回転 a_{ij} が与えられたとき（そのとき（2.24）によって $S(a)$ が決まる），

$$\varphi'(\boldsymbol{x}') = S(a)\varphi(\boldsymbol{x}) \tag{2.29}$$

が成り立つならば, $\varphi(\boldsymbol{x})$ を **spinor** とよぶ．（2.29）が, scalar や vector のときの（2.20）や（2.21）に対応するものである．直観的に言うならば，spinor とは scalar の平方根にあたる．事実，$S(a)$ は unitary だから，

---

*1「同型」という述語の数学的に厳密な定義にこだわる必要はない．回転を 2 度続けて行うと，その合成回転は, $\sum_j a_{ij}^{(2)} a_{jk}^{(1)} = a_{ik}^{(3)}$ となるが, $S(a)$ もそれに対応し, $S(a^{(2)})S(a^{(1)}) = S(a^{(3)})$ となる．a と S の関係は，このとき同形である．

*2 いま，回転の軸方向の単位 vector を e とし，回転角を $\delta\theta$ とするとき，

$$\varepsilon_{12} = e_3\delta\theta, \qquad \varepsilon_{23} = e_1\delta\theta, \qquad \varepsilon_{31} = e_2\delta\theta$$

である．

$$\varphi^{\dagger\prime}(\boldsymbol{x}') = \varphi^{\dagger}(\boldsymbol{x})S^{\dagger}(a) = \varphi^{\dagger}(\boldsymbol{x})S^{-1}(a) \tag{2.30}$$

したがって，

$$\varphi^{\dagger\prime}(\boldsymbol{x}')\varphi'(\boldsymbol{x}') = \varphi^{\dagger}(\boldsymbol{x})S^{-1}(a)S(a)\varphi(\boldsymbol{x}) = \varphi^{\dagger}(\boldsymbol{x})\varphi(\boldsymbol{x}) \tag{2.31}$$

が成り立つ．これは，2つの spinor の積 $\varphi^{\dagger}(\boldsymbol{x})\varphi(\boldsymbol{x})$ が scalar として変換することを示している．また，

$$\varphi^{\dagger\prime}(\boldsymbol{x}')\sigma_i\varphi'(\boldsymbol{x}') = \varphi^{\dagger}(\boldsymbol{x})S^{-1}(a)\sigma_i S(a)\varphi(\boldsymbol{x}) \tag{2.32a}$$

$$= \textstyle\sum_j a_{ij}\varphi^{\dagger}(\boldsymbol{x})\sigma_j\varphi(\boldsymbol{x}) \tag{2.32b}$$

を得るのも容易である*．したがって，$\varphi^{\dagger}(\boldsymbol{x})\sigma_i\varphi(\boldsymbol{x})$ は vector である．

このようにして，2成分をもち，回転に対して一定の性質をもつ場 $\varphi(x)$（それは scalar や vector に比べ，かなり考えにくいものだが）を導入したが，われわれが実際に直接観測できる量はつねに scalar や vector で，spinor などというものは古典物理に出てきたことはない．

したがって，実際に観測する量は，電子波に関するものでも，つねに $\varphi^{\dagger}(x)\varphi(x)$ とか $\varphi^{\dagger}(x)\sigma_i\varphi(x)$ など，2つの spinor をかけ合わせたものであるはずである．

われわれはこうして Stern-Gerlach の実験や，spectrum 線の微細構造を説明するために必要な自由度を場の中に導入できたわけである．これは場だからできたので，単なる古典的粒子にそのような自由度を入れることはたいへんむずかしいという点に特に注目する必要がある．

次の問題は，spinor ならなぜ $\hbar/2$ という固有角運動量が伴うかという点である．厳密に言うとこの問題は，spinor を無限小回転したときの変換の母関数を作ってみなければならない．これには，場の解析力学が必要であるし，ここでそれを示すとまたまた話が長くなるから，これ以上立ち入らないことにしよう（なお，次の項参照）．

3.2.6 Spin をもった電子場の電磁相互作用

ここで spin をもつ電子場には前に議論した minimal な電磁相互作用では十分でなく，余分な相互作用を加えなければならないということを受け入れなければならない．それは spin に伴って電子は磁気能率

$$\boldsymbol{\mu}_e = 2(e\hbar/2mc)(\boldsymbol{\sigma}/2) \tag{2.33}$$

をもつ．これが電磁場との余分の相互作用をする．Minimal な電磁相互作用とは Lorentz の力を生むようなものであったから，磁気能率による相互作用は，電子が Lorentz の力以外の力を電磁場から受けることを意味する．だからこそ Stern-Gerlach の実験では不規則な磁場を通った電子波の beam が2本に割れたのである．(2.33) を見ればわかるよ

---

* (2.32a) から (2.32b) に移るには，(2.19) と (2.24) から出る関係

$$S^{-1}(a)\sigma_i S(a) = \textstyle\sum_j a_{ij}\sigma_j$$

を用いる．

うに，spin 上向きの電子と下向きの電子では，符号の違った磁気能率をもつからである．

この磁気能率による相互作用を考慮すると，前の電子場の方程式（2.7）は

$$i\hbar\frac{\partial}{\partial t}\varphi(x) = -(\hbar^2/2m)\{\boldsymbol{\nabla} - i\frac{e}{\hbar c}\boldsymbol{A}(x)\}^2\varphi(x) + eA_0(x)\varphi(x) + (e\hbar/2mc)\boldsymbol{\sigma}\varphi(x)\cdot\boldsymbol{H}(x) \tag{2.34}$$

で置き換えられなければならない[*1]．ただし，ここで $\varphi(x)$ は前の $\varphi(x)$ とは違い，2 成分の spinor を用いる．また，$\boldsymbol{H}(x)$ は磁場である．

Spin-軌道 coupling　最後に電子の軌道角運動量と spin に伴う角運動量との和が，閉じた系でいつも保存することを証明しなければならないが，この計算はめんどうである．上の（2.34）を使うわけにはいかない．というのは，この式には電磁場が入っているから，電磁場の運ぶ角運動量まで考慮してやらないと保存しない．そうすると計算がおそろしくめんどうになる．もう少し簡単な，spin と軌道の coupling のある電子場の式

$$i\hbar\frac{\partial}{\partial t}\varphi(x) = [-(\hbar^2/2m)\nabla^2 + V(r)\boldsymbol{\sigma}\cdot\boldsymbol{l}(x)]\varphi(x) \tag{2.35}$$

をとると[*2]，これは閉じた系で，この方程式だけで全角運動量の保存則が導けるはずだが，それでも計算はなかなかたいへんである（実はそれをここでやりはじめたのだが，あまり複雑になったので止めてしまった）．（2.35）について，1 つだけ注意しておく．この方程式を満たすような電子場について，

$$T_{0k}(x) = -(\hbar/i)\varphi^\dagger(x)\partial_k\varphi(x) \tag{2.36}$$

$$T_{ik}(x) = (\hbar^2/2m)\{\partial_i\varphi^\dagger(x)\partial_k\varphi(x) + \partial_k\varphi^\dagger(x)\partial_i\varphi(x)\} - (\hbar/i)V(r)\varphi^\dagger(x)(\boldsymbol{\sigma}\times\boldsymbol{x})_i\partial_k\varphi(x) \tag{2.37}$$

を定義してやると[*3]，運動方程式（2.35）によって，連続の方程式

$$\frac{\partial}{\partial t}T_{0k}(x) + \sum_i\partial_i T_{ik}(x) = 0 \tag{2.38}$$

が得られる．$T_{0k}(x)$ は電子場の運動量密度（の符号を変えたもの）であるから，この式は流体の場合の式（2.2 節　（2.2）式）に対応する．したがってこの場合，電子場の応力 tensor は（2.37）である．ところが（2.37）は右辺最後の項が，i，k について対称になっていないのである．（2.2 節　（2.5）式）の議論を思い出すと，対称でない応力 tensor が働いているときは，角運動量が保存しなかった．

[*1] この式は，ここでは頭から与えるより手がない．これは相対論的電子場の方程式に minimal な電磁相互作用を入れ，それから v/c を小さいとする非相対論的近似を行うと得られる．

[*2] $\boldsymbol{l}(x) \equiv (\hbar/i)\boldsymbol{x}\times\nabla$

[*3] このような量の一般的な出し方はここで論じない．

3.2.7 全角運動量保存則

では，(2.35) を満たす電子場の場合，角運動量は保存しないのかというと，そうではない．実は，確かに軌道角運動量だけでは保存しないが，(2.2節 (2.5) 式) の右辺第1項に対応する項

$$\frac{1}{2}\sum_{j,k}\varepsilon_{ijk}(T_{jk}(x)-T_{kj}(x))=$$
$$-\frac{1}{2}\sum_{j,k}\varepsilon_{ijk}(\hbar/i)V(r)\{\varphi^\dagger(x)(\boldsymbol{\sigma}\times\boldsymbol{x})_j\partial_k\varphi(x)$$
$$-\varphi^\dagger(x)(\boldsymbol{\sigma}\times\boldsymbol{x})_k\partial_j\varphi(x)\}$$
$$=-(\hbar/i)V(r)\varphi^\dagger(x)\{x_i\boldsymbol{\sigma}\cdot\boldsymbol{\nabla}-\sigma_i\boldsymbol{x}\cdot\boldsymbol{\nabla}\}\varphi(x) \qquad (2.39)$$

を運動方程式を用いて書き直すと，これがちょうどspin角運動量に対するbalance方程式になり，はじめに考えた軌道角運動量とspin角運動量の和が全体として連続の方程式に満たすことになる．ちょうど，1.1節の最後で注意したことが起きているわけである．前に言ったようにこの計算は正直にやるとかなりめんどうなのでここには示さないが，このように正直な計算がめんどうで手に負えないときは一般論に頼るほうが早道である（だから，一般論を形式的だといってばかにしてはいけない）．そのような一般論をこの場合にあてはめると，結果は，

$$\frac{\partial}{\partial t}\{\varphi^\dagger(x)(\boldsymbol{l}(x)+\hbar\boldsymbol{\sigma}/2)\varphi(x)\}+\sum_l\partial_l[V(r)\varphi^\dagger(x)(\boldsymbol{\sigma}\times\boldsymbol{x})_l$$
$$\times(\boldsymbol{l}(x)+\hbar\boldsymbol{\sigma}/2)\varphi(x)+(\hbar/2im)\{\varphi^\dagger(x)\partial_l((\boldsymbol{l}(x)$$
$$+\hbar\boldsymbol{\sigma}/2)\varphi(x))-\partial_l\varphi^\dagger(x)\cdot(\boldsymbol{l}(x)+\hbar\boldsymbol{\sigma}/2)\varphi(x)\}]=0 \qquad (2.40)$$

となる．第1項は，全角運動量密度の時間的変化，第2項は，全角運動量の流れのdivergenceである．したがって，軌道とspinをいっしょにした全角運動量が保存する．

3.2.8 場の変換性とspin

Spinorは，座標系を回転したとき，それが (2.29) という変換法則に従うということで定義される量である．Vectorも実は同じで，座標の回転に対して (2.21) のように変換するということで定義する．いま，無限小の回転を考えると，spinorを変換する2行2列の行列 $S(a)$ は (2.27) のように，

$$S(a)=1+(1/4)\sum_{i,j}\varepsilon_{ij}\sigma_i\sigma_j$$
$$=1+(1/2)(\varepsilon_{12}\sigma_1\sigma_2+\varepsilon_{23}\sigma_2\sigma_3+\varepsilon_{31}\sigma_3\sigma_1)$$
$$=1+i(1/2)\boldsymbol{e}\cdot\boldsymbol{\sigma}\delta\theta \qquad (2.41)$$

である*．

* p. 81の (2.26) の脚注*2を見よ．

したがって,

$$\varphi'(\boldsymbol{x}') = \varphi(\boldsymbol{x}) + i(1/2)\delta\theta\boldsymbol{e}\cdot\boldsymbol{\sigma}\varphi(\boldsymbol{x}) \tag{2.42}$$

である.

Vector についてもまったく同様の関係式が成り立っている. それを見るために, (2.21) に (2.25) を代入すると,

$$A_i'(\boldsymbol{x}') = A_i(\boldsymbol{x}) + \textstyle\sum_j \varepsilon_{ij} A_j(\boldsymbol{x}) \tag{2.43}$$

で, たとえば

$$\begin{aligned} A_1'(\boldsymbol{x}') &= A_1(\boldsymbol{x}) + \varepsilon_{12}A_2(\boldsymbol{x}) + \varepsilon_{13}A_3(\boldsymbol{x}) \\ &= A_1(\boldsymbol{x}) + \delta\theta(e_3A_2(\boldsymbol{x}) - e_2A_3(\boldsymbol{x})) \end{aligned} \tag{2.44}$$

であり, 一般には

$$\boldsymbol{A}'(\boldsymbol{x}') = \boldsymbol{A}(\boldsymbol{x}) + \delta\theta\boldsymbol{A}(\boldsymbol{x})\times\boldsymbol{e} \tag{2.45}$$

である. これは実は, 3 行 3 列の 3 個の行列

$$T_1 = \begin{bmatrix} 0 & 0 & 0 \\ 0 & 0 & -i \\ 0 & i & 0 \end{bmatrix},\quad T_2 = \begin{bmatrix} 0 & 0 & i \\ 0 & 0 & 0 \\ -i & 0 & 0 \end{bmatrix},\quad T_3 = \begin{bmatrix} 0 & -i & 0 \\ i & 0 & 0 \\ 0 & 0 & 0 \end{bmatrix} \tag{2.46}$$

を導入すると,

$$A_i'(\boldsymbol{x}') = A_i(\boldsymbol{x}) + i\textstyle\sum_j \delta\theta\boldsymbol{e}\cdot(\boldsymbol{T})_{ij}A_j(\boldsymbol{x}) \tag{2.47}$$

と書かれる[*1]. これは, spinor のときの (2.42) の $\boldsymbol{\sigma}/2$ を $\boldsymbol{T}$ で置き換えたものとまったく同じ形である. Spinor のときに $\hbar\boldsymbol{\sigma}/2$ が電子の固有角運動量であるのなら, vector 場のとき, $\hbar\boldsymbol{T}$ が vector 場の固有角運動量であろう. 事実, (2.46) の表示を用いると交換関係

$$[T_1,\ T_2] \equiv T_1T_2 - T_2T_1 = iT_3 \quad (\text{循環}) \tag{2.48}$$

を確かめることができる. これは, まさに量子力学の角運動量の満たす交換関係とまったく同じである. また, 行列の掛算を丹念にやってみると,

$$T_1^2 + T_2^2 + T_3^2 = \begin{bmatrix} 2 & 0 & 0 \\ 0 & 2 & 0 \\ 0 & 0 & 2 \end{bmatrix} \tag{2.49}$$

となっている. これは, $s(s+1)$ 則により[*2] 角運動量 $\hbar$ に対応するものである. こうし

[*1] 各成分ごとに確かめよ.

[*2] 角運動量の 2 乗の固有値は $\hbar^2 s(s+1)$ である. ただし,

$$s = 0,\ \frac{1}{2},\ 1,\ \frac{3}{2},\ \cdots\cdots,$$

てわれわれは **vector 場は固有角運動量 $\hbar$ をもち，spinor 場は固有角運動量 $\hbar/2$ をもつ**という結論を得る．高階 tensor にもまったく同じことが言える．そのとき，つねに

$$F'_{ij\cdots}(\boldsymbol{x}') = F_{ij\cdots}(\boldsymbol{x}) + i\sum_{i'j'\cdots}\delta\theta\boldsymbol{e}\cdot(\boldsymbol{S})_{ij\cdots,\ i'j'\cdots}F_{i'j'\cdots}(\boldsymbol{x}) \tag{2.50}$$

で，高階 tensor の spin $(S)_{ij\cdots,\ i'j'\cdots}$ を定義する．このように spin とは，座標の無限小回転に対して場がどのように変換するかという性質に関係したものであり，場の理論の特徴で，場の量子化の問題とは今のところ関係がない．

上の議論で見たように，場が vector 添字を1つもっていたらそれは spin $\hbar$ を意味し，spinor 添字1つをもっていたら spin $\hbar/2$ を意味する．したがって，たとえば spin $3\hbar/2$ をもった場を作りたかったら，vector 添字1つと spinor 添字1つをもった混合場を考えるか，spinor 添字3つをもった高階 spinor 場を考えればよい．Spin $100\hbar$ などというものが必要なら，vector 添字 100 個をもった高階 tensor を考えればよいことになる．光子は vector 場だから spin $\hbar$ をもつ［このことをもっと詳しく知りたかったら，19）大貫義郎（1976）を参照のこと］．

最後に1つ演習問題を与えておく，無限小回転に対して spinor の変換は，(2.42) で与えられるから，

$$\varphi'(\boldsymbol{x}') - \varphi(\boldsymbol{x}) = (i/2)\delta\theta\boldsymbol{e}\cdot\boldsymbol{\sigma}\varphi(\boldsymbol{x})$$

だが，この代わりに $\varphi'(\boldsymbol{x}) - \varphi(\boldsymbol{x})$ を計算してみると何が出るか？　結果は

$$\varphi'(\boldsymbol{x}) - \varphi(\boldsymbol{x}) = (i/\hbar)\delta\theta\boldsymbol{e}\cdot(\boldsymbol{l}(x) + \hbar\boldsymbol{\sigma}/2)\varphi(\boldsymbol{x})$$

となり，軌道角運動量と spin の和が現れる．Vector 場についてもやってみるとよい．

3.2.9　まとめ

少々話がごたついたから，ここでいちおう，この節の議論をまとめておこう．

電子の波動性を考慮するには電子場を扱わなければならない．電子は電荷をもち，また固有の角運動量すなわち spin をもつ．これらの属性のほかに電子は Fermi-Dirac の統計に従う性質をもっている．

まず，電子場を電磁場と相互作用させるためには，粒子力学において有効であった minimal な電磁相互作用を波動論の言葉で置き換える関係を頼りにし，方程式に (2.6) という置き換えを行えばよろしい．固有の角運動量をもたせるには今まで考えていた単なる1成分の場ではだめで，2成分をもった場の量，すなわち spinor という新しい場の量を導入しなければならない．そうすると，spin は場に固有の磁気能率を与え，この部分が電磁場との相互作用に寄与する（(2.34) 式）．電子場では，軌道角運動量と spin を加えたもの全体が保存する．

Spinor は，座標の回転に対して (2.29) によって変換する．実はこれが spinor の定義である．一般に任意の場を考えたとき，無限小回転に対するその場の変換性によって spin を定義する（(2.42)(2.47)(2.50) 式）．Vector の足は spin $\hbar$ を，spinor の足は spin

$\hbar/2$ を意味する．Spin はこのように場の変換性にまつわる性質で，今のところ場の量子化とは関係ない．

ここでは電子のもつ性質が場の量によっていかに表現されるかを見たのである．最後の電子の統計の問題は，量子化された場の理論まで待たないと満足に考慮できない．量子化された場の理論によると spin と統計が関係してくる．そのお話は次章のお楽しみにする．

3.3　相対論的場の方程式

3.3.1　Einstein-de Broglie の関係

Einstein-de Broglie の関係を基礎にして Schrödinger 方程式を導くときの処方は，

$$E = \boldsymbol{p}^2/2m \tag{3.1}$$

という関係に対して，

$$E \longrightarrow i\hbar\frac{\partial}{\partial t} \tag{3.2}$$

$$\boldsymbol{p} \longrightarrow (\hbar/i)\nabla \tag{3.3}$$

という置き換えを行い，それを場 $\varphi(x)$ に演算してやればよいというのであった．この処方では，粒子的な関係（3.1）は波動関数 $\varphi(x)$ にかかる operator の中に残っている．置き換え（3.2）(3.3）は，Einstein-de Broglie の関係を保証するものであり，波自身は新しい波動方程式を満たす場 $\varphi(x)$ で表される．現実的ではないが，ある粒子の energy と運動量の関係が，複雑な関数関係

$$E = F(\boldsymbol{p}) \tag{3.4}$$

で与えられていても，(3.2）と（3.3）の処方によれば，その粒子の場の方程式は

$$\left[i\hbar\frac{\partial}{\partial t} - F\left(\frac{\hbar}{i}\boldsymbol{\nabla}\right)\right]\varphi(x) = 0 \tag{3.5}$$

とすればよい．もちろんこの場の方程式が正しいかどうかは，(3.5）から出てくる結論を実験と比較して判定すべきものである．粒子性は $\varphi(x)$ の前にかかっている operator [　] の構造の中に反映している．

3.3.2　Klein-Gordon の方程式

この点に目をつけると，相対論的な粒子の場の方程式を書き下すことは容易であろう．相対論的粒子の energy と運動量は，

$$E^2 = c^2\boldsymbol{p}^2 + c^4m^2 \tag{3.6}$$

を満たす．これに上の処方を用いると，この粒子の場の方程式は

$$\left[-\frac{1}{c^2}\frac{\partial^2}{\partial t^2} + \nabla^2 - \frac{c^2m^2}{\hbar^2}\right]\phi(x) = 0 \tag{3.7}$$

であるということになる．これが，相対論的場の理論における基本的な方程式で，Klein-

Gordon の方程式とよばれるものである．

中間子　ちょっとわき道にそれるが，質量 m をもった相対論的粒子の波動方程式は (3.7) で与えられるとすると，この式と電磁場の vector potential の式，たとえば (2.4 節 (4.1) 式)(右辺を 0 とおく) と比べてみると，(2.4 節 (4.1) 式) では (3.7) において $m = 0$ としたことにあたっている．したがって，粒子的な言葉で言うと，電磁場は質量のない粒子の波動方程式を満たしていることになる．

質量がある粒子とない粒子の波動方程式には，その影響の到達距離について本質的な差がある．たとえば，場が時間によらない場合，質量のない場の方程式は

$$\nabla^2 f(\boldsymbol{x}) = \delta(\boldsymbol{x}) \tag{3.8}$$

であるが*，一方，質量のある粒子の場の方程式は

$$\left(\nabla^2 - \frac{c^2 m^2}{\hbar^2}\right) g(\boldsymbol{x}) = \delta(\boldsymbol{x}) \tag{3.9}$$

である．前者は

$$f(\boldsymbol{x}) = -\frac{1}{4\pi}\frac{1}{|\boldsymbol{x}|} \tag{3.10}$$

という遠方に達する Coulomb 型の解があるのに対し，後者は

$$g(\boldsymbol{x}) = -\frac{1}{4\pi}\frac{1}{|\boldsymbol{x}|}\exp\{-\frac{cm}{\hbar}|\boldsymbol{x}|\} \tag{3.11}$$

という短距離型（これは Yukawa 型といわれている）の解をもっている．$cm/\hbar$ とは，質量 m の粒子の Comptom 波長の逆数である．したがって，(3.11) によると，$g(\boldsymbol{x})$ は，原点から Compton 波長ぐらいのところで急激に 0 となるということになる．

もし電磁場が荷電粒子の間の相互作用をつかさどるものなら，同じような機構で，原子核の中の粒子の相互作用は短距離形で，その到達距離がだいたい 10^{-13} cm くらい（それが原子核のだいたいの大きさ）の場によって媒介されると考えるのが自然であろう．(3.11) の場の到達距離をこれと同じものだとすると，その場の Compton 波長として

$$\hbar / mc \simeq 10^{-13}\,\mathrm{cm} \tag{3.12}$$

が必要である．電子の Compton 波長は

$$\hbar / m_e c = 3.86 \times 10^{-11}\mathrm{cm} \tag{3.13}$$

だから（m_e は電子の質量），上の 2 式から，

$$m / m_e \simeq 3.86 \times 10^2 \tag{3.14}$$

---

* 原点に delta 関数的な源があるとした．

すなわち，質量が電子のそれの約400倍くらいの粒子が存在し，その粒子の場が陽子や中性子の間の力を媒介していることになる．これが湯川先生の予言された核力の中間子（今ではπ-mesonとよばれる）で，中間子という名前は陽子や中性子と電子の質量の中間であるというところから来たものである．このあたりのお話は，特に日本ではかなりよく知られていると思うから，これ以上触れない．ただし，力の到達距離とその力の場の粒子の質量とが一定の関係にあることは意にとめておくべきであろう．この概念は，多体問題を場の立場から理解する場合重要である（第5章）．光子の質量は0で，その媒介する力の到達距離は無限大だから，光子は巨視的現象の中に顔を出すのである．

3.3.3 相対論的記号

Klein-Gordonの場も，やはり調和振動子の集まりと同等であることを示すのはやさしいが，もうこれは止めよう．その代わり，相対論的場の理論を扱うのに便利な記号をここで導入する．相対論では空間と時間とをできるだけ同等に扱う方がよいから，空間座標$\boldsymbol{x}$と時間座標tとをいっしょにして，

$$x_\mu = (x_1,\ x_2,\ x_3,\ x_4 = ict = ix_0) \quad \mu = 1,\ 2,\ 3,\ 4 \tag{3.15}$$

と書く，以下，ギリシャ文字μ，ν，σ，ρなどの添字があったら，それらはつねに1から4まで変わるとする[*1]．

また，Einsteinの和に関する簡便法を用いる．すなわち，式の中に同じ添字が2つ現れたら，それについて必ず1から4までの和をとる[*2]．たとえば，

$$A_\mu B_\mu = \sum_{\mu=1}^{4} A_\mu B_\mu = A_1B_1 + A_2B_2 + A_3B_3 + A_4B_4 \tag{3.16}$$

を意味する．この記号を用いると，Klein-Gordon方程式に出てきた微分演算子は簡単に

$$\nabla^2 - \frac{1}{c^2}\frac{\partial^2}{\partial t^2} = \frac{\partial}{\partial x_\mu}\frac{\partial}{\partial x_\mu} \tag{3.17}$$

となる．これはまたD'Alembertianといって，□という記号で表されることが多い．すなわち，

$$\nabla^2 - \frac{1}{c^2}\frac{\partial^2}{\partial t^2} = \frac{\partial}{\partial x_\mu}\frac{\partial}{\partial x_\mu} \equiv \Box \tag{3.18}$$

である．x_μに関する微分を簡単に

[*1] 「チンプンカンプン」ということを英語では「It's Greek to me.」と言う．この表現はいろいろと変調できる．たとえば，中国人がわけのわからないことを言ったら「It's Chinese to me.」日本人だったら「It's Japanese to me.」など．

[*2] ある人に言わせると，これがEinsteinの最大の数学的発見だそうである．Einstein傾倒者は何と言うか．

$$\partial_\mu \equiv \frac{\partial}{\partial x_\mu} \tag{3.19}$$

と書くこともある．これらの記法によると，Klein-Gordon の方程式は簡単に

$$(\Box - \kappa^2)\phi(x) = 0 \tag{3.20}$$

と書かれる．ただし，

$$\kappa = mc/\hbar \tag{3.21}$$

である．

電磁場の potential　電磁場の vector および scalar potential を相対論的記号で整理しておこう．$\boldsymbol{A}$ と A_0 をいっしょにして

$$A_\mu(x) \equiv (A_1(x),\ A_2(x),\ A_3(x),\ iA_0(x)) \tag{3.22}$$

と置き，

$$F_{\mu\nu}(x) = \partial_\mu A_\nu(x) - \partial_\nu A_\mu(x) \tag{3.23}$$
$$(= -F_{\nu\mu}(x))$$

を定義すると，たとえば（2.3 節　(3.61)(3.63) 式）により，

$$F_{12}(x) = \partial_1 A_2(x) - \partial_2 A_1(x) = H_3(x) \tag{3.24a}$$
$$F_{13}(x) = \partial_1 A_3(x) - \partial_3 A_1(x) = -H_2(x) \tag{3.24b}$$
$$F_{14}(x) = \partial_1 A_4(x) - \partial_4 A_1(x) = -iE_1(x) \tag{3.24c}$$
$$F_{23}(x) = \partial_2 A_3(x) - \partial_3 A_2(x) = H_1(x) \tag{3.24d}$$
$$F_{24}(x) = \partial_2 A_4(x) - \partial_4 A_2(x) = -iE_2(x) \tag{3.24e}$$
$$F_{34}(x) = \partial_3 A_4(x) - \partial_4 A_3(x) = -iE_3(x) \tag{3.24f}$$

である．すなわち，

$$F_{\mu\nu}(x) = \begin{pmatrix} 0 & H_3(x) & -H_2(x) & -iE_1(x) \\ -H_3(x) & 0 & H_1(x) & -iE_2(x) \\ H_2(x) & -H_1(x) & 0 & -iE_3(x) \\ iE_1(x) & iE_2(x) & iE_3(x) & 0 \end{pmatrix} \tag{3.25}$$

である（μ が水平の行，ν が列を示す）．

電荷と電流もいっしょにして

$$J_\mu(x) = \left(\frac{1}{c}\boldsymbol{j}(x), i\rho(x)\right) \tag{3.26}$$

と書くと，Maxwell の方程式（2.3 節　(3.2)(3.3) 式）は簡単に

$$\partial_\mu F_{\mu\nu}(x) = -4\pi J_\nu(x) \tag{3.27}$$

となる．残りの Maxwell の方程式を同様な記号で表すためには，$F_{\mu\nu}$ の dual tensor を

$$\tilde{F}_{\mu\nu}(x) = \frac{i}{2}\varepsilon_{\mu\nu\sigma\rho}F_{\sigma\rho}(x) \tag{3.28}$$

で定義すると便利である．ここに，$\varepsilon_{\mu\nu\sigma\rho}$ は Levi-Civita tensor といわれ，μ, ν, σ, ρ に対して完全反対称であり，$\varepsilon_{1234} = 1$ としたものである．もっと具体的に書くと，

$$\varepsilon_{\mu\nu\sigma\rho} = \begin{cases} 1 & \mu,\ \nu,\ \sigma,\ \rho \text{ が } 1,\ 2,\ 3,\ 4 \text{ の偶置換のとき} \\ -1 & \quad〃\quad\quad\quad\quad \text{奇置換のとき} \\ 0 & \text{それ以外のとき} \end{cases} \tag{3.29}$$

である．定義（3.28）を用いると，（3.25）により

$$\tilde{F}_{\mu\nu}(x) = \begin{pmatrix} 0 & E_3(x) & -E_2(x) & iH_1(x) \\ -E_3(x) & 0 & E_1(x) & iH_2(x) \\ E_2(x) & -E_1(x) & 0 & iH_3(x) \\ -iH_1(x) & -iH_2(x) & -iH_3(x) & 0 \end{pmatrix} \tag{3.30}$$

となる．したがって，Maxwell の方程式（2.3 節　(3.4)(3.5) 式）は

$$\partial_\mu \tilde{F}_{\mu\nu}(x) = 0 \tag{3.31}$$

となる．(3.27) と (3.31) で 4 個の Maxwell 方程式と同等である．$F_{\mu\nu}$ とその dual$\tilde{F}_{\mu\nu}$ は，(3.25) と (3.30) により，

$$\tilde{F}_{\mu\nu}F_{\mu\nu} = 4\boldsymbol{E}\cdot\boldsymbol{H} \tag{3.32}$$

$$F_{\mu\nu}F_{\mu\nu} = 2(\boldsymbol{H}^2 - \boldsymbol{E}^2) \tag{3.33}$$

を満たしている．

3.3.4　Proca の方程式

Maxwell の方程式が質量 0 の粒子の場の方程式であることを前に触れたが，同じく vector 場でも，質量の 0 でない場の方程式が考えられる．それは

$$G_{\mu\nu}(x) \equiv \partial_\mu U_\nu(x) - \partial_\nu U_\mu(x) \tag{3.34}$$

に対して，

$$\partial_\mu G_{\mu\nu}(x) - \kappa^2 U_\nu(x) = 0 \tag{3.35}$$

を満たすようなものである*.

これを Proca の方程式という．(3.34) をこれに代入すると，

$$(\Box - \kappa^2)U_\nu(x) - \partial_\nu\partial_\mu U_\mu(x) = 0 \tag{3.36}$$

が得られる．これに ∂_ν を演算すると，ただちに

$$\kappa^2\partial_\nu U_\nu(x) = 0 \tag{3.37}$$

---

* $\kappa = mc/\hbar$ で m は質量の次元をもつ．

が得られるから，$\kappa^2 \neq 0$ ならば，

$$\partial_\mu U_\mu(x) = 0 \tag{3.38}$$

でなければならない．これを元の方程式（3.36）に代入すると，

$$(\Box - \kappa^2) U_\mu(x) = 0 \tag{3.39}$$

が得られる．言い換えると，Procaの方程式（3.36）は $\kappa^2 \neq 0$ のとき，（3.38）と（3.39）の両者と同等である．（3.39）は，この場が，Klein-Gordonのときと同様に，質量 m をもった相対論的粒子のものであることを示している．（3.38）のほうは4成分のvectorに対する1条件で，成分の数を3に減らす役割をする．したがってProcaの場は本質的に3成分の場で，これはこの場のspinが1であるということである[*1]．中間子論の初期のころ，核力をつかさどる場がこのようなvector場ではないかという可能性が詳しく調べられた時代があった．今ではそうではないことがわかっているが，vector場は，gaugeに関係して，高energy物理の領域で重要な問題を提供している．

3.3.5 Minimalな電磁相互作用

今まで考えてきた物質場の方程式にminimalな電磁相互作用を導入するには，例によって（2.6）という処方を用いる．これを相対論的記号で書くと，

$$\partial_\mu \longrightarrow \partial_\mu - i(e/\hbar c)A_\mu(x) \tag{3.40}$$

となる．したがって，たとえばKlein-Gordonの場が電磁相互作用しているときは方程式

$$[\{\partial_\mu - i(e/\hbar c)A_\mu(x)\}\{\partial_\mu - i(e/\hbar c)A_\mu(x)\} - \kappa^2]\phi(x) = 0 \tag{3.41}$$

に従う．ただし，もし $\phi(x)$ が実数の場であると，（3.41）の複素共役式は，

$$[\{\partial_\mu + i(e/\hbar c)A_\mu(x)\}\{\partial_\mu + i(e/\hbar c)A_\mu(x)\} - \kappa^2]\phi(x) = 0 \tag{3.42}$$

となる[*2]．（3.41）と（3.42）を引算すると，

$$[i(e/\hbar c)\partial_\mu A_\mu(x) + i(e/\hbar c)A_\mu(x)\partial_\mu]\phi(x) = 0 \tag{3.43}$$

となる．これは，$A_\mu(x)$ が0でないかぎり $\phi(x) = 0$ を意味する．したがって，**実数の場は電磁場とminimalな相互作用はできない**．電磁場とminimalな相互作用できるのはつねに複素数の場である．Schrödingerの場はつねに複素数だから電磁相互作用が考えられたのである．Klein-Gordonの場合，もし $\phi(x)$ が複素数の場なら（3.41）は正しい（（3.42）は正しくない）．

Minimalな電磁相互作用をもつのは複素場にかぎられるが，しかし逆は正しくない．複素場でも必ずしも電磁相互作用をしない場合がある．たとえば，原子核の構成要素である中性子は複素場で表されるが，名前のとおり中性であって，minimalな相互作用をし

[*1] 場の成分の数とspinの関係については，3.2節の議論を参照せよ．

[*2] このとき $x_4 = ict$ だから，複素共役をとるとその符号が変わるが，（3.41）の中にはそれぞれ2乗の形で入っているから問題はない．

ない．中性微子も電磁相互作用をしない．

Gauge 変換　前に見た，電磁相互作用をしている Schrödinger 方程式（2.7）や，この（3.41）の中には，vector potential $A_\mu(x)$ がなまに入っている．元来，vector potential は $\boldsymbol{E}$ や $\boldsymbol{H}$ を求めるために補助的な量として導入され，そのとき与えられた $\boldsymbol{E}$ や $\boldsymbol{H}$（または $F_{\mu\nu}$）に対して，$A_\mu(x)$ は unique ではない．$A_\mu(x)$ を任意の scalar $\chi(x)$ で

$$A_\mu(x) \longrightarrow A_\mu(x) + \partial_\mu\chi(x) \equiv A'_\mu(x) \tag{3.44}$$

のような置き換えをしても，(3.23) からわかるように，$F_{\mu\nu}(x)$ は変わらない．変換（3.44）を gauge 変換という．この任意性を利用して，Coulomb gauge（2.3 節　(3.36) 式）をとったり，Lorentz gauge（2.3 節　(3.74) 式）をとったりして，目的に応じて，数式を簡単にしてきたわけである．しかし，荷電粒子の場の方程式には $A_\mu(x)$ がなまで入っているから，gauge 変換（3.44）をやっただけでは，方程式が不変でない．不変でないと荷電粒子の場の方程式の解が gauge $\chi(x)$ に依存し，したがって観測量も不定な $\chi(x)$ に依存してくるおそれがある．

ところが以下に示すように，そのおそれはないのである．たとえば，電磁場と相互作用している Klein-Gordon の場の方程式(3.41)を眺めてみよう．(3.44)に gauge 変換を行った方程式の解を $\phi'(x)$ とすると，

$$\begin{aligned}&[\{\partial_\mu - i(e/\hbar c)A'_\mu(x)\}\{\partial_\mu - i(e/\hbar c)A'_\mu(x)\} - \kappa^2]\phi'(x)\\&\quad = [\{\partial_\mu - i(e/\hbar c)A_\mu(x) - i(e/\hbar c)\partial_\mu\chi(x)\}\{\partial_\mu - i(e/\hbar c)A_\mu(x)\\&\qquad - i(e/\hbar c)\partial_\mu\chi(x)\} - \kappa^2]\phi'(x) = 0\end{aligned} \tag{3.45}$$

である．この方程式の解は元の方程式（3.41）の解 $\phi(x)$ と

$$\phi'(x) = e^{i(e/\hbar c)\chi(x)}\phi(x) \tag{3.46}$$

でつながっている．事実，(3.46) を（3.45）に代入してみると，この式は（3.41）に戻る．したがって，**gauge 変換（3.44）と変換（3.46）とを同時に行えば方程式は不変である．** 荷電粒子の場 $\phi(x)$ は複素量であったから変換（3.46）はつねに可能である．Pauli は，変換（3.46）を第 1 種の gauge 変換，変換（3.44）を第 2 種の gauge 変換と名づけた*．

ここでは，Klein-Gordon 場について説明したが，Schrödinger 方程式や Proca の方程式にもまったく同じことが言える．

第 2 種の gauge 変換によって，たとえば運動量密度

$$(\hbar/i)\phi^\dagger(x)\partial_i\phi(x) \tag{3.47}$$

は，gauge 不変でない．変換すると（3.46）の肩の $\chi(x)$ が下りてくるからである．しか

---

* 第 1 種，第 2 種の gauge 変換の区別は，その後かなり混乱して使われている．上の使い方が Pauli の original な使い方である．

し，速度の密度，

$$(\hbar/i)\phi^{\dagger}(x)\{\partial_i - i(e/\hbar c)A_i(x)\}\phi(x) \tag{3.48}$$

はgaugeによらない．観測量はgaugeによらないはずだから，それらをいつもgauge不変なように定義しておかなければならない．Schrödinger場の電流を(2.9)で定義したが，それは確かにgauge不変であった．Klein-Gordonの場のもつ電荷と電流は

$$\begin{aligned}J_\mu(x) = &- i(e/\hbar c)[\phi^{\dagger}(x)\{\partial_\mu - i(e/\hbar c)A_\mu(x)\}\phi(x)\\ &- \{\partial_\mu + i(e/\hbar c)A_\mu(x)\}\phi^{\dagger}(x)\cdot\phi(x)]\end{aligned} \tag{3.49}$$

と定義する．この電流が連続の方程式

$$\partial_\mu J_\mu(x) = 0 \tag{3.50}$$

を満たすのを確かめるのは容易であろう．この電流（3.49）が電磁場の方程式（3.27）の右辺に現れる．

3.3.6 相対論的 spinor

Schrödingerの場を議論したとき，電子のspinを考慮するためには，Schrödingerの場を3次元空間の回転に対してspinorとして変換する場でなければならないことを見た((2.29) 式)．これはもちろん相対論的に拡張されなければならない．電磁場の場合には，3次元のvector potential $\boldsymbol{A}(x)$ とscalar potential $A_0(x)$ をいっしょにして，4次元のvector potential $A_\mu(x)$ へ拡張したがspinorの場合は簡単ではない．Diracは3次元のspinorを4次元に拡張するという道を通らずに(Diracの頭の中ではどのような道をたどったのか知る由もないが）一気に，Klein-Gordonの方程式（3.20）を，1階の微分方程式に書き直すという道をとって4次元spinorを導入した．そのDiracの方程式は相対論的電子場の方程式というもので，それによると4成分の量で相対論的spinorが定義されている．Pauliのspin行列に代わり，4行4列のいわゆるDiracの γ-行列が出てくる．この γ-行列の代数学は，相対論的場の理論にとって基本的な役割を果たすもので，それだけで優に1章を使わなければならなくなる．したがってこの本ではそれに深入りしない*［この点に興味があれば，たとえば，18）西島和彦（1973），19）大貫義郎（1976）を参照するとよい］．ここでは，Diracの相対論的電子場の方程式に，非相対論的近似を行うと，前のSchrödingerの方程式が出てくることを指摘するにとどめよう．Diracの方程式にminimalな電磁相互作用を入れてから非相対論的近似を行うと，spin磁気能率をもった(2.34）が得られる．

3.3.7 物理法則の共変性

ここで物理法則の**共変性**（covariance）ということを説明しておこう．例として3次元

---

* γ-行列の演習をやることを γ-gymnasticsといい，相対論的電子方程式を勉強する大学院学生を悩ます課題の1つである．教えるほうにとってもなかなかしんどい．

の回転を考えよう．3 次元の回転に対する場の量の変換性から，われわれは scalar とか vector とか spinor とかを導入した．物理法則が与えられた場合，もしその法則を表現する式の各項が座標の回転に対して異なった別々の変換をしたとすると，ある座標系で成り立つ物理法則が，元の座標を回転した座標系では成り立たないことになる．そうなってもいっこうに構わないが，それでは物理法則を個々の座標系に対して別々に書き下しておかなければならないというやっかいなことになる．3 次元回転に対して不変な物理法則を主張したいなら，回転に対して内容の変わらない形式に物理法則を書いておかないといけない（さもないと，どっちを向いて物理法則を書き下すかをいちいち指定しなければならない）．しかしこれは，物理法則を表現する式の各項がつねに scalar でなければならないということではない．たとえば，各項が vector で書かれていても，すべての項が回転に対してまったく同様に変換するから，それでも物理法則の内容は座標系によって変わらないわけである．すなわち，2 つの vector $\boldsymbol{A}$ と $\boldsymbol{B}$ が等しいという関係

$$\boldsymbol{A} = \boldsymbol{B} \quad \text{または} \quad A_i = B_i \quad (i = 1,\ 2,\ 3)$$

は，回転で互いに移れるすべての系で真である．Tensor についてもまったく同じことが言えて，

$$A_{ij} = B_{ij} \quad (i,\ j = 1,\ 2,\ 3)$$

という関係は，回転で移れるすべての座標系で真である．しかしたとえば，ある特別の座標系で vector $\boldsymbol{A}$ の第 3 成分 A_3 と別の scalar ϕ とが等しく，

$$A_3 = \phi$$

が成り立っても，この関係はすべての座標系で正しいものではないから，どの座標系でこの等式が成り立つかを指定しないと意味がない．

このように，物理法則の回転不変性はそれを表現する数式の各項がまったく同じように変換すれば，何も scalar でなくてもよいわけである．このことを物理法則が共変形式（co-variant form）で与えられるという．場の理論も物理法則の例外ではないから，場の量の満たす方程式は共変形式で与えられていると都合がよい．場の方程式には場の量のほか，時間や空間座標に関する微分が含まれているから，それらの変換性を正しく決めておかなければならない．

上で 3 次元回転について言ったことは，そのまま 4 次元回転（すなわち Lorentz 変換）についてもあてはまる．この章で，Maxwell の方程式を 4 次元の記号で書き直したりしたのはこの理由による．元のままの Maxwell の方程式では 3 次元空間の回転に関する変換性に対して共変的に与えられており，4 次元回転に対しては変換性がはっきりしていない．それをたとえば（3.27）と（3.31）の形に書くと，それらが Lorentz 変換に対して不変な内容をもっていることが一目瞭然となる．

3.4　Klein-Gordon 場の伝播

3.4.1　基本的な解

Klein-Gordon の方程式は2階の線形方程式だから，一般に2個の独立な解がある．線形方程式であるから解の規格化を自由に行うことができる．2個のうち特に重要な基本的な解は次の性質を満たすようなものである．

（i）$(\Box - \kappa^2)\Delta(x) = 0$ (4.1)

（ii）光円錐の外側で

$$\Delta(x) = 0 \qquad x^2 > 0(\text{空間的}) \tag{4.2}$$

（iii）初期値は

$$\frac{1}{c}\dot{\Delta}(x)\bigg|_{t=0} = -\delta(\boldsymbol{x}) \tag{4.3}$$

性質（ii）は，波が光円錐の外に出ないという条件で，相対論的波動の伝播としては当然の要求であろう．性質（iii）は便宜にすぎない．右辺は3次元の delta 関数である．この条件を満たす解を探すために，$\Delta(x)$ を4次元の Fourier 積分で表そう．すなわち，

$$kx = \boldsymbol{k}\cdot\boldsymbol{x} + k_4x_4 = \boldsymbol{k}\cdot\boldsymbol{x} - ck_0t \tag{4.4}$$

として，

$$\Delta(x) \equiv (2\pi)^{-4}\int d^4ke^{ikx}\Delta[k] \tag{4.5}$$

とおく．ただし，

$$d^4k = dk_1dk_2dk_3dk_0 \tag{4.6}$$

で $\Delta[k]$ は $\Delta(x)$ の Fourier 変換である．(4.5) を (4.1) に代入してみると，ただちに

$$(k^2 + \kappa^2)\Delta[k] = 0 \tag{4.7}$$

がわかる*．これを満たすような $\Delta[k]$ は，$\delta(k^2 + \kappa^2)$ に何か $\boldsymbol{k}$ の任意の関数をかけたものにかぎられる．すなわち，

$$\Delta[k] = f(\boldsymbol{k},\ k_0)\delta(k^2 + \kappa^2) \tag{4.8}$$

なぜなら，delta 関数の性質により，恒等式

$$x\delta(x) = 0 \tag{4.9}$$

が成り立つからである．

$\Delta[k]$ が (4.8) の形に制限されたら，今度は性質（ii）と（iii）によって $f(k)$ を決める．そのためにまた delta 関数に関する恒等式

---

* $k^2 = \boldsymbol{k}^2 - k_0{}^2$

$$\delta(k^2+\kappa^2)=\{\delta(k_0-\sqrt{\boldsymbol{k}^2+\kappa^2})+\delta(k_0+\sqrt{\boldsymbol{k}^2+\kappa^2})\}/2\sqrt{\boldsymbol{k}^2+\kappa^2} \tag{4.10}$$

を思い出そう*．したがって，

$$\Delta[k]=f(\boldsymbol{k},k_0)\{\delta(k_0-\sqrt{\boldsymbol{k}^2+\kappa^2})+\delta(k_0+\sqrt{\boldsymbol{k}^2+\kappa^2})\}/2\sqrt{\boldsymbol{k}^2+\kappa^2} \tag{4.11}$$

である．(4.11) を (4.5) に入れると，

$$\begin{aligned}\Delta(x)=&\frac{1}{(2\pi)^4}\frac{c}{2}\int d^4ke^{ikx}f(\boldsymbol{k},k_0)\{\delta(k_0-\omega(k)/c)\\&+\delta(k_0+\omega(k)/c)\}/\omega(k)\end{aligned} \tag{4.12}$$

ただし，

$$\omega(k)=c\sqrt{\boldsymbol{k}^2+\kappa^2} \tag{4.13}$$

である．

性質 (ii) を調べるために，(4.12) において $t=0$ として k_0 に関する積分を遂行すると，

$$\begin{aligned}\Delta(x)\Big|_{t=0}&=\frac{c}{2(2\pi)^4}\int d^4ke^{i\boldsymbol{k}\cdot\boldsymbol{x}}\frac{f(\boldsymbol{k},k_0)}{\omega(k)}\{\delta(k_0-\omega(k)/c)+\delta(k_0+\omega(k)/c)\}\\&=\frac{c}{2(2\pi)^4}\int d^3ke^{i\boldsymbol{k}\cdot\boldsymbol{x}}\frac{1}{\omega(k)}\{f(\boldsymbol{k},\omega(k)/c)+f(\boldsymbol{k},-\omega(k)/c)\}\end{aligned} \tag{4.14}$$

が得られるから，(4.2) がつねに満たされるためには（すなわち，光円錐の外で 0 になるためには），

$$f(\boldsymbol{k},\ \omega(k)/c)+f(\boldsymbol{k},\ -\omega(k)/c)=0 \tag{4.15}$$

でなければならない．このように光円錐の外に波が伝播しないためには，正負両方の振動数をもった部分が必要であり，それらがちょうど (4.15) を満たすように消し合っていなければならない．

次に，(iii) を調べる．(4.12) を時間微分して $t=0$ とおくと，

$$\begin{aligned}\frac{1}{c}\dot{\Delta}(x)\Big|_{t=0}&=-i\frac{c}{2(2\pi)^4}\int d^4ke^{i\boldsymbol{k}\cdot\boldsymbol{x}}k_0f(\boldsymbol{k},k_0)\{\delta(k_0-\omega(k)/c)+\delta(k_0+\omega(k)/c)\}/\omega(k)\\&=-i\frac{1}{2(2\pi)^4}\int d^3ke^{i\boldsymbol{k}\cdot\boldsymbol{x}}\{f(\boldsymbol{k},\omega(k)/c)-f(\boldsymbol{k},-\omega(k)/c)\}\end{aligned} \tag{4.16}$$

が得られる．この右辺がつねに (4.3) を満たすためには，

$$i\{f(\boldsymbol{k},\ \omega(k)/c)-f(\boldsymbol{k},\ -\omega(k)/c)\}/4\pi=1 \tag{4.17}$$

でなければならない．(4.15) と (4.17) を解くと，

* この恒等式は $\delta(ax)=\delta(x)/|a|$ を利用して導く．

$$f(\boldsymbol{k},\ \omega(k)/c) = -f(\boldsymbol{k},\ -\omega(k)/c) = -2\pi i \tag{4.18}$$

となる．したがって，

$$\varepsilon(k_0) = \begin{cases} 1 & k_0 > 0 \\ -1 & k_0 < 0 \end{cases} \tag{4.19}$$

なる関数を導入すると，

$$f(\boldsymbol{k},\ k_0) = -2\pi i \varepsilon(k_0) \tag{4.20}$$

したがって，

$$\Delta(x) = -i(2\pi)^{-3}\int d^4 k e^{ikx}\varepsilon(k_0)\delta(k^2+\kappa^2) \tag{4.21}$$

が求める解である．

注　意

性質（ii）を要求する場合，光円錐の外側全体を0とおかないで，単に $t=0$ としたが，これは問題ではない．$t=0$ の Lorentz 系で0としておくと，光円錐の外側全体は別の Lorentz 系でも0となるからである．

3.4.2　場の伝播

さて，$\Delta(x)$ の Fourier 積分を（4.21）の形に書いたが，このままではその様子がまだつかみにくい．実はこの積分は一般の場合，初等的な関数では表せないので，ここでは計算をして見せないが，光円錐の内側では一次の Bessel 関数になる．結果を書くと，

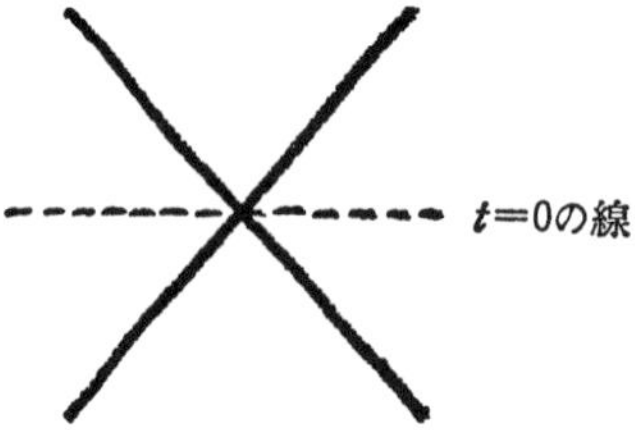

図 3.2

$$\Delta(x) = -\frac{1}{2\pi}\varepsilon(x_0)\delta(x^2) + \frac{\kappa^2}{4\pi}\varepsilon(x_0)\begin{cases} \dfrac{J_1(\kappa\sqrt{-x^2})}{\kappa\sqrt{-x^2}} & x^2 < 0\ (\text{時間的}) \\ 0 & x^2 > 0\ (\text{空間的}) \end{cases} \tag{4.22}$$

というめんどうくさいものである*．重要なことは，第1項のために光円錐上で delta 関数的な特異点があること，また，$J_1(z)$ は小さい z に対して $z/2$ のように振る舞うから，光円錐の中と外では κ^2/π だけの jump があることである．

光円錐の中での Bessel 関数 $J_1(\kappa\sqrt{-x^2})$ はおおざっぱにいうと，sine 関数のように振る舞う．特に光円錐のずっと上の方では，Bessel 関数の漸近形

* 積分のやり方に関しては，たとえば，29）寺沢寛一（1960）．

$$J_1(\kappa\sqrt{-x^2})/\kappa\sqrt{-x^2} \underset{-x^2\to\infty}{\sim} \sqrt{\frac{2}{\pi}}(\kappa\sqrt{-x^2})^{-3/2}\sin(\kappa\sqrt{-x^2}-\frac{\pi}{4}) \tag{4.23}$$

が使えるから，そのあたりでは振幅が時間の 3/2 乗に反比例して減衰していることがわかる．これは 3 次元空間の特徴で，遠くにいくに従って波の行き場が多くなり，それだけ波は分散してしまい，振幅が小さくなる．低次元，たとえば 2 次元では，地震の表面波や水面の波のようにかなり遠くまで振幅が減らない．1 次元の波となると，どこまでいっても行き場は 1 方向に決まっているから，振幅がなかなか減らないわけである．またこのような理由によって，3 次元空間では波のかたまりがまとまったまま空間を進んでいくという現象はなかなか起きない（木星からテレビ映像をどのようにして送ったのであろうか）．一方，1 次元の空間ではそのようなことが容易に起き，それを soliton（ソリトン）とよんでいる．1 次元で得られた soliton 解は，energy がまとまったまま伝播し，あたかも粒子のように振る舞う．この場合は soliton の微分方程式が非線形であるために，波がくだけていかないという理由ももちろんあるが，それよりも 1 次元空間における波の伝播性が強く影響していると思う．一時，1 次元の soliton 解に刺激されて，3 次元空間の素粒子も一種の soliton ではないかという speculation が流行したこともあった．しかし，その考え方がなかなか具体化しないのも，上のような事情によって 3 次元の soliton を実際に作って見せる（そのような偏微分方程式を発見する）ことが困難だからである*.

もし，質量が 0 ならば（4.22）の第 2 項は消え，結局，光円錐上の $\delta(x^2)$ 関数的な特異点だけが残る．すなわち，質量のない場はつねに光速度で伝播する．

3.4.3 Green 関数

Klein-Gordon 方程式の解 $\Delta(x)$ を用いて，次に Klein-Gordon 方程式の Green 関数を作ろう．Green 関数とは，数学者はむずかしいことをいうが，物理屋にとっては原点に 4 次元 delta 関数があるときの場の方程式の解で，これを用いると，源がある場合の方程式を容易に積分することができる．Green 関数を $\Delta_G(x)$ と書くと，それは

$$(\Box-\kappa^2)\Delta_G(x)=\delta^{(4)}(x) \tag{4.24}$$

を満たすものとして定義される．右辺は 4 個の delta 関数の積で

$$\delta^{(4)}(x)\equiv\delta(x_1)\delta(x_2)\delta(x_3)\delta(ct) \tag{4.25}$$

である．すなわち，空間の原点に時刻 $t=0$ に瞬間的に源があるわけである．

（4.24）の解を求めるのに種々の方法がある．しかし，もうすでに $\Delta(x)$ を求めたから，それを利用するのが早道だろう．たとえば過去から伝わってくる場を議論するために，

* 1 次元空間（+ 1 次元時間）の場の理論は，この意味で全然異なった伝播の仕方をする波を扱うから，3 次元の問題については何も明らかにしないように思われる．ただし，これは私の偏見かもしれない．素粒子の場はひものような 1 次元のものかもしれない．

$$\Delta^{(r)}(x) = \theta(t)\Delta(x) \tag{4.26}$$

という関数を考えてみよう．$\theta(t)$ は階段関数

$$\theta(t) = \begin{cases} 1 & t > 0 \\ 0 & t < 0 \end{cases} \tag{4.27}$$

で，この性質のために，(4.26) は $\Delta(x)$ のうち t が正のところだけを取り出したものである．この関数 $\Delta^{(r)}(x)$ が実は，方程式 (4.24) を満足している．それを見るためには，$\Box - \kappa^2$ を演算し，先の性質 (ⅰ)，(ⅱ)，(ⅲ) を用いればよい．ただし，

$$\frac{d\theta(t)}{dt} = \delta(t) \tag{4.28}$$

に気をつける．次のように計算する．

$$\begin{aligned}
(\Box - \kappa^2)\Delta^{(r)}(x) &= \left(\nabla^2 - \frac{\partial^2}{c^2\partial t^2} - \kappa^2\right)\theta(t)\Delta(x) \\
&= \theta(t)(\nabla^2 - \kappa^2)\Delta(x) - \frac{\partial^2}{c^2\partial t^2}(\theta(t)\Delta(x)) \\
&= \theta(t)(\nabla^2 - \kappa^2)\Delta(x) - \frac{\partial}{c^2\partial t}\{\delta(t)\Delta(x) + \theta(t)\dot{\Delta}(x)\} \\
&= \theta(t)(\nabla^2 - \kappa^2)\Delta(x) - \frac{\partial}{c^2\partial t}(\theta(t)\dot{\Delta}(x)) \\
&= \theta(t)(\nabla^2 - \kappa^2)\Delta(x) - \frac{1}{c^2}\theta(t)\ddot{\Delta}(x) - \frac{1}{c^2}\delta(t)\dot{\Delta}(x) \\
&= \theta(t)(\Box - \kappa^2)\Delta(x) + \frac{1}{c}\delta(t)\delta(\boldsymbol{x}) \\
&= \delta(ct)\delta(\boldsymbol{x}) = \delta^{(4)}(x)
\end{aligned} \tag{4.29}$$

となる．ここで

$$\delta(t)\Delta(x) = 0 \tag{4.30}$$

としたのは，(ⅱ) の性質，

$$\frac{1}{c}\delta(t)\frac{1}{c}\dot{\Delta}(x) = -\delta(ct)\delta(\boldsymbol{x}) \tag{4.31}$$

としたのは (ⅲ) と (4.10) の脚注の式による．$\Delta^{(r)}(x)$ は過去の影響を取り出しているので，**遅延関数 (retarded function)** とよばれる．質量がない場合には，(4.22) と定義 (4.26) より（そのときの $\Delta^{(r)}$ を通常，$D^{(r)}$ と書く），

$$D^{(r)}(x) = -\frac{1}{2\pi}\delta(x^2)\theta(t) = -\frac{1}{4\pi}\frac{1}{|\boldsymbol{x}|}\delta(ct - |\boldsymbol{x}|) \tag{4.32}$$

となり*(次頁)，電磁気学でよく知られた関数となる ((4.38) 式を見よ)．

3.4.4 Yang-Feldman の式

たとえば，Klein-Gordon の場 $\phi(x)$ が，ある与えられた場 $\eta(x)$ と

$$(\Box - \kappa^2)\phi(x) = \eta(x) \tag{4.33}$$

なる式で結ばれている場合，(4.29) を利用して

$$\phi(x) = \phi^{\text{in}}(x) + \int_{-\infty}^{\infty} d^4x' \Delta^{(r)}(x-x')\eta(x') \tag{4.34}$$

と書くことができる．ここに $\phi^{\text{in}}(x)$ は，

$$(\Box - \kappa^2)\phi^{\text{in}}(x) = 0 \tag{4.35}$$

を満たす解，$\eta(x)$ は何か与えられた場で，$\phi(x)$ の源と考えられる量である．(4.34) を試すのは容易であろう．すなわち，左から $(\Box - \kappa^2)$ を演算すると，

$$\begin{aligned}(\Box-\kappa^2)\phi(x) &= (\Box-\kappa^2)\phi^{\text{in}}(x) + \int_{-\infty}^{\infty} d^4x'(\Box-\kappa^2)\Delta^{(r)}(x-x')\eta(x') \\ &= \int_{-\infty}^{\infty} d^4x'\delta^{(4)}(x-x')\eta(x') \\ &= \eta(x)\end{aligned} \tag{4.36}$$

となる．上に d^4x と書いたのは

$$d^4x = dx_1dx_2dx_3cdt \tag{4.37}$$

である．

図 3.3

Klein-Gordon の式 (4.33) に対して，その積分形 (4.34) は場の量子論で重要な式で，これは **Yang-Feldman の式**とよばれている．物理的意味は次のような簡単なものである．

(4.34)の右辺第 1 項は，源に関係なくはじめからあった場，第 2 項は過去の点 x' (4 次元の点) にあった源の影響が点 x まで伝播する様子を示したもので，$\Delta^{(r)}(x)$ の性質により x 点を頂点とする過去の光円錐の中に分布していた源だけが，点 x における場 $\phi(x)$ に寄与している．この意味で Yang-Feldman の方程式は因果律ともよく適合した表現であり，場 $\phi(x)$ は**過去のすべてを集約したもの**であるといってよい．

まったく同じやり方を電磁場の場合の (2.3 節 (3.75)(3.76) 式) に応用すると，scalar potential は (4.32) により，

＊(前頁) $\delta(x^2) = \{\delta(ct - |\boldsymbol{x}|) + \delta(ct + |\boldsymbol{x}|)\}/2|\boldsymbol{x}|$
$\therefore \delta(x^2)\theta(t) = \delta(ct - |\boldsymbol{x}|)/2|\boldsymbol{x}|$

$$A_0(x) = A_0^{\mathrm{in}}(x) - 4\pi\int_{-\infty}^{\infty} d^4x' D^{(r)}(x-x')\rho(x')$$
$$= A_0^{\mathrm{in}}(x) + \int_{-\infty}^{\infty} d^4x' \frac{1}{|\boldsymbol{x}-\boldsymbol{x}'|}\delta(ct-ct'-|\boldsymbol{x}-\boldsymbol{x}'|)\rho(x')$$
$$= A_0^{\mathrm{in}}(x) + \int d^3x' \frac{\rho(x')|_{t'=t-|\boldsymbol{x}-\boldsymbol{x}'|/c}}{|\boldsymbol{x}-\boldsymbol{x}'|} \tag{4.38}$$

という，よく知られた式に帰する．Vector potential についても同様で，

$$\boldsymbol{A}(x) = \boldsymbol{A}^{\mathrm{in}}(x) - 4\pi\int_{-\infty}^{\infty} d^4x' D^{(r)}(x-x')\boldsymbol{j}(x')$$
$$= \boldsymbol{A}^{\mathrm{in}}(x) + \int d^3x' \frac{\boldsymbol{j}(x')|_{t'=t-|\boldsymbol{x}-\boldsymbol{x}'|/c}}{|\boldsymbol{x}-\boldsymbol{x}'|} \tag{4.39}$$

となる．${A^{\mathrm{in}}}_0$ と $\boldsymbol{A}^{\mathrm{in}}$ とはそれぞれ

$$\Box A^{\mathrm{in}}_0(x) = 0 \tag{4.40}$$
$$\Box \boldsymbol{A}^{\mathrm{in}}(x) = 0 \tag{4.41}$$

を満たす自由な電磁 potential である．

注　意

①　ここでは特に，過去からの影響を集約する retarded Green 関数を求めたが，このほかにも条件に応じて（4.24）を満たす Green 関数を定義することができる．たとえば未来の集約をする advanced Green 関数，また粒子と反粒子*とを対称に扱う Feynman の Green 関数などである．Retarded Green 関数が，物理的直観的でいちばん考えやすいが，場の理論において直接何か物理量を計算しようと思ったら，Feynman の Green 関数が最も便利である．統計力学でも，Feynman の関数をもとにしたものが主として使われている．それらの相対論的場の理論における用法については，17）西島和彦（1969），また統計力学における使い方については，1）阿部龍蔵（1966）に詳しい．

②　Yang-Feldman の表式が示すように，場は過去の光円錐の内側に分布していた源 $\eta(x')$ から $\Delta^{(r)}(x-x')$ で示されるような振る舞いをしながら点 x に伝播するが，そのときもちろん，energy や運動量やその他の物理量（たとえば角運動量や電荷など）をも運ぶ．しかしその運び方は，相対論的因果律に矛盾しないように，つまり光速度より早くは伝播しないように行われる．$\Delta^{(r)}(x-x')$ はその意味で，場の伝播の仕方を表現しているものであるから，物理屋はこれら一般の Green 関数を**伝播関数**（**propagator**）とよぶことが多い．

* これには後ほど触れる．

3.4.5 場の伝播と粒子

場の伝播の仕方に粒子性がどのように取り入れられているか．それを見るためには，遅延 propagator を Fourier 積分で表現してみるとよい．計算は少々めんどうだが，$\Delta(x)$ の Fourier 積分表示（4.21）と，階段関数 $\theta(t)$ の Fourier 積分表示

$$\theta(t)=\frac{1}{2\pi i}\int_{-\infty}^{\infty}d\alpha\frac{e^{i\alpha t}}{\alpha-i\varepsilon} \tag{4.42}$$

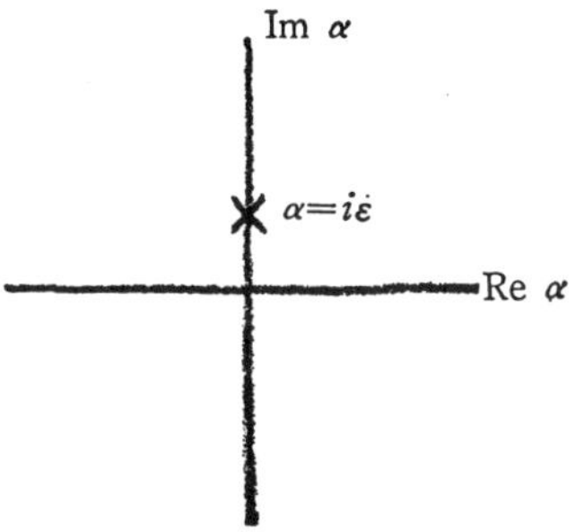

図 3.4

を組み合わせればよい．ここで ε は正の数で，α に関する積分を行ってから，あとで $\varepsilon\to 0$ の極限をとる．まず（4.42）が階段関数（4.27）の性質をもっていることを確かめよう．それには（4.42）の積分を α の複素面で考えるとよい*．被積分関数には

$$\alpha = i\varepsilon \tag{4.43}$$

に単極がある．

いま，$t>0$ のときには，複素平面の上側の遠方では，

$$\exp\{i(\mathrm{Re}\alpha + i\mathrm{Im}\alpha)t\} = \exp\{(-\mathrm{Im}\alpha)t + it\mathrm{Re}\alpha\} \tag{4.44}$$

は消えるから，（4.42）の右辺の積分は図 3.5 の C_+ に沿って行ったのと同じである．すると，C_+ の中には極があるから Cauchy の定理により，それは 1 になる．つまり $t>0$ で

$$\theta(t)=\frac{1}{2\pi i}\int_{-\infty}^{\infty}d\alpha\frac{e^{i\alpha t}}{\alpha-i\varepsilon}=\frac{1}{2\pi i}\int_{C_+}d\alpha\frac{e^{i\alpha t}}{\alpha-i\varepsilon}=1 \tag{4.45}$$

一方，$t<0$ のときは，

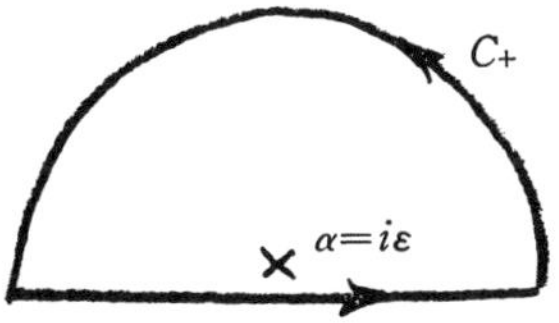

図 3.5

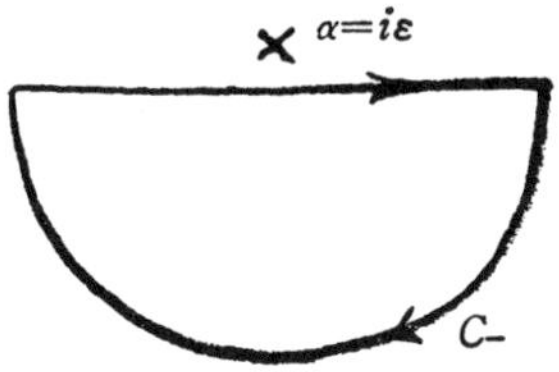

図 3.6

* 複素積分に慣れていない読者は，仕方がないから（4.49）までとばしてください．

$$\theta(t)=\frac{1}{2\pi i}\int_{-\infty}^{\infty}d\alpha\frac{e^{i\alpha t}}{\alpha-i\varepsilon}$$
$$=\frac{1}{2\pi i}\int_{C_-}d\alpha\frac{e^{i\alpha t}}{\alpha-i\varepsilon} \tag{4.46}$$

としてよいが，C_-の中には極がないから，この積分は0となる．このようにして'$\theta(t)$の階段関数の性質が満たされていることがわかる．

次の段階は，$\Delta(x)$ と $\theta(t)$ をかけてみることで

$$\Delta^{(r)}(x)=\theta(t)\Delta(x)$$
$$=-(2\pi)^{-4}\int d^4k\int d\alpha\frac{e^{i\alpha t}}{\alpha-i\varepsilon}\varepsilon(k_0)\delta(k^2+\kappa^2)e^{ikx}$$
$$=-(2\pi)^{-4}\int d^4k\int d\alpha\frac{1}{\alpha-i\varepsilon}\frac{1}{2\omega(k)}\{\delta(k_0-\omega(k)/c)$$
$$-\delta(k_0+\omega(k)/c)\}e^{i\boldsymbol{k}\cdot\boldsymbol{x}}e^{-ick_0t}e^{i\alpha t}$$
$$=-(2\pi)^{-4}\int d^3k\int dk_0'd\alpha\frac{1}{\alpha-i\varepsilon}\frac{1}{2\omega(k)}\{\delta(k_0'+\frac{\alpha}{c}-\frac{1}{c}\omega(k))$$
$$+\delta(k_0'+\frac{\alpha}{c}+\frac{1}{c}\omega(k))\}e^{i\boldsymbol{k}\cdot\boldsymbol{x}}e^{-ick_0't} \tag{4.47}$$

である．最後の段階では，

$$k_0'=k_0-\alpha/c \tag{4.48}$$

と置き換えただけである．$\delta(k^2+\kappa^2)$ については（4.10）を用いた．これはαについて すぐ積分できる．それを遂行し，k_0'の代わりにk_0を用いると，結局

$$\Delta^{(r)}(x)=(2\pi)^{-4}\int d^4ke^{ikx}\frac{c}{2\omega(k)}\left\{\frac{1}{ck_0+\omega(k)+i\varepsilon}-\frac{1}{-ck_0+\omega(k)+i\varepsilon}\right\} \tag{4.49}$$

が得られる．これが遅延Green関数のFourier積分表示で，階段関数の性質が反映してck_0の複素面では，下半面の左右に極が現れている．

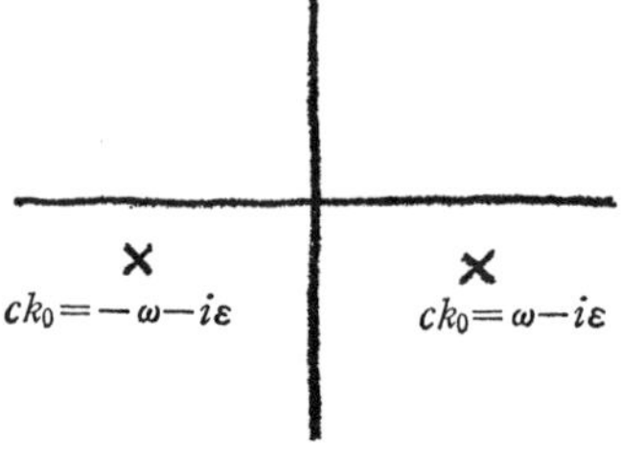

ck_0の複素平面
図3.7

極の位置を示す量

$$\omega(k)=c\sqrt{\boldsymbol{k}^2+\kappa^2} \tag{4.50}$$

を（3.6）の関係

$$E^2=c^2\boldsymbol{p}^2+c^4m^2 \tag{4.51}$$

と比べてみるとおもしろい．$\boldsymbol{k}$は波数vectorで，粒子の運動量$\boldsymbol{p}$とは

$$\boldsymbol{p}=\hbar\boldsymbol{k} \tag{4.52}$$

なる関係にあるから，

$$E^2 = (\hbar\omega(k))^2 \tag{4.53}$$

である．すなわち，遅延 propagator の Fourier 積分表示において，$\hbar ck_0$ の複素面における極の位置が伝播する粒子の energy を表している．他の種類の propagator についても同じで，極が下半面に出たり上半面に出たり（先進 propagator），上下に分かれたり（Feynman propagator）するが，それらの極の虚軸からの距離が伝播する粒子の energy を示している．

粒子と反粒子　極が 2 つ出るのはなぜだろうか．しかも，2 つの極はいつでも実軸の正の側のすぐ上か下に 1 つ，負の側のすぐ上か下に 1 つ出る．これは Klein-Gordon の方程式が時間について 2 次であることの表れである．(4.15) で見たように波が光円錐の外に出ないためには，正負両方の振動数がどうしても必要で，一方だけを捨てたりしたら，たちどころに相対論的因果律と矛盾することになる．調和振動子の image でこれを理解するのは容易で，調和振動子にはいつでも正と負で振動する 2 つの成分があるということにすぎない．問題はそれに対応する粒子像を描くときに起こる．事実，(4.53) の平方根をとってみると

$$E = \pm\,\hbar\omega(k) \tag{4.54}$$

となるから，$\hbar ck_0$ の負軸の近傍にある極は負の energy をもった粒子に対応するのであろうか．もし負の energy をもった粒子があったらどうなるだろうか．ある粒子が負の energy をもった粒子を吸うと，はじめの粒子の energy は増えないでむしろ減る．また，負 energy 粒子を放出すると，元の energy が増えるだろう．こんなことは現実には起こりえない．現実に起こりうるのは，**粒子を吸えば energy は増え，粒子を放出すれば energy は減る**という単純な事実である．だからといって，負 energy に対応するほうの振動数を簡単に捨てると，相対論的因果律が成り立たなくなる．しかしもし，負の energy をもった粒子を吸うという代わりに，正の energy をもった何らかの粒子を放出すると両解釈できれば，単純な事実と矛盾しなくてすむであろう．もちろん同時に，負 energy をもった粒子を放出するということを，正 energy をもった何らかの粒子を吸収すると解釈し直さなければならない．このような再解釈は口で言うのは簡単であり，なんとなくだまされたような気がするものである．ここでだまされてはいけない．本気でそのような考え方をちゃんと数学的に定式化して，矛盾のない解釈ができたときに，初めて，なるほどそうなっているなと了解すべきである．

ここで負 energy をもった粒子という言葉を使ったが，元来そのようなものはないので，観測にかかるはずはないのである（それは前に言った単純な事実に反するから）．むしろ観測にかかるのは解釈のし直しをしたほうの正 energy をもった何ものかの粒子のほうで，それを**反粒子（anti-particle）**とよぶのである．**したがって，反粒子もつねに正 energy をもったものである**[*1(次頁)].

このように，Klein-Gordon 方程式に従う場の中には，粒子とその反粒子とがうようよということになる．反粒子も正 energy をもっているから，粒子と衝突して何もなくなってしまうなどということは起きない．実は，実数の場の場合は，粒子と反粒子とは同じものであり，複素数の場の場合には，粒子と反粒子とが別のものになる．複素場は，電磁場と相互作用することができると前に言った．したがって，複素場に属する粒子と反粒子が衝突すると，energy と運動量の保存則に矛盾しないように光子がバラバラと放出される．電磁場は実数の場だから光子と反光子とは同一のもので，反光子などというものが特別に観測されることはない．複素場は実の場より 2 倍だけ多くの成分をもっているので，粒子と反粒子という余計な自由度が出てきたわけである．粒子が電荷をもっていれば，反粒子は反対符号の電荷をもっている．陽子の電荷は + だから反陽子は − の電荷をもつ．電子と反電子も反対符号の電荷をもつ．最後に 1 つだけ注意すると，Schrödinger 方程式の遅延 propagator には，極が実軸の正の側にたった 1 つ出るだけである．したがって Schrödinger 場には反粒子というものは含まれていないのである[*2]．また，相対論的因果律も満たしていない．

ここで述べたことを次の章で数学的に定式化する．言葉の問題だけではないということを直接に確かめるまでは，絶対に信用してはいけない．

さらに勉強したい人へ

物質場の歴史的背景については，27）高林武彦（1977）がよい．もっと物理的な面は，33）朝永振一郎（1953）の第 6 章で十分である．相対論的場の方程式については特にまとまった本がないが，18）西島和彦（1973）の第 1 章のはじめに簡単にまとめてある．Klein-Gordon 方程式の数学的構造は，29）寺沢寛一（1960）第 4 章を参照すればよい．

Spin についての歴史は，言うまでもなく，35）朝永振一郎（1974），特に第 7 話では，spinor や共変性ということの説明が与えられている．必読の書．

場の変換性のやさしいお話は，25）高橋康（1976）および 46）高橋・柏（2005）の第 11 章をすすめる．

なお，10) Heisenberg, W.K. (1974) には量子力学成立に関する Heisenberg 自身の豊富な経験が語られている．本書の論旨とは直接関係ないが，一読をすすめたい．

[*1(前頁)] 通俗書によくあるが，反粒子とは負 energy をもったものであるかのように言うのはまちがっている．

[*2] 4.3.7 項の議論参照

第4章　場の量子化

この章では，まず今まで学んだことを復習して，場を量子化するための準備をしよう．それから少々，数学のお話をしなければならない．場を量子化する場合，量子力学における調和振動子の代数学がぜひとも必要になるからである．調和振動子はご承知のように，量子力学によると energy 固有値 $\hbar\omega n$ $(n = 0, 1, 2, \cdots)$ をもっている．この $0, 1, 2, \cdots$ という値をとる量子数が，場を量子化したとき得られる量子の数になるわけである．Fermi-Dirac の統計に従う粒子を扱うには，この量子数は不適当だが，やはり調和振動子の代数から出てくる別の量子数が必要である．このようなわけで，しばらく物理を離れて代数学を勉強しておかないと，先に進めないのである．

この調和振動子の代数学を用いて，次に Schrödinger の場を量子化しよう．それから Klein-Gordon の場を量子化する．ここで相対論的場の量子論に特有な反粒子が出てくる．次に電磁場を量子化し，量子化された電磁場の理論が，古典的な場とどんなに異なったものであるか，また同時に古典的電磁場の理論が，量子化された電磁場の理論からどのようにして再現されるかを簡単に眺めてみよう．

この章ではやっかいな数学を用いることが多いが，あまり数式に気をとられないように．話のおおまかなすじをしっかりとつかむことがだいじである．その後で場の理論をしっかりと身につけるためには，章末に示した参考書に従い，紙と鉛筆を持って，うんとこさ手と頭を使ってみることである．

4.1　復　　習

話を先に進める前に，ここで今まで学んだことをざっと復習しておこう．まず第1章では，点（空間と時間）と近接作用（有限階の微分方程式）という概念を基礎にして発展した連続体の力学を論じた．そこでの考え方は，空間の1点を含む小さい体積を考え，物質の微視的構造をいっさい無視して，その体積中の連続物質が，考えている体積の表面を通してどれだけ出ていき，どれだけ入ってくるかを考えて balance 方程式をたてた．この場合，考えている体積の遠方で何が起きているかは，いっさい問題にしなくてよいのである．また，考えている体積が，ある瞬間にどうなっているかを考えれば十分であって，ずっと以前および以後に何が起きていたかということは問題にしない．そのようなことは，現在の点における知識から決定されるものである．数学的には，これは連続体の運動が時間と空間に対する有限階の微分方程式という形で与えられるからで，その微分方程式を積分することによって，時間と空間におけるすべての知識が得られる．微分方程式を積分するときに，初期値または境界値として物理的条件を与えてやらなければならない．

連続体の力学では，歪みの場や速度の場を導入し，それらに伴う energy の場，運動量の場などを balance 方程式を頼りにして定義することができる．その場合，そこには，連続体という媒質があるから，その動きとしての場は具体的なもので，理解するのにさほど困難は感じない．連続体は何らかの物質からできていて，それらの物質に対して，われわれの力学的な直観をあてはめてやればよいからである．

荷電粒子の存在およびそれらの運動が周りの空間に起こす現象を理解するためには，抽象的な電磁場という概念を導入しなければならない．歴史的には電場も磁場もかなり力学的なものとして提出されたが，このことはかえって混乱をひき起こした．たとえば電磁場を，空間を満たしている何かよくわからない ether という物質の励起として理解しようとすると，ether の質量や粘性を 0 としなければならず，また物質の励起に特有な縦波が電磁波には存在しない．したがって，電磁場を媒質の励起と考えることはどうしても無理である．このような奇妙な性質をもった媒質を仮定することは，単に困難を横すべりさせるだけで何にもならない．いっそのこと，場を空間と時間の性質に帰したほうが単刀直入である．Energy とか運動量とかいったものは，媒質のない空間を伝わって場所から場所へ移動することができる．その移動の仕方によっていろいろな場が考えられ，その1つが電磁場である．原子核の中の粒子（陽子と中性子）を原子核として結びつけているのが中間子場であって，原子核粒子の間の空間を，energy や運動量や電荷といったものまでが行き来している．

このような抽象的な場を扱う数学的手段は，具体的な連続媒質中の場を扱ったものと，ほとんど同じである．物理的には，やはり近接作用の考え方が基礎になっており，電磁場の中に投入された荷電粒子の運動は，その粒子の位置における電磁場によってのみ決められる．Yang-Feldman の式によって，場は過去のすべてを集約しているからである．その電磁場が，どのようにして作られたかという過去の歴史をたどる必要はない．荷電粒子のもつ energy や運動量などは，電磁場によって受け取られ，電磁場はそれらの物理量を他の場所へと運び，それらを他の粒子に与えるというような物理現象が起こりうる．同時にまた，荷電粒子が電磁場に与えた energy や運動量が，その荷電粒子自身に戻されるということも起きる．

しかし，このような考え方も，空洞輻射の問題ではつっかかってしまった．場というものは元来，無限個の自由度を含むもので，たとえば空洞の中に閉じ込められた電磁場は，無限個の調和振動子の系と数学的には同等である．したがって，古典統計力学の結論である energy 等分配則をこの系の各振動子にあてはめてみると，空洞輻射は温度 T に比例した無限大の energy をもつことになる．

この矛盾を避けるために Planck は光量子仮説を導入した[*1]．すなわち空洞輻射は，振幅の 2 乗が，0 および正整数に比例するような振動子の集まりであると考えると，実験とよく一致する輻射公式が得られる．このことは，光が $h\nu$ (ν は振動数) なる energy をもった「つぶ」であることを意味する．しかし，このような「つぶ」は古典論をいくらひねくっても得られるものではない．

光の粒子性についてのもっと直接の証拠は，Einstein による光電効果の理論および Compton と Debye による Compton 効果の解釈から得られる．このことは量子力学でおなじみであろう[*2]．

光が粒子的性質をもつという考え方とは正反対に，今度は電子（一般に物質粒子）が波動的性質をもつという革命的な考え方が de Broglie によって提出され，Schrödinger の定式化を通して，量子力学の技術的概念的構成に果たした役割については，27）高林武彦（1977）に詳しい．

電子には電荷と spin という物理的属性がある．このことを考慮に入れるためには，電子波は単なる実数の scalar 場ではなくて，spinor として変換する複素場を導入しなければならない．一般に，座標回転に対する場の変換性は，場のもつ固有の角運動量を意味する．電子の spin は，その特別のものであった．

電子場も電磁場のときと同様，調和振動子の集団として理解することができる．この場合は電子が Pauli の排他律を満たすために，調和振動子の振幅の 2 乗が任意の正整数をとりうるとするのは不適当である．その代わり，振幅の 2 乗はただ 2 個の値 0 と 1 しかとれないとしなければならない．このような条件も，古典場の範囲では外から天下りに与えないかぎり得られないものである．電子場や一般の物質場についても，energy や運動量を定義することができる．すなわち電子場なども，媒質の何もない空間を通して energy や運動量を運ぶ．

ここで注意しなければならないのは，場の運ぶ運動量や energy，電荷，角運動量といったものは，つねに場の振幅の 2 乗に比例したものであるということである．このことは弾性体のときの energy (2.1 節　(1.15) (1.19) 式)，電磁場の energy (2.4 節　(4.30) 式) と運動量（2.4 節　(4.31) 式）および電子場のときには（3.1 節　(1.29) (1.34) 式)，(3.2 節　(2.8) 式）にみられる．一方，場や波動などというときには，場の量自身のこと，た

[*1] 歴史的には Planck の考え方は光の粒子説ではなかった．27）高林武彦（1977）参照．

[*2] たとえば 32）朝永振一郎（1952）を見よ．

とえば$\boldsymbol{E}$や$\boldsymbol{H}$, $\varphi(x)$ などを指しているのであって，それらはいつでも振幅と振動数や位相という量で特徴づけられている．調和振動子の場合，振幅は振動数や位相と無関係なものである．

この点に注意すると，粒子対波動ということも，実は振幅対振動数ということであって，調和振動子のimageをもつかぎり，そんなに矛盾したことではないと言える．しかし粒子とは粒々のものであって，古典場の範囲ではそのような粒々の概念はどこにも内蔵されていない．したがって，粒子性を考慮に入れようと思ったら，振幅の大きさを何らかの形で粒々に制限する新しい機構を導入することが絶対に必要になる．

幸いなことに，調和振動子を量子力学的に扱うと，振動数とは無関係に振幅の2乗は正整数に比例したものになることが知られている．これをうまく利用することによって，Planckの空洞輻射の条件式（2.4節 (4.33) 式）が出てこないであろうか．これがうまくいったとしても，電子場に対するPauliの排他律を満たす条件式（3.2節 (2.1) 式）をどうしたらよいであろうか．

これらのことを頭において，もう一度，量子力学における調和振動子の代数的な構造を眺め直してみよう．しばらくの間，場の理論から遠ざかってしまうが，ここで少々，数学的な準備をしておくことがぜひとも必要である．

4.2 調和振動子の代数学

4.2.1 Heisenbergの運動方程式

まず，角振動数ωをもった調和振動子の運動方程式

$$\ddot{q}(t) + \omega^2 q(t) = 0 \tag{2.1}$$

を考えよう．ここで簡単のため振動子の質量は1とした．いま，量

$$\dot{q}(t) = p(t) \tag{2.2a}$$

を導入すると，(2.1) は

$$\dot{p}(t) = -\omega^2 q(t) \tag{2.2b}$$

と書くことができる．(2.2) の2つの式で (2.1) と同等である．この物理系を量子力学的に扱うためには，例によって

$$p = \frac{\hbar}{i}\frac{\partial}{\partial q} \tag{2.3}$$

とおいてHamiltonianを作り，Schrödinger方程式をたてるという方法がある．ここではこのやり方に従わないで，純代数的に考えてみよう．そのためには何か量子力学の原理が必要である．そのようなものとして，Heisenbergの運動方程式

$$i\hbar\dot{F}(q,p) = F(q,p)H - HF(q,p) \equiv [F(q,p), H] \tag{2.4}$$

を基礎にしよう．ここで $F(q, p)$ は q と p の任意の関数で，(2.4) が調和振動子の方程式 (2.1) と一致するという条件によって，q と p の間の代数学および H を規定しよう．したがって q と p とは古典的な数ではなく，operator または行列である．

関係 (2.4) を基礎にするということは，energy と角振動数の間のよく知られた量子力学的関係を認めることにあたるということをまず注意しよう．これは q や p の満たす代数や H の構造にはまったく無関係で，それらが Heisenberg の方程式を満たすかぎり何であっても成立することである．

4.2.2　2 つの異なった解

さて次に，Heisenberg の運動方程式 (2.4) が調和振動子の運動方程式 (2.2) と同一であるという条件を探してみよう．

(解 1)

$$H = \frac{1}{2}\{p^2(t) + \omega^2 q^2(t)\} \tag{2.5}$$

$$[p(t), q(t)] = -i\hbar \tag{2.6}$$

をとると，(2.4) と (2.2) が一致することを証明することができる．すなわち

$$\begin{aligned} i\hbar\dot{q}(t) &= [q(t), H] = \frac{1}{2}(q(t)p^2(t) - p^2(t)q(t)) \\ &= \frac{1}{2}[q(t), p(t)]p(t) + \frac{1}{2}p(t)[q(t), p(t)] = i\hbar p(t) \end{aligned} \tag{2.7}$$

となり，(2.2a) が得られる．また，

$$\begin{aligned} i\hbar\dot{p}(t) &= [p(t), H] \\ &= \frac{1}{2}\omega^2\{[p(t), q(t)]q(t) + q(t)[p(t), q(t)]\} = -i\hbar\omega^2 q(t) \end{aligned} \tag{2.8}$$

であるから，(2.2b) が出てくる．ところで，いま，

$$a(t) = \frac{1}{\sqrt{2\hbar}}\left\{\sqrt{\omega}q(t) + i\frac{1}{\sqrt{\omega}}p(t)\right\} \tag{2.9a}$$

$$a^\dagger(t) = \frac{1}{\sqrt{2\hbar}}\left\{\sqrt{\omega}q(t) - i\frac{1}{\sqrt{\omega}}p(t)\right\} \tag{2.9b}$$

を定義すると，(2.6) によって（同一時刻の）交換関係

$$[a(t), a^\dagger(t)] = 1 \tag{2.10a}$$

$$[a(t), a(t)] = [a^\dagger(t), a^\dagger(t)] = 0 \tag{2.10b}$$

を導くことができる．一方，Hamiltonian (2.5) はこれらの operator によって

$$H = \hbar\omega\left(a^\dagger(t)a(t) + \frac{1}{2}\right) \tag{2.11}$$

と表され，そのとき H は固有値

$$E_n = \hbar\omega\left(n+\frac{1}{2}\right) \qquad n=0,1,2,\cdots\cdots \tag{2.12}$$

をもつことが量子力学で知られている．すなわち（2.11）の operator $a^{\dagger}(t)\,a(t)$ は時間に無関係に，固有値 0, 1, 2, ……をもつ[*1]．固有関数は

$$|n>=\frac{1}{\sqrt{n!}}(a^{\dagger}(0))^{n}\,|0> \tag{2.13}$$

である．ただし，$|0>$ は**真空**（vacuum）とよばれるもので，

$$a(0)\,|0>=0 \tag{2.14}$$

かつ自分自身との内積が

$$<0|0>=1 \tag{2.15}$$

を満たすように定義されたものである[*2]．次の式も証明も（2.10）(2.14)（2.15）から容易に行うことができる．すなわち

$$a^{\dagger}(t)a(t)\,|n>=n\,|n> \tag{2.16}$$

$$<m|n>=\delta_{mn} \tag{2.17}$$

（2.10）を満たすような operator の具体的な形が必要になることはないが，ついでに書いておくと，

$$a(t)=\begin{pmatrix} 0 & 1 & 0 & 0 & 0 & 0 & \cdots \\ 0 & 0 & \sqrt{2} & 0 & 0 & 0 & \cdots \\ 0 & 0 & 0 & \sqrt{3} & 0 & 0 & \cdots \\ 0 & 0 & 0 & 0 & \sqrt{4} & 0 & \cdots \\ \cdots\cdots & & & & & & \end{pmatrix} e^{-i(\omega t+\delta)} \tag{2.18a}$$

---

*1 時間に無関係なことは，Heisenberg の運動方程式から明らかであろう．

*2 $|n>$ が固有関数であることは，$a^{\dagger}a|n>$ のうち（2.10）を用いて a を $|0>$ の左側までもっていき，（2.13）を用いる．たとえば，

$$\begin{aligned} a^{\dagger}a|2> &= \frac{1}{\sqrt{2!}}a^{\dagger}aa^{\dagger}a^{\dagger}\,|0> \\ &= \frac{1}{\sqrt{2!}}a^{\dagger}(a^{\dagger}a+1)a^{\dagger}\,|0> \\ &= \frac{1}{\sqrt{2!}}a^{\dagger}a^{\dagger}(a^{\dagger}a+1)|0>+|2>=2|2> \end{aligned}$$

一般には数学的帰納法を用いる．ただし，

$$a|n>=\sqrt{n}\,|n-1>$$
$$a^{\dagger}\,|n>=\sqrt{n+1}\,|n+1>$$

$$a^{\dagger}(t)=\begin{pmatrix} 0 & 0 & 0 & 0 & 0 & 0 & \cdots \\ 1 & 0 & 0 & 0 & 0 & 0 & \cdots \\ 0 & \sqrt{2} & 0 & 0 & 0 & 0 & \cdots \\ 0 & 0 & \sqrt{3} & 0 & 0 & 0 & \cdots \\ \cdots\cdots & & & & & & \end{pmatrix} e^{i(\omega t+\delta)} \tag{2.18b}$$

のような無限次元の行列である．また真空は，

$$|0>=\begin{pmatrix} 1 \\ 0 \\ 0 \\ 0 \\ \vdots \end{pmatrix} \tag{2.19}$$

で，$|n>$は

$$|n>=\frac{1}{\sqrt{n!}}(a^{\dagger}(0))^{n}|0>=\begin{pmatrix} 0 \\ 0 \\ \vdots \\ 0 \\ 1 \\ 0 \\ 0 \\ \vdots \end{pmatrix} \left.\begin{matrix} \\ \\ \\ \\ \end{matrix}\right\} n \tag{2.20}$$

という無限列の量である．これらを実際に使うことはまずない．（2.10）の関係および真空の性質（2.14）と（2.15）だけで計算を進めることが可能である．

ここで出てきた関係（2.9）は電磁場のときの式（2.4 節 （4.26）式）とまったく同様のものであることに注意しよう．

（解 2）

調和振動子の代数学は（解 1）のものにかぎられない．たとえば，

$$H = i\omega q(t)p(t) \tag{2.21}$$

$$p(t)q(t) + q(t)p(t) \equiv \{p(t), q(t)\} = 0 \tag{2.22a}$$

$$p^2(t) = \hbar\omega/2, \quad q^2(t) = \hbar/2\omega \tag{2.22b}$$

をとると，

$$i\hbar\dot{q}(t)=[q(t),\ H]=i\omega(q(t)q(t)p(t)-q(t)p(t)q(t))$$
$$=2i\omega q^2(t)p(t)=i\hbar p(t) \tag{2.23a}$$
$$i\hbar\dot{p}(t)=[p(t),\ H]=i\omega(p(t)q(t)p(t)-q(t)p(t)p(t))$$
$$=-2i\omega p^2(t)q(t)=-\hbar i\omega^2 q(t) \tag{2.23b}$$

が得られ，この場合にも調和振動子の方程式（2.1）に一致する．しかし，$p(t)$，$q(t)$ の満たす代数（2.22）は前の（2.6）とはまったく異なったものであり，Hamiltonian H も前の（2.5）とは似ても似つかないものである．（解 1）の H は，古典力学における Hamiltonian とまったく同じ形をしているが，この場合の H は古典力学には存在しなかったものである．しかし，量子力学的にはこれも調和振動子の方程式に帰するようなものである．

この場合の H の固有値を求めてみよう．それには，

$$\left(H-\hbar\frac{\omega}{2}\right)\left(H+\hbar\frac{\omega}{2}\right)=H^2-\hbar^2\omega^2/4=-\omega^2q(t)p(t)q(t)p(t)-\hbar^2\omega^2/4$$
$$=\omega^2q^2(t)p^2(t)-\hbar^2\omega^2/4=0 \tag{2.24}$$

ゆえに H の固有値は $\hbar\omega/2$ と $-\hbar\omega/2$ である．いま，（2.9）と同様に

$$C(t)\equiv\frac{1}{\sqrt{2\hbar}}\left\{\sqrt{\omega}q(t)+i\frac{1}{\sqrt{\omega}}p(t)\right\} \tag{2.25a}$$

$$C^\dagger(t)\equiv\frac{1}{\sqrt{2\hbar}}\left\{\sqrt{\omega}q(t)-i\frac{1}{\sqrt{\omega}}p(t)\right\} \tag{2.25b}$$

を定義すると，（2.22）より

$$\{C(t),\ C^\dagger(t)\}=1 \tag{2.26a}$$
$$\{C(t),\ C(t)\}=\{C^\dagger(t),\ C^\dagger(t)\}=0 \tag{2.26b}$$

であることがわかる．また，

$$H=\hbar\omega\left(C^\dagger(t)C(t)-\frac{1}{2}\right) \tag{2.27}$$

となるから，$C^\dagger(t)C(t)$ の固有値は 0 または 1 であることになる．このことは（2.26）から直接確かめることもできる．すなわち，

$$C^\dagger C(C^\dagger C-1)=C^\dagger CC^\dagger C-C^\dagger C=C^\dagger\{-C^\dagger C+1\}C-C^\dagger C=C^\dagger C-C^\dagger C=0 \tag{2.28}$$

である．固有関数は

$$|1>\equiv C^\dagger(0)|0> \quad \text{と}\ |0> \tag{2.29}$$

の 2 つである．ただし $|0>$ はやはり真空とよばれ，

$$C(0)|0>=0 \tag{2.30a}$$
$$<0|0>=1 \tag{2.30b}$$

を満たすものとして定義される．この場合 C や $C^\dagger$ の表示は有限行列で，

$$C(t)=\begin{bmatrix}0 & 1\\ 0 & 0\end{bmatrix}e^{-i(\omega t+\delta)} \tag{2.31a}$$

$$C^{\dagger}(t)=\begin{bmatrix}0 & 0\\ 1 & 0\end{bmatrix}e^{i(\omega t+\delta)} \tag{2.31b}$$

また,

$$|0>=\begin{bmatrix}1\\ 0\end{bmatrix} \tag{2.32}$$

$$|1>=C^{\dagger}(0)|0>=\begin{bmatrix}0\\ 1\end{bmatrix} \tag{2.33}$$

である.

Schrödinger の場を Fourier 分解したとき, energy の表示は（3.1 節 （1.23）式）であり, Pauli の排他律を満たすための条件（3.2 節 （2.1）式）が, ちょうど今の場合の $C^{\dagger}C$ によって満たされていることは注目すべきことである.

注 意

ここで調和振動子に関する 2 つの異なった代数をやや詳しく述べたが, それは場を量子化する場合の基礎になるからである. 場の量子論はここで述べた 2 つの代数学と, Fourier 積分論ですべて技術的なことは終わりであると言っても過言ではない.

調和振動子の代数学は,（解 1）のものは量子力学でおなじみのもの,（解 2）のものは量子力学でも出てこなかった新しいものだが, 両者とも Heisenberg の運動方程式を満たすという条件だけから出てきたものである. 実を言うと, 調和振動子の代数学で Heisenberg の運動方程式を満たすようなものはこのほかにもたくさんある. しかし今のところ, そのような代数学は, 物理的な意味があまりないので紹介しなかったのである. 4.3 節で見るように（解 1）のほうは Bose 統計に従う粒子の場に,（解 2）のほうは Fermi 統計に従う粒子の場にあてはまる. このことは第 3 章の議論からほぼ想像のつくことであろう.

4.2.3 まとめ

少し数学的になりすぎたから, ここで行った議論を言葉でまとめておこう. まず調和振動子の運動方程式を考える. この物理系を量子力学的に扱うために, 任意の力学量は operator であり, その operator は Heisenberg の運動方程式（2.4）を満たすように決められるということを要求する. これを要求することは, 系の角振動数と energy 固有値の間に Bohr の関係が成立することと同等である. Heisenberg の運動方程式すなわち Bohr

の関係は，それが成立するところで力学量そのものは0にならないという以外，何の制限も与えない．力学系がどんなものであっても，またHamiltonianの固有値E_nがどんなものであっても，Heisenbergの運動方程式はBohrの関係を与えるものである．

さて，Hamiltonianの固有値E_nを具体的に求めるには，力学系を特徴づける運動方程式が必要である．調和振動子の場合には，それがまさに（2.1）である．（2.1）と（2.4）が両立するという条件から，p，qの満たす代数学とHamiltonian Hとの両方を定めてみると，まったく相異なった解が少なくとも2種類ある．それらが（解1）と（解2）である．（解1）のほうでは，Hamiltonianの固有値は

$$E_n = \hbar\omega\left(n + \frac{1}{2}\right) \qquad n = 0, 1, 2, \cdots \tag{2.34}$$

である．運動方程式のために振幅は制限され，それは（2.9）という量で表したとき，時間に無関係に

$$a^\dagger(t)a(t)\text{の固有値} = 0,\ 1,\ 2,\ \cdots \tag{2.35}$$

となるようなものである．したがって，この解によって表される調和振動子は，古典論のように振幅が勝手なものではなく，（2.35）を満たすようなとびとびの値しかとれない．（2.34）を見ると，この調和振動子のenergy-level E_nは，n個のenergy単位$\hbar\omega$から成り立っていると考えられる（E_0を別として）．そのenergy単位の数nは，まさに振幅の2乗であって，より大きな振幅をもった振動は，より多くのenergy単位$\hbar\omega$をもっていると言うことができる．このenergy単位はいくらでも積み上げることができるという点で，Bose統計に従う粒子のそれとまったく同じ性質をもっている．

一方，（解2）のほうは，energy固有値が

$$E_n = \hbar\omega\left(n - \frac{1}{2}\right) \qquad n = 0, 1 \tag{2.36}$$

振幅は，やはり時間に無関係に

$$C^\dagger(t)C(t)\text{の固有値} = 0,\ 1 \tag{2.37}$$

といったものである．したがって，この調和振動子はたった2つの振幅しか許されないようなものである．前のときと同様，E_0を別とすると，

$$E_n - E_0 = 0\ \text{または}\ \hbar\omega \tag{2.38}$$

しかとりえない．すなわち，この場合は，energyの単位$\hbar\omega$は，0かただ1個の状態だけが可能である．したがって，このenergy単位はFermi統計に従う粒子のそれであると言うことができる．

4.3　電子場の量子化

4.3.1　電子場

さて，これでいちおう必要な数学の準備ができたから，再び物理に戻ろう．4.1 節で述べたように，粒子と波動の二重性というのは，振幅と振動数ということであって，振幅の 2 乗を 0 および正の整数をとるように「量子化」してやると，空洞輻射の正しい公式を導くことができる．また，電子場のほうは Pauli の排他律と矛盾しないためには，振動の振幅の 2 乗がたった 2 つの値しかとれない．4.2 節で学んだ調和振動子の代数学は，まさにそのような要求を満たすにふさわしいものである．

電子場の量子化　計算の複雑さを避けるために，電磁場の取り扱いは後回しにし，まず Pauli 排他律に従う電子場について，4.2 節の（解 2）を応用することを試みる．そのために，電子場の Fourier 展開の式（3.1 節　(1.6) 式）

$$\varphi(x) = \sum_k C(\boldsymbol{k}, t) f_{\boldsymbol{k}}(\boldsymbol{x}) \tag{3.1}$$

に戻ってみよう[*1]．この表示をとると，電子場の energy は（3.1 節　(1.23) 式）

$$H = \sum_{\boldsymbol{k}} \hbar\omega(k) C^{\dagger}(\boldsymbol{k}, t) C(\boldsymbol{k}, t) \tag{3.2}$$

である．そして，(3.2 節　(2.1) 式) によって，各波数 $\boldsymbol{k}$ につき，

$$C^{\dagger}(\boldsymbol{k}, t) C(\boldsymbol{k}, t) = n \qquad n = 0, 1 \tag{3.3}$$

でなければならない．

いま，(3.2)(3.3) と，(4.2 節　(2.27)(2.37) 式) を比較する．すると，ここに出てきた $C(\boldsymbol{k}, t)$ と 4.2 節の C を同一視することにより，まさに各 $\boldsymbol{k}$ について，$C^{\dagger}(\boldsymbol{k}, t) C(\boldsymbol{k}, t)$ の**固有値**が 0 および 1 となり，(3.3) の条件が固有値として満たされることがわかる．

したがって，電子場の $C(\boldsymbol{k}, t)$ を，今までは勝手に交換する普通の関数と見なしてきたが，これをやめて，各波数 $\boldsymbol{k}$ につき，4.2 節と同様の代数を仮定すると，好都合であろう．こうして，場の量に関するすべての演算が矛盾のないように行われるならば，少なくとも第 1 歩の成功ということができる．そのために，すべての波数 $\boldsymbol{k}$ で (2.26) を仮定しよう．すなわち $C(\boldsymbol{k}, t)$ は

$$\{C(\boldsymbol{k}, t), C^{\dagger}(\boldsymbol{k}, t)\} = 1 \tag{3.4a}$$

$$\{C(\boldsymbol{k}, t), C(\boldsymbol{k}, t)\} = \{C^{\dagger}(\boldsymbol{k}, t), C^{\dagger}(\boldsymbol{k}, t)\} = 0 \tag{3.4b}$$

を満たす operator としよう．ただし，これではまだ異なった波数 vector をもった operator の間の演算が定義されていないから，まだ数学的に不完全である[*2]．そこで，互いに相異なった波数 vector $\boldsymbol{k} \neq \boldsymbol{k}'$ をもった 2 つの C（および $C^{\dagger}$）はつねに反交換する

[*1] しばらくの間，電子が spin をもっていることは忘れよう．

[*2] 相異なった時刻の operator の間の演算規則は別に与える必要はない．それは運動方程式がめんどうをみてくれる．

という要請を（3.4）に付加しよう*．この要請と（3.4）をいっしょにすると，すべての $\boldsymbol{k}$ と $\boldsymbol{k}'$ について

$$\{C(\boldsymbol{k}, t), C^{\dagger}(\boldsymbol{k}', t)\} = \delta_{\boldsymbol{k},\boldsymbol{k}'} \tag{3.5a}$$

$$\{C(\boldsymbol{k}, t), C(\boldsymbol{k}', t)\} = \{C^{\dagger}(\boldsymbol{k}', t), C^{\dagger}(\boldsymbol{k}, t)\} = 0 \tag{3.5b}$$

となる．ここに，$\delta_{\boldsymbol{k},\boldsymbol{k}'}$ は Kronecker の delta であって，$\boldsymbol{k}$ と $\boldsymbol{k}'$ が vector として同一のときは 1，そうでなければ 0 である．

同時刻における反交換関係 $C(\boldsymbol{k}, t)$ がこのような演算規則に従うものである場合，電子場は（3.1）を用いて，反交換関係

$$\begin{aligned}\{\varphi(\boldsymbol{x}, t),\ \varphi^{\dagger}(\boldsymbol{x}', t)\} &= \textstyle\sum_{\boldsymbol{k},\boldsymbol{k}'}\{C(\boldsymbol{k}, t),\ C^{\dagger}(\boldsymbol{k}', t)\}f_{\boldsymbol{k}}(\boldsymbol{x})f^{*}_{\boldsymbol{k}'}(\boldsymbol{x}')\\ &= \textstyle\sum_{\boldsymbol{k}} f_{\boldsymbol{k}}(\boldsymbol{x})f^{*}_{\boldsymbol{k}}(\boldsymbol{x}') = \delta(\boldsymbol{x} - \boldsymbol{x}')\end{aligned} \tag{3.6a}$$

および

$$\{\varphi(\boldsymbol{x}, t), \varphi(\boldsymbol{x}', t)\} = \{\varphi^{\dagger}(\boldsymbol{x}, t), \varphi^{\dagger}(\boldsymbol{x}', t)\} = 0 \tag{3.6b}$$

を満たすことになる．（3.6a）を導く最後の段階では，関数系 $f_{\boldsymbol{k}}(\boldsymbol{x})$ の完全性の条件

$$\textstyle\sum_{\boldsymbol{k}} f_{\boldsymbol{k}}(\boldsymbol{x})f^{*}_{\boldsymbol{k}}(\boldsymbol{x}') = \delta(\boldsymbol{x} - \boldsymbol{x}') \tag{3.7}$$

を用いた．こうして，電子場 $\varphi(x)$ はもはや c-数ではなく，（3.6）を満たす q-数場である．これは**量子化された電子場**（quantized electron field）とよばれ，以下，古典場と区別するために，q-数の量には ^ をつける．

注 意

場の量の同時刻における反交換関係（3.6a）の右辺には，Dirac の delta 関数が出ている．これは，$f_{\boldsymbol{k}}(\boldsymbol{x})$ の完全性（3.7）の表れである．したがって，もし $\varphi(x)$ の展開（3.1）において，ある波数のものが抜けたりしていると，（3.6a）の右辺は delta 関数にならない．この delta 関数は，後で話す場の理論の深刻な困難の原因につながることになる．だからといって，簡単に delta 関数を別のもっと正常な関数で置き換えることはむずかしいのである．そうすることは（3.1）の展開の完全性と矛盾するからである．

4.3.2 場の運動方程式

このように，電子場を量子化しても電子場の波動方程式はそのまま成り立つ．たとえば，相互作用していない場は，

$$\left[i\hbar\frac{\partial}{\partial t} + \frac{\hbar^2}{2m}\nabla^2\right]\hat{\varphi}(x) = 0 \tag{3.8}$$

を満たしている．量子化された電子場の Hamiltonian は，（3.1 節 （1.28）式）により

* これと異なった要請をしても構わないが，それは固有値（3.3）を乱したり，以後の計算が特に複雑になったりしては何もならない．できるだけ簡単にして話を進め，必要なら改良していくのが常套手段である．

$$\hat{H}_0 = \int d^3x \left(\frac{\hbar^2}{2m}\right) \boldsymbol{\nabla}\hat{\varphi}^\dagger(x)\cdot\boldsymbol{\nabla}\hat{\varphi}^\dagger(x) \tag{3.9}$$

である．事実，反交換関係（3.6）を用いると，場の量についての Heisenberg の運動方程式

$$i\hbar\frac{\partial}{\partial t}\hat{\varphi}(x) = [\hat{\varphi}(x), \hat{H}_0] \tag{3.10}$$

は（3.8）と一致している．計算はやさしいから，自ら確かめてほしい．ただし，（3.10）の交換関係をとるとき，恒等式

$$[A, BC] = \{A, B\}\, C - B\,\{A, C\} \tag{3.11}$$

を用いる．（3.10）は，古典場の解析力学における式

$$\frac{\partial}{\partial t}\varphi(x) = [\varphi(x), H]_c \tag{3.12}$$

とよく似ていることに注意しよう*.

異なった時刻における反交換関係　電子場が，波動方程式（3.8）を満たす場合には，任意の時刻の間の電子場の反交換関係を書き出すこともできる．これは次のように行う．まず（3.8）により，時間依存性を分離すると，

$$\begin{aligned}\hat{\varphi}(x) &= \textstyle\sum_{\boldsymbol{k}}\hat{C}(\boldsymbol{k},\ t)f_{\boldsymbol{k}}(\boldsymbol{x})\\ &= \textstyle\sum_{\boldsymbol{k}}\hat{C}(\boldsymbol{k}, 0)e^{-i\omega(k)t}f_{\boldsymbol{k}}(\boldsymbol{x})\end{aligned} \tag{3.13}$$

である．ただし，

$$\omega(k) \equiv (\hbar\boldsymbol{k}^2/2m) \tag{3.14}$$

で，これは（3.13）を（3.8）に代入してみれば確かめられる．したがって，

$$\begin{aligned}\{\hat{\varphi}(x), \hat{\varphi}^\dagger(x')\} &= \textstyle\sum_{\boldsymbol{k},\boldsymbol{k}'}\{\hat{C}(\boldsymbol{k},0), \hat{C}^\dagger(\boldsymbol{k}',0)\}e^{-i\omega(k)t}e^{i\omega(k')t'}f_{\boldsymbol{k}}(\boldsymbol{x})f^*_{\boldsymbol{k}'}(\boldsymbol{x}')\\ &= \frac{1}{V}\textstyle\sum_{\boldsymbol{k}}e^{i\boldsymbol{k}\cdot(\boldsymbol{x}-\boldsymbol{x}')}e^{-i\omega(k)(t-t')}\end{aligned} \tag{3.15}$$

$$\equiv D_S(\boldsymbol{x} - \boldsymbol{x}', t - t') \tag{3.16}$$

となる．$\hat{\varphi}(x)$ と $\hat{\varphi}(x')$, $\hat{\varphi}^\dagger(x)$ と $\hat{\varphi}^\dagger(x')$ は相変わらず反交換する．

この関係（3.16）を導いた場合，方程式（3.8）を用いたから，この方程式を満たさないような電子場は（3.16）を満たさないが，もとの同時刻における関係はいつでも成り立つことを注意しておく．もちろんそのような場合には，Hamiltonian $\hat{H}$ は，（3.9）のままではなくて，電子場の相互作用によって変更を受ける．たとえば電子場が電磁場と相互作用しているときは，これに minimal な電磁相互作用を導入し，

* $[\ ,\ ]_c$ は Poisson 括弧.

$$\hat{H}=\int d^3x\left\{\frac{\hbar^2}{2m}\left(\boldsymbol{\nabla}+i\frac{e}{\hbar c}\hat{\mathbf{A}}(x)\right)\hat{\varphi}^\dagger(x)\cdot\left(\nabla-i\frac{e}{\hbar c}\hat{\mathbf{A}}(x)\right)\hat{\varphi}(x)\right.$$
$$\left.+e\hat{\varphi}^\dagger(x)\hat{\varphi}(x)\hat{A}_0(x)\right\} \tag{3.17}$$

とする．ただしここで，$\hat{\mathbf{A}}(x)$ や $\hat{A}_0(x)$ も 4.4 節，4.5 節で議論するように量子化された電磁場である．(3.17) と反交換関係 (3.6) を用い，Heisenberg の運動方程式から，電磁相互作用をする電子場の方程式 (3.2 節　(2.7) 式) が導かれることも自ら試してほしい．このとき，電子場と電磁場は勝手に交換してもよい．

4.3.3 量子化された電子場と量子力学

ここでは天下りの計算規則を与えたくなかったので，だいぶ遠まわりをして電子場を量子化したが，話をまとめると次のようになっている．まず「電子場」とは何か．——すなわち，われわれが電子を扱っているのか，陽子を扱っているのか，中間子を扱っているのかを指定する方程式が必要である．また電子場がほかの場とどのような相互作用をしているのかという問題がある．

このことは後で考えることにし，まず自由な電子場として，量子力学に出てきた Schrödinger 方程式

表 1

	量子力学	量子化された電子場の理論
力学変数	$\hat{\boldsymbol{x}}(t)$, $\hat{\boldsymbol{p}}(t)$	$\hat{\varphi}(x)$, $\hat{\varphi}^\dagger(x)$
交換関係	$[\hat{p}_i(t), \hat{x}_j(t)]=-i\hbar\delta_{ij}$ $[\hat{p}_i(t), \hat{p}_j(t)]=0$ $[\hat{x}_i(t), \hat{x}_j(t)]=0$	$\{\hat{\varphi}(\boldsymbol{x},t), \hat{\varphi}^\dagger(\boldsymbol{x}',t)\}=\delta(\boldsymbol{x}-\boldsymbol{x}')$ $\{\hat{\varphi}(\boldsymbol{x},t), \hat{\varphi}(\boldsymbol{x}',t)\}=0$ $\{\hat{\varphi}^\dagger(\boldsymbol{x},t), \hat{\varphi}^\dagger(\boldsymbol{x}',t)\}=0$
相互作用のない電子の運動方程式	$\dot{\hat{x}}_i(t)=\hat{p}_i(t)/m$ $\dot{\hat{p}}_i(t)=0$	$i\hbar\frac{\partial}{\partial t}\hat{\varphi}(x)=-(\hbar^2/2m)\nabla^2\hat{\varphi}(x)$ $-i\hbar\frac{\partial}{\partial t}\hat{\varphi}^\dagger(x)=-(\hbar^2/2m)\nabla^2\hat{\varphi}^\dagger(x)$
Hamiltonian	$\hat{H}_0=\hat{\boldsymbol{p}}^2(t)/2m$	$\hat{H}_0=\int d^3x(\hbar^2/2m)\boldsymbol{\nabla}\hat{\varphi}^\dagger(x)\cdot\boldsymbol{\nabla}\hat{\varphi}(x)$
Heisenberg の運動方程式	$i\hbar\dot{\hat{p}}_i(t)=[\hat{p}_i(t), \hat{H}_0]$ $i\hbar\dot{\hat{x}}_i(t)=[\hat{x}_i(t), \hat{H}_0]$	$i\hbar\frac{\partial}{\partial t}\hat{\varphi}(x)=[\hat{\varphi}(x), \hat{H}_0]$ $i\hbar\frac{\partial}{\partial t}\hat{\varphi}^\dagger(x)=[\hat{\varphi}^\dagger(x), \hat{H}_0]$
状態 vector	ψ	Φ
Heisenberg 描像における状態 vector の方程式	$\frac{d\psi}{dt}=0$	$\frac{d\Phi}{dt}=0$
Schrödinger 描像における状態 vector の方程式	$i\hbar\frac{\partial}{\partial t}\psi(x)=\hat{H}_0\psi(x)$	$i\hbar\frac{d}{dt}\Phi(t)=\hat{H}_0\Phi(t)$
状態 vector の規格化	$<\psi, \psi>=1$	$<\Phi, \Phi>=1$

表2

Coulomb gauge において量子化された電磁場の理論	量子化された Klein-Gordon 場（実数）の理論
$\hat{\boldsymbol{A}}(x)$, $\hat{\boldsymbol{E}}(x)$, $\nabla\cdot\hat{\boldsymbol{A}}(x)=0$	$\hat{\phi}(x)$, $\hat{\pi}(x)$
$[\hat{E}_i(\boldsymbol{x},t),\hat{A}_j(\boldsymbol{x}',t)]=4\pi i\hbar c\times\left(\delta_{ij}-\partial_i\frac{1}{\nabla^2}\partial_j\right)\delta(\boldsymbol{x}-\boldsymbol{x}')$	$[\hat{\pi}(\boldsymbol{x},t),\hat{\phi}(\boldsymbol{x}',t)]=-i\hbar\delta(\boldsymbol{x}-\boldsymbol{x}')$
$[\hat{A}_i(\boldsymbol{x},t),\hat{A}_j(\boldsymbol{x}',t)]=0$ $[E_i(\boldsymbol{x},t),E_j(\boldsymbol{x}',t)]=0$	$[\hat{\phi}(\boldsymbol{x},t),\hat{\phi}(\boldsymbol{x}',t)]=0$ $[\hat{\pi}(\boldsymbol{x},t),\hat{\pi}(\boldsymbol{x}',t)]=0$
$\dot{\hat{A}}_i(x)=-c\hat{E}_i(x)$ $\dot{\hat{E}}_i(x)=-c\nabla^2\hat{A}_i(x)$	$\dot{\hat{\phi}}(x)=c^2\hat{\pi}(x)$ $\dot{\hat{\pi}}(x)=(\nabla^2-\kappa^2)\hat{\phi}(x)$
$\hat{H}_0=\frac{1}{8\pi}\int d^3x\{\hat{\boldsymbol{E}}^2(x)+\hat{\boldsymbol{H}}^2(x)\}$	$\hat{H}_0=\frac{1}{2}\int d^3x\{\hat{\pi}(x)\hat{\pi}(x)c^2+\boldsymbol{\nabla}\hat{\phi}(x)\cdot\boldsymbol{\nabla}\hat{\phi}(x)+\kappa^2\hat{\phi}(x)\hat{\phi}(x)\}$
$i\hbar\dot{\hat{A}}_i(x)=[\hat{A}_i(x),\hat{H}_0]$ $i\hbar\dot{\hat{E}}_i(x)=[\hat{E}_i(x),\hat{H}_0]$	$i\hbar\dot{\hat{\phi}}(x)=[\hat{\phi}(x),\hat{H}_0]$ $i\hbar\dot{\hat{\pi}}(x)=[\hat{\pi}(x),\hat{H}_0]$
$\boldsymbol{\Phi}$	$\boldsymbol{\Phi}$
$\frac{d\boldsymbol{\Phi}}{dt}=0$	$\frac{d\boldsymbol{\Phi}}{dt}=0$
$i\hbar\frac{d}{dt}\boldsymbol{\Phi}(t)=\hat{H}_0\boldsymbol{\Phi}(t)$	$i\hbar\frac{d}{dt}\boldsymbol{\Phi}(t)=\hat{H}_0\boldsymbol{\Phi}(t)$
$<\boldsymbol{\Phi},\boldsymbol{\Phi}>=1$	$<\boldsymbol{\Phi},\boldsymbol{\Phi}>=1$

$$i\hbar\frac{\partial}{\partial t}\hat{\varphi}(x)=-(\hbar^2/2m)\nabla^2\hat{\varphi}(x) \tag{3.18}$$

をとる．ただし m は電子の質量であり，この $\hat{\varphi}(x)$ は量子力学における状態関数ではなくて，弾性体や，電磁場に関する Maxwell の方程式と同格な 4 次元空間における場の方程式（3.18）を満たすような場の量である．これを量子力学化する場合，$\hat{\varphi}(x)$ を状態関数としないで，粒子力学における $\boldsymbol{x}$ や $\boldsymbol{p}$ と同格な，力学変数とみる．普通の量子力学では，$\boldsymbol{x}$ や $\boldsymbol{p}$ は operator であり，それらが働く被 operator として，状態 vector（Hilbert 空間における vector）ψ を考えた．（3.1）の場合は，$\hat{\varphi}(x)$ は同時刻における反交換関係

$$\{\hat{\varphi}(\boldsymbol{x},t),\ \hat{\varphi}^\dagger(\boldsymbol{x}',t)\}=\delta(\boldsymbol{x}-\boldsymbol{x}') \tag{3.19a}$$

$$\{\hat{\varphi}(\boldsymbol{x},t),\ \hat{\varphi}(\boldsymbol{x}',t)\}=\{\hat{\varphi}^\dagger(\boldsymbol{x},t),\ \hat{\varphi}^\dagger(\boldsymbol{x}',t)\}=0 \tag{3.19b}$$

を満たす operator であり，これらの operator が働きかける被 operator として，別に状態 vector $\boldsymbol{\Phi}$ を導入する．場の量 $\hat{\varphi}(x)$ の中に現れる x は，単なる空間時間を表す数で，量子力学的な力学変数ではなく，むしろ力学変数 $\hat{\varphi}$ の（連続的な）label である．すなわち，電子場の量子論は，x によって label をつけられた無限の自由度をもった系の量子力学だと言ってよい．通常の量子力学との対応をまとめてみると，表 1 のようになる．この表

を眺めて，通常の量子力学との対応をよく考えてみると，量子化された電子場の理論の物理的意味を知るにはどうしたらよいか，ほかの場，たとえば電磁場や，Klein-Gordon の場や，弾性体中の変位の場を量子力学的に扱うにはどうしたらよいか，電子場とほかの場との相互作用を扱うには今までのことをどのように拡張したらよいか，などの問題について，ある程度の見当がつくであろう．できるだけ量子力学の手法に沿って考えていけばよい（表2については 4.4.2 項，4.5.1 項を見よ）．

4.3.4 量子化された電子場の物理的意味

まず，量子化された電子場（以下，いちいち「量子化された」と言わないことにする．電子場といえば量子化された電子場を意味する）の系の Hamiltonian (3.9) の固有値を求めてみよう．実は，この計算はすでに済んでいるのである．それを見るには，(3.1) の展開を，Hamiltonian (3.9) に代入し，第3章の計算を逆にたどり，$f_{\boldsymbol{k}}(\boldsymbol{x})$ の規格化直交条件（2.4 節 (4.6) 式）を用いると，(3.2)

$$\hat{H}_0 = \sum_k \hbar\omega(k)\hat{C}^\dagger(\boldsymbol{k}, t)\hat{C}(\boldsymbol{k}, t) = \sum_k \hbar\omega(k)\hat{C}^\dagger(\boldsymbol{k}, 0)\hat{C}(\boldsymbol{k}, 0) \tag{3.20}$$

が得られる．ここで，

$$\hbar\omega(k) = \hbar^2\boldsymbol{k}^2/2m \tag{3.21}$$

であって，この形は，Hamiltonian が (3.9) の形をしていたことの直接の反映である．この関係は，運動量

$$\boldsymbol{p} = \hbar\boldsymbol{k} \tag{3.22}$$

と，energy

$$E = \boldsymbol{p}^2/2m = \hbar\omega(k) \tag{3.23}$$

をもった電子の関係である．そして (3.20) では，$\hat{H}_0$ の固有値が

$$E = \sum_k \hbar\omega(k)n(\boldsymbol{k}) \tag{3.24}$$

それに属する状態 vector は

$$\Phi = \Pi_k \{\hat{C}^\dagger(\boldsymbol{k}, 0)\}^{n(\boldsymbol{k})}|0> \tag{3.25}$$

である．ただしここで，$n(\boldsymbol{k})$ は各波数 $\boldsymbol{k}$ について 0 または 1 をとる数で，(3.24) (3.25) の和や積は，すべての可能な波数 $\boldsymbol{k}$ について行う．また，$|0>$は，電子の1つもない真空状態で

$$\hat{C}(\boldsymbol{k})|0> = 0 \tag{3.26a}$$

$$<0|0> = 1 \tag{2.26b}$$

を満たすものである．たとえば，すべての $n(\boldsymbol{k})$ が 0 ならば，(3.25) は

$$\Phi_0 = |0> \tag{3.27}$$

したがって，(3.26) により，

$$\hat{H}_0\Phi_0 = 0 \tag{3.28}$$

すなわち，energy の固有値は 0 である．また，

$$n(\boldsymbol{k}_1) = 1 \tag{3.29a}$$

$$n(\boldsymbol{k}) = 0 \quad \boldsymbol{k} \neq \boldsymbol{k}_1 \tag{3.29b}$$

なら，状態 vector (3.25) は

$$\Phi(\boldsymbol{k}_1) = \hat{C}^{\dagger}(\boldsymbol{k}_1, 0)\,|0> \tag{3.30}$$

したがって，

$$\hat{H}_0\Phi(\boldsymbol{k}_1) = \sum_k \hbar\omega(k)\hat{C}^{\dagger}(\boldsymbol{k}, 0)\hat{C}(\boldsymbol{k}, 0)\hat{C}^{\dagger}(\boldsymbol{k}_1, 0)\,|0> \tag{3.31a}$$

$$= \sum_k \hbar\omega(k)\hat{C}^{\dagger}(\boldsymbol{k}, 0)\{-\hat{C}^{\dagger}(\boldsymbol{k}_1, 0)\hat{C}(\boldsymbol{k}, 0) + \delta_{\boldsymbol{k}, \boldsymbol{k}_1}\}\,|0>$$

$$= \hbar\omega(k_1)\hat{C}^{\dagger}(\boldsymbol{k}_1, 0)\,|0> \tag{3.31b}$$

$$= \hbar\omega(k_1)\Phi(\boldsymbol{k}_1) \tag{3.31c}$$

となる．(3.31a) から (3.31b) へいくとき，真空の条件 (3.26a) を用いた．こうして状態 $\Phi(\boldsymbol{k}_1)$ は energy 固有値 $\hbar\omega(k_1)$ をもつ．すなわち，energy $\hbar\omega(k_1)$ をもった電子が 1 つあるということである．

次に，状態 vector

$$\Phi(\boldsymbol{k}_1, \boldsymbol{k}_2) = \hat{C}^{\dagger}(\boldsymbol{k}_1, 0)\hat{C}^{\dagger}(\boldsymbol{k}_2, 0)\,|0> \tag{3.32}$$

を考えよう．すぐわかることは，(3.4b) により，

$$\boldsymbol{k}_1 = \boldsymbol{k}_2 \tag{3.33a}$$

ならば

$$\Phi(\boldsymbol{k}_1, \boldsymbol{k}_1) = 0 \tag{3.33b}$$

となることである．したがって，2 つの電子は同じ波数 vector をもつことはできない．これが Pauli の排他律の表現である．反交換関係 (3.5b) によると，

$$\Phi(\boldsymbol{k}_1, \boldsymbol{k}_2) = -\,\Phi(\boldsymbol{k}_2, \boldsymbol{k}_1) \tag{3.34}$$

が一般に成り立つ．これは量子力学において学んだ事実，つまり Fermi-Dirac の統計に従う粒子の波動関数は反対称であるということの表現である．そして，反交換関係 (3.5) および真空の条件 (3.26a) を用いると，

$$\hat{H}_0\Phi(\boldsymbol{k}_1, \boldsymbol{k}_2) = (\hbar\omega(k_1) + \hbar\omega(k_2))\Phi(\boldsymbol{k}_1, \boldsymbol{k}_2) \tag{3.35}$$

$$(\boldsymbol{k}_1 \neq \boldsymbol{k}_2)$$

が導かれる．これは，状態 $\Phi(\boldsymbol{k}_1,\ \boldsymbol{k}_2)$ には，それぞれ energy $\hbar\omega(k_1)$ と $\hbar\omega(k_2)$ をもった 2 つの電子が存在するということである．

以下同様に，状態 (N はいくら大きくても構わない)

$$\Phi(\boldsymbol{k}_1, \boldsymbol{k}_2, \cdots, \boldsymbol{k}_N) = \hat{C}^{\dagger}(\boldsymbol{k}_1, 0)\cdots\hat{C}^{\dagger}(\boldsymbol{k}_N, 0)\,|0> \tag{3.36}$$

は，すべての波数 $\boldsymbol{k}_1\cdots\boldsymbol{k}_N$ に対して反対称であり（すなわち $\boldsymbol{k}_1\cdots\boldsymbol{k}_N$ はすべて異なっていなければならない)，energy 固有値

$$E_N = \hbar\omega(k_1) + \hbar\omega(k_2) + \cdots + \hbar\omega(k_N) \tag{3.37}$$

をもつことが証明できる（これらは，反交換関係 (3.5a) と，真空の条件 (3.26a) だけ

から言える). したがって, 状態 (3.36) は (すべて異なる) energy $\hbar\omega(k_1)\cdots\hbar\omega(k_N)$ をもった N 個の電子のある状態であると言える.

第3章で導入した電子場の運動量 (3.1節 (1.33) 式) についても, まったく同様の議論をあてはめることができる. すなわち,

$$\hat{\boldsymbol{P}} = \frac{1}{2}\int d^3x \frac{\hbar}{i}\{\hat{\varphi}^\dagger(x)\boldsymbol{\nabla}\hat{\varphi}(x) - \boldsymbol{\nabla}\hat{\varphi}^\dagger(x)\cdot\hat{\varphi}(x)\} \tag{3.38a}$$

$$= \sum_{\boldsymbol{k}} \hbar\boldsymbol{k}\hat{C}^\dagger(\boldsymbol{k}, t)\hat{C}(\boldsymbol{k}, t) \tag{3.38b}$$

$$= \sum_{\boldsymbol{k}} \hbar\boldsymbol{k}\hat{C}^\dagger(\boldsymbol{k}, 0)\hat{C}(\boldsymbol{k}, 0) \tag{3.38c}$$

である. (3.38a) から (3.38b) へは, (3.1) および $f_{\boldsymbol{k}}(\boldsymbol{x})$ の規格直交条件を用いただけ, (3.38b) から (3.38c) への変形は, それが時間によらないことを用いたまでである. そして

$$\hat{\boldsymbol{P}}\Phi_0 = 0 \tag{3.39}$$

$$\hat{\boldsymbol{P}}\Phi(\boldsymbol{k}_1) = \hbar\boldsymbol{k}_1\Phi(\boldsymbol{k}_1) \tag{3.40}$$

$$\hat{\boldsymbol{P}}\Phi(\boldsymbol{k}_1, \boldsymbol{k}_2) = (\hbar\boldsymbol{k}_1 + \hbar\boldsymbol{k}_2)\Phi(\boldsymbol{k}_1, \boldsymbol{k}_2) \tag{3.41}$$

$$\hat{\boldsymbol{P}}\Phi(\boldsymbol{k}_1, \cdots, \boldsymbol{k}_N) = (\hbar\boldsymbol{k}_1 + \cdots + \hbar\boldsymbol{k}_N)\Phi(\boldsymbol{k}_1, \cdots, \boldsymbol{k}_N) \tag{3.42}$$

が成り立つ. 解釈は energy のときとまったく同様で, $\boldsymbol{\Phi}(\boldsymbol{k}_1, \cdots, \boldsymbol{k}_N)$ は運動量 $\boldsymbol{p}_1 \equiv \hbar\boldsymbol{k}_1, \cdots, \boldsymbol{p}_N \equiv \hbar\boldsymbol{k}_N$ をもった N 個の電子の存在する状態であるということになる. したがって, $\boldsymbol{\Phi}(\boldsymbol{k}_1, \cdots, \boldsymbol{k}_N)$ とは, 運動量 $\hbar\boldsymbol{k}_1$, energy $\hbar\omega(k_1)$, …, 運動量 $\hbar\boldsymbol{k}_N$, energy $\hbar\omega(k_N)$ をもった N 個の電子の存在する状態である.

注　意

① ここで見たように, あらっぽく言うと, 電子の波としての性質は直交関数系 $f_{\boldsymbol{k}}(\boldsymbol{x})$ のほうに, また粒子としての性質は展開係数つまり振幅 $C(\boldsymbol{k}, t)$ のほうの operator としての性質に分かれている.

② ここで, N は0または正の整数ならば何でもよい. 言い換えると, 電子場の量子力学にはたった1つの電子ではなく, 0から無限個までのすべての電子状態が含まれていることになる. これで前に心配した自由度の問題が無理もなく理解されるであろう. すなわち, 場の理論がもっている無限の自由度というのは, 第1には電子がどんな波数でもとれるということ, 第2には電子が (Fermi-Dirac の統計と矛盾しないかぎり) いくつでも存在しうるということに反映しているわけである.

③ 状態 $\boldsymbol{\Phi}(\boldsymbol{k}_1, \boldsymbol{k}_2)$ を考えた際, operator の順序として

$$\boldsymbol{\Phi}(\boldsymbol{k}_1, \boldsymbol{k}_2) = \hat{C}^\dagger(\boldsymbol{k}_1, 0)\hat{C}^\dagger(\boldsymbol{k}_2, 0)\,|0> \tag{3.43}$$

ととったが, $\hat{C}^\dagger(\boldsymbol{k}, 0)$ は反交換関係を満たしているので, 状態 $\boldsymbol{\Phi}(\boldsymbol{k}_2, \boldsymbol{k}_1)$ とは符号だけ異なる. しかし, $\boldsymbol{\Phi}(\boldsymbol{k}_2, \boldsymbol{k}_1)$ は新しい量子状態ではなく, $\boldsymbol{\Phi}(\boldsymbol{k}_1, \boldsymbol{k}_2)$ と同じものである.

どちらか一方の順序に決めておいて，それと，その helmite conjugate で計算を進めればよい．$\boldsymbol{\Phi}(\boldsymbol{k}_1, \cdots, \boldsymbol{k}_N)$ についても同じことが言える．

4.3.5 電子の発生消滅

以上は自由な電子場の取り扱いだが，実際には電子が光を放出したり吸収したりする相互作用までうまく取り扱えないと物理学にならない．また，電子のもつ spin や電荷をどう扱うかも問題である．このような問題はゆっくり後で考えることにし，ここで導入した operator $\hat{C}(\boldsymbol{k}, 0)$ や $\hat{C}^\dagger(\boldsymbol{k}, 0)$ などの物理的な役割をもう少し議論しよう．以下，$\hat{C}(\boldsymbol{k}, 0)$ や $\hat{C}^\dagger(\boldsymbol{k}, 0)$ を単に $\hat{C}(\boldsymbol{k})$ および $\hat{C}^\dagger(\boldsymbol{k})$ と書くことにする．$\hat{C}(\boldsymbol{k})$ は波数 $\boldsymbol{k}$ をもった電子を 1 個消す役割をし，$\hat{C}^\dagger(\boldsymbol{k})$ のほうは，波数 $\boldsymbol{k}$ をもった電子を（Fermi-Dirac 統計に矛盾しないように）1 個増やす役割をする operator で，それぞれ**消滅演算子**（annihilation operator），**発生演算子**（creation operator）とよばれる．このことを見るためには，(3.4)～(3.5) の議論を思い出せばよい．たとえば，1 電子状態 $\boldsymbol{\Phi}(\boldsymbol{k}_1)$ に $\hat{C}(\boldsymbol{k})$ をかけると，

$$
\begin{aligned}
\hat{C}(\boldsymbol{k})\boldsymbol{\Phi}(\boldsymbol{k}_1) &= \hat{C}(\boldsymbol{k})\hat{C}^\dagger(\boldsymbol{k}_1)\,|0> \\
&= -\hat{C}^\dagger(\boldsymbol{k}_1)\hat{C}(\boldsymbol{k})\,|0> + \delta_{\boldsymbol{k},\boldsymbol{k}_1}|0> \\
&= \delta_{\boldsymbol{k},\boldsymbol{k}_1}\boldsymbol{\Phi}_0
\end{aligned}
\tag{3.44}
$$

が得られる．言葉で言うと，波数 $\boldsymbol{k}_1$ をもった電子の状態に $\hat{C}(\boldsymbol{k})$ をかけると，$\boldsymbol{k} = \boldsymbol{k}_1$ のときは，電子の 1 個もない真空状態 $\boldsymbol{\Phi}_0$ になる．$\boldsymbol{k} \neq \boldsymbol{k}_1$ ならば (3.44) の右辺は 0，すなわちそんな状態はないということである．一方，$\hat{C}^\dagger(\boldsymbol{k})$ をかけると，

$$
\hat{C}^\dagger(\boldsymbol{k})\boldsymbol{\Phi}(\boldsymbol{k}_1) = \hat{C}^\dagger(\boldsymbol{k})\hat{C}^\dagger(\boldsymbol{k}_1)\,|0> = \boldsymbol{\Phi}(\boldsymbol{k}, \boldsymbol{k}_1) \tag{3.45}
$$

である．これは，波数 $\boldsymbol{k}_1$ をもった 1 電子の状態に，$\hat{C}^\dagger(\boldsymbol{k})$ をかけると，波数 $\boldsymbol{k}$ と $\boldsymbol{k}_1$ をもった 2 電子状態に移ることを示す．ただし，$\boldsymbol{k} = \boldsymbol{k}_1$ だと，$\boldsymbol{\Phi}(\boldsymbol{k}, \boldsymbol{k}_1)$ は，反交換関係 (3.5a) によって 0 となる．すなわち，波数 $\boldsymbol{k}_1$ をもった 2 個の電子が共存する状態はありえないということになる．一般に

$$
\hat{C}^\dagger(\boldsymbol{k})\boldsymbol{\Phi}(\boldsymbol{k}_1, \cdots, \boldsymbol{k}_N) = \boldsymbol{\Phi}(\boldsymbol{k}, \boldsymbol{k}_1, \cdots, \boldsymbol{k}_N) \tag{3.46}
$$

が成り立ち，$\hat{C}^\dagger(\boldsymbol{k})$ はつねに状態 $\boldsymbol{\Phi}(\boldsymbol{k}_1, \cdots, \boldsymbol{k}_N)$ を，それより 1 個だけ電子の多い状態 $\boldsymbol{\Phi}(\boldsymbol{k}, \boldsymbol{k}_1, \cdots, \boldsymbol{k}_N)$ に移す．その場合，$\boldsymbol{k}$ が $\boldsymbol{k}_1, \cdots, \boldsymbol{k}_N$ のどれかに等しい状態はありえない．

$\hat{C}(\boldsymbol{k})$ を $\boldsymbol{\Phi}(\boldsymbol{k}_1, \cdots, \boldsymbol{k}_N)$ にかけると，$\boldsymbol{k}$ が $\boldsymbol{k}_1, \cdots, \boldsymbol{k}_N$ のどれかに等しいときは，その等しい波数をもった電子を除いた $N-1$ 個を含む状態に変わる．また $\boldsymbol{k}$ が $\boldsymbol{k}_1, \cdots, \boldsymbol{k}_N$ のどれとも等しくなかったら，そのような状態はありえない．数式で書くと，

$$
\begin{aligned}
\hat{C}(\boldsymbol{k})\boldsymbol{\Phi}(\boldsymbol{k}_1, \cdots, \boldsymbol{k}_N) = \delta_{\boldsymbol{k},\boldsymbol{k}_1}\boldsymbol{\Phi}(\boldsymbol{k}_2, \boldsymbol{k}_3, \cdots, \boldsymbol{k}_N) - \delta_{\boldsymbol{k},\boldsymbol{k}_2}\boldsymbol{\Phi}(\boldsymbol{k}_1, \boldsymbol{k}_3, \cdots, \boldsymbol{k}_N) + \cdots \\
+ (-1)^{N-1}\boldsymbol{\Phi}(\boldsymbol{k}_1, \boldsymbol{k}_2, \cdots, \boldsymbol{k}_{N-1})
\end{aligned}
\tag{3.47}
$$

である．符号が互い違いに +，−，+，−，と出てくるのは，反交換関係による．$\boldsymbol{\Phi}(\boldsymbol{k}_1, \boldsymbol{k}_2)$ の場合に，左から $\hat{C}(\boldsymbol{k})$ をかけて，自ら試してほしい．

上の議論から，$\hat{C}(\boldsymbol{k})$ は，波数 $\boldsymbol{k}$ の電子を消し，$\hat{C}^{\dagger}(\boldsymbol{k})$ は波数 $\boldsymbol{k}$ の電子をFermi-Dirac統計に矛盾しないように発生する役割を果たすことがわかる．

もとの場の量 $\hat{\varphi}(x)$ に戻って言い換えると，$\hat{\varphi}(x)$ は点 $\boldsymbol{x}$ にある電子を消し，$\hat{\varphi}^{\dagger}(x)$ は点 $\boldsymbol{x}$ に電子を発生させるoperatorであると言える．この場合，反交換関係のために，Fermi-Dirac統計に矛盾しないようになっている．$\hat{\varphi}(x)$ や $\hat{\varphi}^{\dagger}(x)$ で話をするときは，もちろん電子の波数は指定できない（不確定性関係）．ここで消えたり発生したりする電子というのは，幾何学的な点 $\boldsymbol{x}$ に存在するものであり，点の関数としての場を考えるかぎり，電子の大きさなどというものを表現することはできない．そのような概念は点関数としての場の中には含まれていないのである．この点については，後で詳しく考察しよう．

$\hat{C}(\boldsymbol{k})$ や $\hat{\varphi}(x)$ を**消滅演算子**，$\hat{C}^{\dagger}(\boldsymbol{k})$ や $\hat{\varphi}^{\dagger}(x)$ を**発生演算子**と名づける．このようなoperatorを導入することによって，粒子性と波動性をもち，かつFermi-Diracの統計に従う不可解な電子というものを，数学的に表現することが可能になったわけである．

4.3.6　電子のspin

今まで，電子はspinをもっているという事実を無視してきた．基本的な考え方を，細かい計算規則にわずらわされずに理解するためにそうしたのであって，本質的なことではなかったということは，以下の議論からすぐわかると思う．

Spinを考慮するためには，(3.1) の展開のところまで戻らなければならない．電子場はこの場合，2成分をもったspinorで，

$$\hat{\varphi}(x) = \begin{bmatrix} \hat{\varphi}_1(x) \\ \hat{\varphi}_2(x) \end{bmatrix} \tag{3.48}$$

である．しかしこのような行列表示を使うよりも，いちいち $\hat{\varphi}_1$ や $\hat{\varphi}_2$ を問題にしたほうが混乱が少ないと思うから，それを $\hat{\varphi}_\alpha$ や $\hat{\varphi}_\beta$ と書こう．α や β は1と2をとるspinorの添字である．(3.1) と同じ展開をやると，その展開係数 $\hat{C}$ がspinorの足 α や β をもつから都合が悪い．ちょうど電磁場を2つの横波に分解したときのように，ここではspin行列 σ_3 の固有vector $u^{(\uparrow)}$ と $u^{(\downarrow)}$ をとる．すなわち

$$\sigma_3 u^{(\uparrow)} = u^{(\uparrow)} \tag{3.49a}$$

$$\sigma_3 u^{(\downarrow)} = -u^{(\downarrow)} \tag{3.49b}$$

詳しく書くと（Einsteinの添字に関する法則を用いて），

$$(\sigma_3)_{\alpha\beta} u_\beta^{(\uparrow)} = u_\alpha^{(\uparrow)} \tag{3.50a}$$

$$(\sigma_3)_{\alpha\beta} u_\beta^{(\downarrow)} = -u_\alpha^{(\downarrow)} \tag{3.50b}$$

で，$u^{(\uparrow)}$ と $u^{(\downarrow)}$ の両方で，規格化完全直交系を作る．すなわち

$$\textstyle\sum_{\alpha=1,2} u_\alpha^{(r)*} u_\alpha^{(s)} = \delta_{rs} \tag{3.51a}$$

$$\textstyle\sum_{r=\uparrow,\downarrow} u_\alpha^{(r)} u_\beta^{(r)*} = \delta_{\alpha\beta} \tag{3.51b}$$

が成り立つ．ただし，r，s は ↑ または ↓ である．これらの関係は，

$$\sigma_3 = \begin{bmatrix} 1 & 0 \\ 0 & -1 \end{bmatrix} \tag{3.52}$$

のときに成り立つ式

$$u^{(\uparrow)} = \begin{bmatrix} 1 \\ 0 \end{bmatrix} \tag{3.53a}$$

$$u^{(\downarrow)} = \begin{bmatrix} 0 \\ 1 \end{bmatrix} \tag{3.53b}$$

を用いると，容易に導き出すことができる．

以上のことを考慮すると，$f_{\boldsymbol{k}}(\boldsymbol{x})$ だけでは，完全系を成さず，$f_{\boldsymbol{k}}(\boldsymbol{x})$ の代わりに

$$f_{\boldsymbol{k}\alpha}{}^{(r)}(\boldsymbol{x}) \equiv f_{\boldsymbol{k}}(\boldsymbol{x})u_\alpha{}^{(r)} \tag{3.54}$$

を用いて $\hat{\varphi}_\alpha(x)$ を展開しなければならないことがわかる．このとき，$r = \uparrow, \downarrow$ に対応して，展開係数の数は，spin のないときの 2 倍になる．つまり，

$$\hat{\varphi}_\alpha(x) = \sum_{\boldsymbol{k}}\sum_{r=\uparrow,\downarrow}\hat{C}^{(r)}(\boldsymbol{k}, t)f_{\boldsymbol{k}\alpha}{}^{(r)}(\boldsymbol{x}) \tag{3.55}$$

と展開する．この $\hat{C}^{(r)}$ に対して，反交換関係を

$$\{\hat{C}^{(r)}(\boldsymbol{k}, t), \hat{C}^{(r')\dagger}(\boldsymbol{k}', t)\} = \delta_{rr'}\delta_{\boldsymbol{k},\boldsymbol{k}'} \tag{3.56a}$$

$$\{\hat{C}^{(r)}(\boldsymbol{k}, t), \hat{C}^{(r')}(\boldsymbol{k}', t)\} = 0 \tag{3.56b}$$

$$\{\hat{C}^{(r)\dagger}(\boldsymbol{k}, t), \hat{C}^{(r')\dagger}(\boldsymbol{k}', t)\} = 0 \tag{3.56c}$$

とおくと，前と同様にこれは，反交換関係

$$\{\hat{\varphi}_\alpha(\boldsymbol{x}, t), \hat{\varphi}_\beta^\dagger(\boldsymbol{x}', t)\} = \delta_{\alpha\beta}\delta(\boldsymbol{x} - \boldsymbol{x}') \tag{3.57a}$$

$$\{\hat{\varphi}_\alpha(\boldsymbol{x}, t), \hat{\varphi}_\beta(\boldsymbol{x}', t)\} = 0 \tag{3.57b}$$

$$\{\hat{\varphi}_\alpha^\dagger(\boldsymbol{x}, t), \hat{\varphi}_\beta^\dagger(\boldsymbol{x}', t)\} = 0 \tag{3.57c}$$

と同等であることがわかる．(3.56) から (3.57) に移行する場合，完全性の条件 (3.51b) (3.7) が満たされていないといけない．

さて，ここでは (3.56) と (3.57) を頭から仮定したが，これが正しいことは，やはり Heisenberg の運動方程式

$$i\hbar\frac{\partial}{\partial t}\hat{\varphi}_\alpha(x) = [\hat{\varphi}_\alpha(x), \hat{H}_0] \tag{3.58}$$

が

$$\hat{H}_0 = \frac{\hbar^2}{2m}\int d^3x \boldsymbol{\nabla}\hat{\varphi}_\alpha^\dagger(x)\cdot\boldsymbol{\nabla}\hat{\varphi}_\alpha(x) \tag{3.59}$$

とおいたときに，spin のある電子の方程式

$$i\hbar\frac{\partial}{\partial t}\hat{\varphi}_\alpha(x) = -(\hbar^2/2m)\nabla^2\hat{\varphi}_\alpha(x) \tag{3.60}$$

に一致することによって保証される（計算略）.

この場合，1 電子状態は

$$\Phi(\boldsymbol{k}_1, r_1) \equiv \hat{C}^{(r_1)\dagger}(\boldsymbol{k}_1)\,|0> \tag{3.61}$$

2 電子状態は

$$\Phi(\boldsymbol{k}_1, r_1\,;\,\boldsymbol{k}_2, r_2) = \hat{C}^{(r_1)\dagger}(\boldsymbol{k}_1)\hat{C}^{(r_2)\dagger}(\boldsymbol{k}_2)\,|0> \tag{3.62}$$

となる．(3.61) は，波数 $\boldsymbol{k}_1$，spin r_1 (= ↑，↓) をもった 1 電子の存在する状態である．それを見るために電子場の spin 全体を

$$\hat{\boldsymbol{S}} \equiv \frac{\hbar}{2}\int d^3x\hat{\varphi}_\alpha^\dagger(x)(\boldsymbol{\sigma})_{\alpha\beta}\hat{\varphi}_\beta(x) \tag{3.63}$$

で定義する*．このとき (3.55) を代入すると，第 3 成分は

$$\begin{aligned}\hat{S}_3 &= \frac{\hbar}{2}\sum_{\boldsymbol{k}}\sum_{r,r'}\{\hat{C}^{(r)\dagger}(\boldsymbol{k},t)\hat{C}^{(r')}(\boldsymbol{k},t)u_\alpha{}^{(r)*}(\boldsymbol{\sigma}_3)_{\alpha\beta}u_\beta{}^{(r')}\}\\ &= \frac{\hbar}{2}\sum_{\boldsymbol{k}}\{\hat{C}^{(\uparrow)\dagger}(\boldsymbol{k},t)\hat{C}^{(\uparrow)}(\boldsymbol{k},t) - \hat{C}^{(\downarrow)\dagger}(\boldsymbol{k},t)\hat{C}^{(\downarrow)}(\boldsymbol{k},t)\}\end{aligned} \tag{3.64}$$

となる．この計算で使ったのは，$f_{\boldsymbol{k}}(\boldsymbol{x})$ の規格直交条件，$u^{(r)}$ の性質 (3.49) (3.51) である．

この量 $\hat{S}_3$ は場のもつ spin 全体の第 3 成分で，電子が相互作用していると一般には保存しない．これに軌道角運動量を加えたもの全体が保存する（ただしここでは，電子場の相互作用を考えずに，場の方程式 (3.60) を採用しているから，$\hat{S}_3$ だけでも保存している．(3.63) の時間微分をとってみればよい)．そこで $t = 0$ とおくと，反交換関係を用いて，

$$\hat{S}_3\Phi(\boldsymbol{k}_1, \uparrow) = (\hbar/2)\Phi(\boldsymbol{k}_1, \uparrow) \tag{3.65a}$$

$$\hat{S}_3\Phi(\boldsymbol{k}_1, \downarrow) = -(\hbar/2)\Phi(\boldsymbol{k}_1, \downarrow) \tag{3.65b}$$

が得られる．したがって $\Phi(\boldsymbol{k}_1, \uparrow, \downarrow)$ は，波数 $\boldsymbol{k}_1$，spin↑，↓をもった 1 電子状態である．

このように，電子の spin を考慮に入れることは概念的には簡単なことだが，添字の数が増えて数式をやや複雑にするだけである．

注　意

ここでは，spin 状態の完全系を作るのに，σ_3 の固有 vector をとったが，ここの 3 とはいったい何か？　電子が第 3 方向がどれかを知っているはずはないので，これは電子とは無関係なものである．しかし電子の spin を測定する場合，それに磁場をかけてみなければならない．すると電子の spin は，その磁場に平行か反平行方向に向く．

---

* (3.2 節　(2.40) 式) を見よ．

電子に付随した量に対して平行か反平行状態をとりたかったら，spin $\boldsymbol{S}$ と，電子の波数 vector 方向の単位 vector との scalar 積（これを **helicity** という）をとって，それの固有 vector を求めればよい．この量もやはり固有値 $\hbar/2$ か $-\hbar/2$ をとる．

4.3.7 電子場の propagator

さて，spin をもった自由な電子場（3.60）が空間を伝播していく模様を，量子化された場の理論の言葉で考えてみよう．

ある時間空間の点 x から，点 x' へ電子の波が伝播するということは，点 x に電子が発生し，点 x' で消えるということで，数式でこれを表すと，

$$< 0 | \hat{\varphi}_\beta(x') \, \hat{\varphi}^\dagger_\alpha(x) | 0 > \tag{3.66}$$

である．$\hat{\varphi}^\dagger_\alpha(x)$ は点 x において電子が発生したことを表し，$\hat{\varphi}_\beta(x')$ は点 x' で電子が消滅したことを示す．いま，(3.66) に展開 (3.55) を代入すると，

$$< 0|\hat{\varphi}_\beta(x')\hat{\varphi}^\dagger_\alpha(x)|0 >= \frac{1}{V}\sum\nolimits_{\boldsymbol{k},\boldsymbol{k}'}\sum\nolimits_{\boldsymbol{r},\boldsymbol{r}'}< 0|\hat{C}^{(r')}(\boldsymbol{k}')\,\hat{C}^{(r)\dagger}(\boldsymbol{k})|0 >$$
$$\times u_\alpha{}^{(r')}u_\beta{}^{(r)*}e^{i\boldsymbol{k}'\cdot\boldsymbol{x}'}e^{-i\boldsymbol{k}\cdot\boldsymbol{x}}e^{-i\omega(k')t'}e^{i\omega(k)t} \tag{3.67a}$$

ここで (3.56) を用いて，

$$= \frac{1}{V}\sum\nolimits_{\boldsymbol{k},\boldsymbol{k}'}\sum\nolimits_{r,r'}\delta_{r,r'}\delta_{\boldsymbol{k},\boldsymbol{k}'}u_\alpha{}^{(r')}u_\beta{}^{(r)*}$$
$$\times e^{i\boldsymbol{k}'\cdot\boldsymbol{x}'}e^{-i\boldsymbol{k}\cdot\boldsymbol{x}}e^{-i\omega(k')t'}e^{i\omega(k)t} \tag{3.67b}$$

次に，spin 関数 u の完全性 (3.51b) を用いて，

$$= \frac{1}{V}\delta_{\alpha\beta}\sum\nolimits_{\boldsymbol{k}}e^{i\boldsymbol{k}\cdot(\boldsymbol{x}'-\boldsymbol{x})}e^{-i\omega(k)(t'-t)} \tag{3.67c}$$

$$= \delta_{\alpha\beta}D_S(x'-x) \tag{3.67d}$$

となる．ここに D_S は (3.67c) をそう定義したまでである．この関数 D_S は，実は (3.16) にも出てきたものである．電子は発生する以前に消滅することはできないから，(3.67) で物理的に意味のあるのは，$t' > t$ のときだけである．このことを考慮するためには，これに階段関数

$$\theta(t'-t) = \begin{cases} 1 & t' > t \\ 0 & t' < t \end{cases}$$
$$= \frac{1}{2\pi i}\int_{-\infty}^{\infty} d\alpha \frac{e^{i\alpha(t'-t)}}{\alpha - i\varepsilon} \tag{3.68}$$

をかけて，いわゆる retarded propagator を定義しておくとよい．すると，物理的に意味のあるのは

$$<0|\hat{\varphi}_\beta(x')\,\hat{\varphi}^\dagger_\alpha(x)\,|0>\theta\,(t'-t)=\delta_{\alpha\beta}\;\theta\,(t'-t)D_S(x'-x)$$
$$\equiv\delta_{\alpha\beta}D_S{}^{(r)}(x'-x) \qquad (3.69)$$

で，

$$D_S{}^{(r)}(x'-x)=\theta(t'-t)D_S(x'-x)$$
$$=\frac{1}{2\pi}\frac{1}{V}\int_{-\infty}^{\infty}dk_0\sum\nolimits_{\boldsymbol{k}}e^{i\boldsymbol{k}\cdot(\boldsymbol{x}'-\boldsymbol{x})}e^{-ik_0(t'-t)}\frac{1}{\omega(k)-k_0-i\varepsilon} \qquad (3.70)$$

となる．この計算では $\omega(k)\ -\alpha=k_0$ として積分変数の変換を行った．第2章でやったように k_0 の複素面を考えると，propagator の Fourier 表示では，k_0 の実軸の正の方の下側に極が出ている．その極の虚軸からの距離が伝播している波の角振動数である．

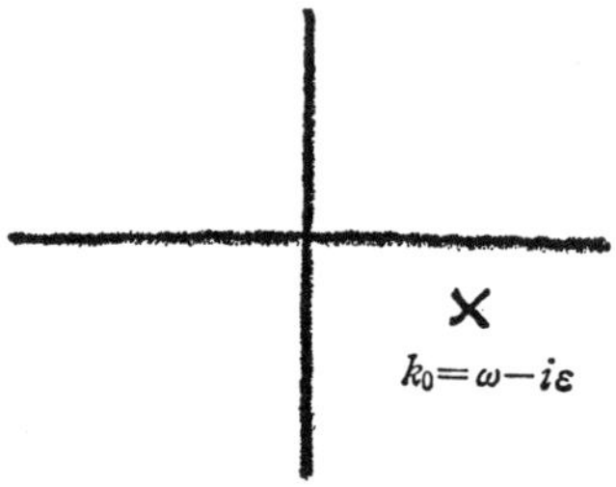

図 4.1　複素 k_0 面

第3章で考えた Klein-Gordon の場の propagator には，k_0 の実軸の正と負の両側に極が現れていた．そうして，2つの極があるということが，相対論的因果律を満たすための必要条件であった．Schrödinger 場の propagator には，たった1つの極しか現れない．したがってこの場が元来，非相対論的なものであることは明らかで，Schrödinger 場には粒子があるだけで，反粒子などというものを考える必要も余地もないことを示している．

もう1つ注意しなければならないことは，電子の propagator (3.69) には，時間と空間およびその Fourier 変換の相棒の波数 $\boldsymbol{k}$ や角振動数 k_0 が，なまに影響するだけで，spin の性質や統計は直接表面に出てこないことである．これは，ここで自由な電子場を考えたためで，電子が x から x' に行く間に，ほかの場とはなんら相互作用をしていないからである．x から x' に行く途中でほかの場と相互作用すると，相互作用によっては spin がひっくり返ったり，極の位置がずれたりすることが起こりうる．

また，多体電子系を考えるときには，Fermi-Dirac 統計のために反粒子のようなものが出てくる．このお話は第5章で考えることにし，次に Bose-Einstein の統計に従う場の量子化を論じよう．

4.4　Scalar 場の量子化

4.4.1　電磁場の量子化のむずかしさ

話の順序としては，次に電磁場の量子化の話ができるとよいのだが，電磁場の量子論的取り扱いは次の理由によって本質的というよりもむしろ技術的な問題が多いので，ここではもっと技術的に簡単な Klein-Gordon の場をまず考えて，その結果を電磁場の量子化に転用するという，ずるいやり方をとろう．電磁場の量子化に特に興味のある読者は，その道の専門書を精読しなければならないだろうし，たとえそうしたとしても完全に満足が得られるかどうか保証のかぎりではない．というのは，電磁場の量子化に関するかぎり，いまだに研究論文発表が絶えない現状であるからである．

電磁場の量子化はなぜ複雑か．互いに関連してはいるが，だいたい理由は 4 つばかりある．

（i）第 1 は，だいぶ以前に触れたように，電磁場は 6 個の変数 $\boldsymbol{E}$ と $\boldsymbol{H}$ に関し 8 個の Maxwell 方程式を満たしているために，数学的な構造が複雑である．特に正準形式にもっていくことがやさしくない．

（ii）これを避けるために vector と scalar potential を導入すると，gauge 変換の任意性が避けられなくなる．このことは，どのような gauge をとって場を量子化すればよいのかという問題を提起する．事実，ある gauge（たとえば Coulomb gauge）をとると量子化は比較的簡単だが，相対論的不変性が失われる．相対論的不変性を保つような gauge（たとえば Lorentz gauge）をとると，量子化した後で gauge の自由度の処理がやっかいである．

（iii）以上の複雑さに比べれば何ら本質的なことではないが，電子の場に spin を考慮したのと同様，光子には偏りを正しく考慮に入れなければならない複雑さが付け加わる．

（iv）最後に，光子は質量が 0 の粒子であって，それが原因で上に述べた複雑さが出てきたのだが，質量 0 の粒子というのは，素粒子の世界ではむしろ特別なものである（物性や多体問題の世界では，質量 0 に相当する素励起がいろいろと存在する．これについては第 5 章で述べる）．

以上のようなわけで，技術的な複雑さを避けて，Klein-Gordon の場を考えよう．

4.4.2 Klein-Gordon の場

Klein-Gordon の場は，古典場の解析力学，特に正準形式の理論が真正直にあてはまる数少ない例の 1 つである．したがって，Klein-Gordon の場を量子化するのに古典場の Poisson 括弧を，そのまま場の量の間の交換関係と見なすいつもの手が使えるわけだが，ここでは調和振動子の image を用いる別のやり方に従おう．Klein-Gordon の場も operator であるから（どのような operator とするのがよいかが，以下の議論の焦点），それを $\hat{\phi}(x)$ と書く．方程式は

$$(\Box-\kappa^2)\hat{\phi}(x)=\left(-\frac{1}{c^2}\frac{\partial^2}{\partial t^2}+\nabla^2-\kappa^2\right)\hat{\phi}(x)=0 \tag{4.1}$$

これは，今まで第 2 章や電子場のときに何度もやったように，空間座標について Fourier 変換すると，それを座標とする調和振動子になる．波数 $\boldsymbol{k}$ をもった Fourier 変換の満た

す調和振動子の角振動数は

$$\omega(k) = c\sqrt{\boldsymbol{k}^2 + \kappa^2} \tag{4.2}$$

である（(3.4節　(4.13) 式）参照）．調和振動子ならば，4.2節の議論をそのままあてはめることができるだろう（p.121 表2参照）．

調和振動子による量子化　調和振動子とKlein-Gordon場の対応する式を並べて書き出してみると，まず運動方程式はそれぞれ

$$\ddot{q}(t) = -\omega^2 q \tag{4.3a}$$

$$\ddot{\hat{\phi}}(x) = -c^2(-\nabla^2 + \kappa^2)\hat{\phi}(x) \tag{4.3b}$$

これらを分解するために，

$$\dot{q}(t) \equiv p(t) \tag{4.4a}$$

$$\dot{\hat{\phi}}(x) \equiv c^2\hat{\pi}(x) \tag{4.4b}$$

を導入すると*，(4.3) は

$$\dot{p}(t) = -\omega^2 q(t) \tag{4.5a}$$

$$\dot{\hat{\pi}}(x) = -(-\nabla^2 + \kappa^2)\hat{\phi}(x) \tag{4.5b}$$

と書かれる．次にHamiltonian

$$H_0 = \frac{1}{2}(p^2(t) + \omega^2 q^2(t)) \tag{4.6a}$$

$$\hat{H}_0 = \frac{1}{2}\int d^3x\{c^2\hat{\pi}(x)\hat{\pi}(x) + \boldsymbol{\nabla}\hat{\phi}(x)\cdot\boldsymbol{\nabla}\hat{\phi}(x) + \kappa^2\hat{\phi}(x)\hat{\phi}(x)\} \tag{4.6b}$$

および，交換関係

$$[p(t), q(t)] = -i\hbar \tag{4.7}$$

$$[p(t), p(t)] = [q(t), q(t)] = 0 \tag{4.8}$$

$$[\hat{\pi}(\boldsymbol{x}, t), \hat{\phi}(\boldsymbol{x}', t)] = -i\hbar\delta(\boldsymbol{x} - \boldsymbol{x}') \tag{4.9a}$$

$$[\hat{\pi}(\boldsymbol{x}, t), \hat{\pi}(\boldsymbol{x}', t)] = [\hat{\phi}(\boldsymbol{x}, t), \hat{\phi}(\boldsymbol{x}', t)] = 0 \tag{4.9b}$$

をとると，Heisenbergの運動方程式

$$i\hbar\dot{p}(t) = [p(t), H_0] \tag{4.10a}$$

$$i\hbar\dot{q}(t) = [q(t), H_0] \tag{4.11a}$$

$$i\hbar\dot{\hat{\pi}}(x) = [\hat{\pi}(x), \hat{H}_0] \tag{4.10b}$$

$$i\hbar\dot{\hat{\phi}}(x) = [\hat{\phi}(x), \hat{H}_0] \tag{4.11b}$$

---

* (4.4b) の $\hat{\pi}$ の前に c^2 をつけたのは便宜にすぎない．こうしておくと，これはLagrangian密度を

$$\mathscr{L} = -\frac{1}{2}(\partial_\mu\phi\partial_\mu\phi + \kappa^2\phi\phi)$$

ととったことにあたる．

として，元の運動方程式（4.3）が再現される．したがって，振動数と energy の間に Bohr の関係が成立する．消滅発生演算子 a と $a^{\dagger}$ を

$$q(t)=\sqrt{\frac{\hbar}{2\omega}}\{a(t)+a^{\dagger}(t)\} \tag{4.12a}$$

$$p(t)=-i\sqrt{\frac{\hbar\omega}{2}}\{a(t)-a^{\dagger}(t)\} \tag{4.13a}$$

$$\hat{\phi}(x)=\sum_{\boldsymbol{k}}\sqrt{\frac{\hbar c^2}{2\omega(k)}}\{\hat{a}(\boldsymbol{k},t)f_{\boldsymbol{k}}(\boldsymbol{x})+\hat{a}^{\dagger}(\boldsymbol{k},t)f_{\boldsymbol{k}}^{*}(\boldsymbol{x})\} \tag{4.12b}$$

$$\hat{\pi}(x)=-i\sum_{\boldsymbol{k}}\sqrt{\frac{\hbar\omega(k)}{2c^2}}\{a(\boldsymbol{k},t)f_{\boldsymbol{k}}(\boldsymbol{x})-\hat{a}^{\dagger}(\boldsymbol{k},t)f_{\boldsymbol{k}}^{*}(\boldsymbol{x})\} \tag{4.13b}$$

で導入すると，Hamiltonian は*，

$$H_0=\hbar\omega a^{\dagger}(t)a(t) \tag{4.14a}$$

$$\hat{H}_0=\sum_{\boldsymbol{k}}\hbar\omega(k)\hat{a}^{\dagger}(\boldsymbol{k},t)\hat{a}(\boldsymbol{k},t) \tag{4.14b}$$

となり，状態

$$|n>=\frac{1}{\sqrt{n!}}(a^{\dagger})^n|0> \tag{4.15a}$$

$$|n_1,n_2,\cdots>=\prod_{j=1}^{\infty}\frac{1}{\sqrt{n_j!}}\{\hat{a}^{\dagger}(\boldsymbol{k}_j)\}^{n_j}|0> \tag{4.15b}$$

に対して固有値

$$H_0|n>=\hbar\omega n|n> \tag{4.16a}$$

$$\hat{H}_0|n_1,n_2,\cdots>=\{\hbar\omega(k_1)n_1+\hbar\omega(k_2)n_2+\cdots\}|n_1,n_2,\cdots> \tag{4.16b}$$

をとる．ただし，

$$n=0,1,2,\cdots \tag{4.17a}$$

$$n_j=0,1,2,\cdots \quad (\text{各}\,j\,\text{について}) \tag{4.17b}$$

であり，また，

$$a(t)=e^{-i\omega t}a \tag{4.18a}$$

$$a^{\dagger}(t)=e^{i\omega t}a^{\dagger} \tag{4.19a}$$

---

* 零点 energy は落とした．

$$\hat{a}(\boldsymbol{k}, t) = e^{-i\omega(k)t}\hat{a}(\boldsymbol{k}) \tag{4.18b}$$

$$\hat{a}^{\dagger}(\boldsymbol{k}, t) = e^{i\omega(k)t}\hat{a}^{\dagger}(\boldsymbol{k}) \tag{4.19b}$$

である．

ここで見るように，Klein-Gordon の場の量子化は，量子力学の調和振動子とまったく平行して行うことができる．物理的意味はもう明らかであると思う．電子場のときと統計性以外はまったく同じである．Klein-Gordon の場合，状態（4.15）と，その固有値（4.16）に出てきた数 $n_1, n_2, \cdots$ は，それぞれ 0, 1, 2, … という値をとるので，$|n_1, n_2, \cdots>$ とは，energy $\hbar\omega(k_1)$ をもった粒子が n_1 個，energy $\hbar\omega(k_2)$ をもった粒子が n_2 個，…ある状態である．したがって，これらの粒子は Bose-Einstein 統計に従う．

4.4.3 場の運動量

Klein-Gordon 場のもつ運動量に対応する operator を求めるには，場の解析力学によるのが早道である．しかし，この場が相対論的に scalar であることを思い出すと，解析力学を用いなくても

$$E = mc^2 \tag{4.20}$$

から導き出せる．それには（4.20）に速度 v_i をかけると，

$$Ev_i = mv_ic^2 \tag{4.21}$$

左辺は energy の流れ，右辺は運動量に c^2 をかけたものとなる*．そこで，Hamiltonian (4.6b) から energy 密度を取り出してみると，

$$\hat{\mathcal{E}}(x) = \frac{1}{2}\{c^2\hat{\pi}(x)\hat{\pi}(x) + \boldsymbol{\nabla}\hat{\phi}(x)\cdot\boldsymbol{\nabla}\hat{\phi}(x) + \kappa^2\hat{\phi}(x)\hat{\phi}(x)\} \tag{4.22}$$

Energy の流れを見いだすためにこの時間微分をとると，(4.4b) (4.5b) によって

$$\begin{aligned}\frac{\partial}{\partial t}\hat{\mathcal{E}}(x) &= \frac{1}{2}\{c^2\dot{\hat{\pi}}(x)\hat{\pi}(x) + c^2\hat{\pi}(x)\dot{\hat{\pi}}(x) + \boldsymbol{\nabla}\dot{\hat{\phi}}(x)\cdot\boldsymbol{\nabla}\hat{\phi}(x) + \boldsymbol{\nabla}\hat{\phi}(x)\cdot\boldsymbol{\nabla}\dot{\hat{\phi}}(x) \\ &\quad +\kappa^2\dot{\hat{\phi}}(x)\hat{\phi}(x) + \kappa^2\hat{\phi}(x)\dot{\hat{\phi}}(x)\} \\ &= \frac{1}{2}\{c^2(\nabla^2-\kappa^2)\hat{\phi}(x)\cdot\hat{\pi}(x) + \hat{\pi}(x)\cdot c^2(\nabla^2-\kappa^2)\hat{\phi}(x) \\ &\quad +c^2\boldsymbol{\nabla}\hat{\pi}(x)\cdot\boldsymbol{\nabla}\hat{\phi}(x) + c^2\boldsymbol{\nabla}\hat{\phi}(x)\cdot\boldsymbol{\nabla}\hat{\pi}(x) \\ &\quad +c^2\kappa^2\hat{\pi}(x)\hat{\phi}(x) + c^2\kappa^2\hat{\phi}(x)\hat{\pi}(x)\} \\ &= \frac{c^2}{2}\boldsymbol{\nabla}\cdot\{\boldsymbol{\nabla}\hat{\phi}(x)\cdot\hat{\pi}(x) + \hat{\pi}(x)\boldsymbol{\nabla}\hat{\phi}(x)\}\end{aligned} \tag{4.23}$$

が得られる．これは連続の方程式で，右辺が energy の流れの divergence の符号を変えたものである．したがって（4.21）により，運動量密度は

---

* p.76 の注意の項参照.

$$\hat{\boldsymbol{p}}(x) = -\frac{1}{2}\{\boldsymbol{\nabla}\hat{\phi}(x)\cdot\hat{\pi}(x) + \hat{\pi}(x)\boldsymbol{\nabla}\hat{\phi}(x)\} \tag{4.24}$$

となる．事実，これに（4.12b)(4.13b）を代入し，全空間について積分すると，全運動量の operator

$$\hat{\boldsymbol{P}} = \int d^3x\hat{\boldsymbol{p}}(x) = \sum_{\boldsymbol{k}} \hbar\boldsymbol{k}\hat{a}^\dagger(\boldsymbol{k},t)\hat{a}(\boldsymbol{k},t) \tag{4.25}$$

が得られる．これが時間的に不変なことはすぐ証明できるであろう(運動方程式(4.4)(4.5)を用いる)．ここでわざわざ運動量密度の operator (4.24) を導いて見せたが，その理由は，場の解析力学など知らなくても（知っているに越したことはないが)，連続方程式または balance 方程式を利用すればなんとかなるものであるということと，$E = mc^2$ という関係も案外使い道があるということを見せたかったからである*.

さて，運動量 operator (4.25) の右から $|n_1,\ n_2,\ \cdots>$をかけると，

$$\hat{\boldsymbol{P}}|n_1, n_2, \cdots> = (\hbar\boldsymbol{k}_1 n_1 + \hbar\boldsymbol{k}_2 n_2 + \cdots)|n_1, n_2, \cdots> \tag{4.26}$$

が得られる．したがって，結局 $|n_1,\ n_2,\ \cdots>$とは，energy $\hbar\omega(k_1)$，運動量 $\hbar\boldsymbol{k}_1$ をもった粒子が n_1 個，energy $\hbar\omega(k_2)$，運動量 $\hbar\boldsymbol{k}_2$ をもった粒子が n_2 個，…ある状態である．そして前にも述べたように，これらの粒子は Bose-Einstein 統計に従う．

4.4.4 発生消滅演算子

$\hat{a}(\boldsymbol{k})$，$\hat{a}^\dagger(\boldsymbol{k})$ の役割は，(2.10) により，

$$\hat{a}(\boldsymbol{k}_i)|n_1, n_2, \cdots, n_i, \cdots> = \sqrt{n_i}\,|n_1, n_2, \cdots, n_i - 1, \cdots> \tag{4.27a}$$

$$\hat{a}^\dagger(\boldsymbol{k}_i)|n_1, n_2, \cdots, n_i, \cdots> = \sqrt{n_i + 1}\,|n_1, n_2, \cdots, n_i + 1, \cdots> \tag{4.27b}$$

であることは明らかであろう．すなわち $\hat{a}(\boldsymbol{k}_i)$ は運動量 $\hbar\boldsymbol{k}_i$ をもった粒子を 1 個減らし，$\hat{a}^\dagger(\boldsymbol{k}_i)$ は，運動量 $\hbar\boldsymbol{k}_i$ をもった粒子を 1 個増やす．$\hat{a}$ を**消滅演算子**，$\hat{a}^\dagger$を**発生演算子**とよぶ．Bose 粒子の発生消滅演算子は，交換関係

$$[\hat{a}(\boldsymbol{k}), \hat{a}^\dagger(\boldsymbol{k}')] = \delta_{\boldsymbol{k},\boldsymbol{k}'} \tag{4.28a}$$

$$[\hat{a}(\boldsymbol{k}), \hat{a}(\boldsymbol{k}')] = [\hat{a}^\dagger(\boldsymbol{k}), \hat{a}^\dagger(\boldsymbol{k}')] = 0 \tag{4.28b}$$

を満たし，一方，Fermi 粒子の発生消滅演算子は反交換関係（3.5）を満たす．ここで考えた状態（4.15b）が，すべての粒子に関して対称になっていることは，(4.28) からすぐ証明できる．

---

* ここで紹介した $\boldsymbol{p}(x)$ の導き方はあまり知られていないが，相対論的場の理論ではなかなか有効である．非相対論的な場の理論では $E = mc^2$ が成立しないから使えない．

4.4.5　複素 Klein-Gordon 場

展開（4.12b）に戻ってみると，この式の hermite conjugate をとったとき，元に戻ることがすぐわかる．すなわち，今まで考えてきた Klein-Gordon の場は hermite な場で，3.3 節の注意により，minimal な電磁相互作用ができない．言い換えると，今までの場 $\hat{\phi}(x)$ は中性の spin のない（scalar だから）粒子を表していることになる．

電磁場と minimal な相互作用ができるような粒子を得るには，hermite でない場を考える．その場合には自由度が2倍に増えるので，発生消滅演算子も $\hat{a}^\dagger$ と $\hat{a}$ では足りなくて，もう1種類の発生消滅演算子 $\hat{b}^\dagger(\boldsymbol{k},t)$，$\hat{b}(\boldsymbol{k},t)$ を導入し，

$$\hat{\phi}(x)=\sum_{\boldsymbol{k}}\sqrt{\frac{\hbar c^2}{2\omega(k)}}\{\hat{a}(\boldsymbol{k},t)f_{\boldsymbol{k}}(\boldsymbol{x})+\hat{b}^\dagger(\boldsymbol{k},t)f_{\boldsymbol{k}}^*(\boldsymbol{x})\} \tag{4.29a}$$

$$\hat{\pi}(x)=\frac{1}{c^2}\dot{\hat{\phi}}(x)=-i\sum_{\boldsymbol{k}}\sqrt{\frac{\hbar\omega(k)}{2c^2}}\{\hat{b}(\boldsymbol{k},t)f_{\boldsymbol{k}}(\boldsymbol{x})-\hat{a}^\dagger(\boldsymbol{k},t)f_{\boldsymbol{k}}^*(\boldsymbol{x})\} \tag{4.29b}$$

と展開する．ここで $\hat{b}$, $\hat{b}^\dagger$ は，$\hat{a}$, $\hat{a}^\dagger$ とまったく同じ交換関係（4.28）を満たし，かつ $\hat{a}$, $\hat{a}^\dagger$ とは完全に交換するような operator である．hermite な場のときとまったく同様にして，Hamiltonian

$$\begin{aligned}\hat{H}_0&=\int d^3x\{c^2\hat{\pi}^\dagger(x)\hat{\pi}(x)+\boldsymbol{\nabla}\hat{\phi}^\dagger(x)\cdot\boldsymbol{\nabla}\hat{\phi}(x)+\kappa^2\hat{\phi}^\dagger(x)\hat{\phi}(x)\}\\&=\sum_k\hbar\omega(k)\{\hat{a}^\dagger(\boldsymbol{k},t)\hat{a}(\boldsymbol{k},t)+\hat{b}^\dagger(\boldsymbol{k},t)\hat{b}(\boldsymbol{k},t)\}+\text{零点 energy}\end{aligned} \tag{4.30}$$

が，Heisenberg の運動方程式を満たしていることを確かめることができる．

運動量の operator も，前と同じ手を使うと，

$$\begin{aligned}\hat{\boldsymbol{P}}&=-\int d^3x\{\hat{\pi}(x)\boldsymbol{\nabla}\hat{\phi}(x)+\boldsymbol{\nabla}\hat{\phi}^\dagger(x)\cdot\hat{\pi}^\dagger(x)\}\\&=\sum_{\boldsymbol{k}}\hbar\boldsymbol{k}\{\hat{a}^\dagger(\boldsymbol{k},t)\hat{a}(\boldsymbol{k},t)+\hat{b}^\dagger(\boldsymbol{k},t)\hat{b}(\boldsymbol{k},t)\}\end{aligned} \tag{4.31}$$

であることが判明する．

ところで，ここの $\hat{H}_0$ や $\hat{\boldsymbol{P}}$ を以前の hermite な場合の $\hat{H}_0$ や $\hat{\boldsymbol{P}}$ と比べてみると，$\hat{b}^\dagger\hat{b}$ が出てきただけ，何か余計に2種類の粒子があるようである．$\hat{a}$ によって消される粒子と $\hat{b}$ によって消される粒子は，物理的にどのような差があるのであろうか．

4.4.6　反粒子

ここには何か2種類の粒子があるようだが，（4.30）（4.31）を見ると両方とも energy $\hbar\omega(k)$ をもち，運動量 $\hbar\boldsymbol{k}$ をもっている．energy と運動量だけを見ていたのでは両者の区別がつかない．そこで，両種粒子の電磁相互作用を調べてみよう．

Klein-Gordon 場の電磁相互作用は，3.3 節で論じた．それによると，電荷密度は（3.3

節（3.26）(3.49）式）により，

$$\hat{\rho}(x) = i\frac{e}{\hbar c^2}\{\hat{\phi}^\dagger(x)\dot{\hat{\phi}}(x) - \dot{\hat{\phi}}^\dagger(x)\hat{\phi}(x)\} + 0(e^2)$$
$$= i\frac{e}{\hbar}\{\hat{\phi}^\dagger(x)\hat{\pi}^\dagger(x) - \hat{\pi}(x)\hat{\phi}(x)\} + 0(e^2) \tag{4.32}$$

で，したがって全電荷は，

$$\hat{Q} = i\frac{e}{\hbar}\int d^3x\{\hat{\phi}^\dagger(x)\hat{\pi}^\dagger(x) - \hat{\pi}(x)\hat{\phi}(x)\} + 0(e^2)$$
$$= e\sum_{\boldsymbol{k}}\{\hat{a}^\dagger(\boldsymbol{k})\hat{a}(\boldsymbol{k}) - \hat{b}^\dagger(\boldsymbol{k})\hat{b}(\boldsymbol{k})\} + 0(e^2) \tag{4.33}$$

である*．明らかに

$$\hat{Q}\hat{a}^\dagger(\boldsymbol{k})\,|0> = e\hat{a}^\dagger(\boldsymbol{k})\,|0> \tag{4.34a}$$
$$\hat{Q}\hat{b}^\dagger(\boldsymbol{k})\,|0> = -e\hat{b}^\dagger(\boldsymbol{k})\,|0> \tag{4.34b}$$

で，$\hat{a}^\dagger\,|0>$は電荷 e をもつ状態，$\hat{b}^\dagger\,|0>$は電荷 $-e$ をもつ状態である．後者を前者の**反粒子**（anti-particle）とよぶ．これは単なる名前のつけ方で，「反」がついているからといって，もとの粒子とは電荷が違うだけであり，粒子であることにはいっこうに変わりがない．前者を後者の反粒子とよんでも少しも構わない．

注　意

だいぶ以前に注意したように，minimal な電磁相互作用をするのは hermite でない場にかぎるが，hermite でない場が必ずしも minimal な電磁相互作用をするわけではない(中性 K-meson と言われている粒子がその例)．だから，必ずしも反粒子は粒子と反対の電荷をもつとは言えない．中性粒子にも，粒子と反粒子の 2 種類がある場合がある．上に述べた中性 K-meson は，中性反 K-meson とは異なったものである．これはどういう意味かというと，いろいろな素粒子の反応を調べてみると，どうしても hermite の場では記述できなくて，粒子と反粒子を導入せざるを得ないことがわかる．かつ，粒子数と反粒子数との差はどんな反応においても必ず保存している．

4.4.7　Klein-Gordon 場の伝播

以下，hermite でない場（4.29）を考えよう．場 $\hat{\phi}(x)$ は，粒子を消す operator と反粒子を発生する operator との線形結合になっている．Schrödinger 場のときとはこの点で根本的に異なっており，このために物理的にも根本的な差が生ずる．そればかりではなく，（4.29a）と Schrödinger 場の場合の（3.13）と比べてみるとわかるように，前者では消滅発生演算子の単なる Fourier 積分ではなく，$\sqrt{\hbar c^2/2\omega(k)}$ という余計な因子が入っ

* これは保存量だから $t=0$ とおいた．また c －数の電荷も除いた．

ている．この因子は，場 $\hat{\phi}(x)$ が，Lorentz 変換に対して，scalar として変換するために必要なもので（この点の細かいことはここで論じないが），取り去るわけにはいかない．この因子のために，場 $\hat{\phi}(x)$ は点 x で粒子が消滅したり，反粒子が発生したりするのではなく，点 x から，空間的にだいたい Compton 波長 κ^{-1} くらいの広がりをもった空間で粒子や反粒子の消滅発生が起きている．それを見るために，次のような量を考えよう．

$$<0|\hat{\phi}(x')\hat{\phi}^{\dagger}(x)|0>=\sum_{\boldsymbol{k}}\sum_{\boldsymbol{k}'}\sqrt{\frac{\hbar c^2}{2\omega(k')}}\sqrt{\frac{\hbar c^2}{2\omega(k)}}<0|\hat{a}(\boldsymbol{k}')\hat{a}^{\dagger}(\boldsymbol{k})|0>$$
$$\times f_{\boldsymbol{k}'}(\boldsymbol{x}')f_{\boldsymbol{k}}^{*}(\boldsymbol{x})e^{-i\omega(k')t'}e^{i\omega(k)t}$$
$$=\hbar c\sum_{\boldsymbol{k}}f_{\boldsymbol{k}}(\boldsymbol{x}')f_{\boldsymbol{k}}^{*}(\boldsymbol{x})\frac{c}{2\omega(k)}e^{-i\omega(k)(t'-t)} \tag{4.35a}$$

$$<0|\hat{\phi}^{\dagger}(x)\hat{\phi}(x')|0>=\sum_{\boldsymbol{k}}\sum_{\boldsymbol{k}'}\sqrt{\frac{\hbar c^2}{2\omega(k')}}\sqrt{\frac{\hbar c^2}{2\omega(k)}}<0|\hat{b}(\boldsymbol{k})\hat{b}^{\dagger}(\boldsymbol{k}')|0>$$
$$\times f_{\boldsymbol{k}}(\boldsymbol{x})f_{\boldsymbol{k}'}^{*}(\boldsymbol{x}')e^{-i\omega(k)t}e^{i\omega(k')t'}$$
$$=\hbar c\sum_{\boldsymbol{k}}f_{\boldsymbol{k}}(\boldsymbol{x})f_{\boldsymbol{k}}^{*}(\boldsymbol{x}')\frac{c}{2\omega(k)}e^{-i\omega(k)(t-t')} \tag{4.35b}$$

ただしここでは，$\hat{a}$ や $\hat{b}$ の時間依存性を（4.18）を用いて分離した．もし分母の $\omega(k)$ がなかったら，$t=t'$ では $f_{\boldsymbol{k}}(\boldsymbol{x})$ の完全性の条件（3.7）を用いることができるから，右辺は，単に，$\delta(\boldsymbol{x}-\boldsymbol{x}')$ になる．したがって，点 x において粒子（反粒子）が発生し，同一の点 $\boldsymbol{x}'=\boldsymbol{x}$ においてのみ，その粒子（反粒子）が消滅するということになる．ところが，分母の $\omega(k)$ のために，ここではそうなっていないのである．いま，

$$\Delta^{(+)}(x'-x)\equiv\frac{1}{V}\sum_{\boldsymbol{k}}\frac{c}{2\omega(k)}e^{i\boldsymbol{k}\cdot(\boldsymbol{x}'-\boldsymbol{x})}e^{-i\omega(k)(t'-t)} \tag{4.36}$$

とおいて，$V\to\infty$ の極限で成り立つ関係

$$\lim_{V\to\infty}\frac{1}{V}\sum_{\boldsymbol{k}}\cdots=\frac{1}{(2\pi)^3}\int d^3k\cdots \tag{4.37}$$

を考えると，

$$\Delta^{(+)}(x'-x)=\frac{1}{(2\pi)^3}\int d^3k\frac{c}{2\omega(k)}e^{i\boldsymbol{k}\cdot(\boldsymbol{x}-\boldsymbol{x}')}e^{-i\omega(k)(t'-t)} \tag{4.38}$$

である．この関数は，いわゆる Hankel 関数である．その漸近形は

$$\Delta^{(+)}(x'-x)=\begin{cases}\dfrac{1}{4\pi^2|\boldsymbol{x}-\boldsymbol{x}'|^2} & t-t'=0 \quad |\boldsymbol{x}-\boldsymbol{x}'|\to 0 & (4.39\text{a})\\[2ex] \dfrac{1}{8\pi}\left[\dfrac{2\kappa}{\pi|\boldsymbol{x}-\boldsymbol{x}'|}\right]^{1/2}\dfrac{e^{-\kappa|\boldsymbol{x}-\boldsymbol{x}'|}}{|\boldsymbol{x}-\boldsymbol{x}'|} & |\boldsymbol{x}-\boldsymbol{x}'|\gg|t-t'| & (4.39\text{b})\\[2ex] -\dfrac{1}{8\pi}\left[\dfrac{2\kappa}{\pi c|t-t'|}\right]^{1/2}\dfrac{e^{-i\kappa c|t-t'|}}{c|t-t'|} & |\boldsymbol{x}-\boldsymbol{x}'|\ll|t-t'| & (4.39\text{c})\end{cases}$$

である．したがって，(4.39b) により x と x' が空間的に離れていても (4.35a) は 0 にならず，Compton 波長 κ^{-1} くらいのところまで広がっていることになる．言い換えると，(4.35a) によると点 x で発生した粒子は**同時刻**に点 x' で消滅している．(4.35b) についてもまったく同じことがあてはまり，点 x' で発生した反粒子は，**まったく同時刻**に点 x (これは x' から Compton 波長くらいの半径内のすべての点) で消滅していることになる．

このことは非相対論的な場合と違い，Lorentz 変換に対して scalar として変換する場 $\phi(x)$ は，Compton 波長 κ^{-1} くらいの半径の円内で粒子を消したり，反粒子を発生させたりする．前にも言ったように，これは Fourier 変換に $\omega(k)^{-1/2}$ という因子があることに原因している．だいたい Compton 波長の範囲くらいに粒子や反粒子の波束が広がっていると言ってもよい．

4.4.8 相対論的因果律

そうすると，これは粒子や反粒子が光よりも速く走っていて，空間的な領域まではみだしていることになり，相対論的因果律と矛盾するようにみえるが，そうではない．相対論的因果律は光より速く information が伝わらないことを主張しているのであって，information を運ばないものならば，どんなに速く走っても構わないのである*．たとえばここで (4.36) を眺めてみると，$\Delta^{(+)}$ は平面波を重ね合わせたものになっている．各平面波の位相速度は

$$v_{\text{phase}} = \omega(k)/|\boldsymbol{k}| = c(1+\kappa^2/\boldsymbol{k}^2)^{1/2} \tag{4.40a}$$

であり，明らかに光速度より大きい．一方，群速度のほうは，

$$v_{\text{group}} = \left|\frac{\partial\omega(k)}{\partial\boldsymbol{k}}\right| = c^2|\boldsymbol{k}|/\omega(k) = c\{1-\kappa^2/(\boldsymbol{k}^2+\kappa^2)\}^{1/2} \tag{4.40b}$$

となり，光速度よりは小さい．したがってだいたい Compton 波長くらいの幅をもった波

---

* このことにひっかけて，現代の物理学界に対して大きな皮肉を言った物理屋がいる．いま，物理屋の数はたいへん多くなり，したがって研究論文の数も急激に増えてきた．たとえば，アメリカの物理学会誌「Physical Review」は，毎月毎月どんどん厚くなり，その増え方はそのうち光速度を越すことになるだろう．しかしそのことは相対論的因果律と矛盾しない．なぜなら，現代の研究論文は何も information を含んでいないから！

束（粒子存在確率の山）は，時間的な方向にしか進まないのである．実際，$\hat{\phi}(x)$と$\hat{\phi}^{\dagger}(x')$の交換関係をとってみると，

$$[\hat{\phi}(x), \hat{\phi}^{\dagger}(x')] = i\hbar c\Delta(x - x') \tag{4.41}$$

となる．ここで出てきたΔは，（4.35a）から（4.35b）を引いたもので，第3.4節で議論したものである．それは，(3.4節　(4.1)(4.2)(4.3) 式）の性質をもっており，特に（3.4節　(4.2) 式）によってxとx'が互いに空間的であるときは完全に0となっている．量子力学のときの不確定性関係を導いたときとまったく同じようにして，場の不確定性関係を（4.41）から導くと，互いに空間的に離れている2点xとx'については

$$\Delta\phi(x) \cdot \Delta\phi^{\dagger}(x') = 0 \tag{4.42}$$

が成り立ち，点xにおいて場$\hat{\phi}(x)$を測定したときの不確定が，空間的に離れた点x'における場の不確定さに全然影響を与えないことがわかる．交換関係（4.41）は，（4.35）の2式の差であって，ちょうど粒子の影響と反粒子の影響が空間的領域で消し合っている．だいたい，粒子だけが1個あるなどという状態は観測できないのである．というのは，粒子の数を知るために，何か波長の短い観測装置を近づけると，Compton 波長のあたりで観測装置が新しく粒子と反粒子を発生させ，場の量子論では粒子に個別性がないので，はじめにあった観測されるべき粒子と，観測装置によって発生させられた粒子とが区別できなくなってしまう．したがって，粒子が何個そこにあったかと言えなくなる．ところが，粒子と反粒子とはいつでも対になって発生するので，（粒子数－反粒子数）という量は観測装置によって乱されない．この information は光より速くは伝わらないのである．このことはもっとちゃんと計算してみせることができるけれども，少々複雑である．元気がある読者は，実際に粒子数密度に対応する operator を作って，交換関係を調べてみるとよい．

相対論的場の理論で，点xに1つの粒子があるということは，このようにその点の Compton 波長くらいの範囲には粒子と反粒子がうようよとできたり消えたりして波束を作っており，（粒子数－反粒子数）がちょうど1になっているということになる．粒子数や反粒子数は別々には保存しない．両者の差が時間によらないのである．

（4.35）の計算に戻り，第3章の終わりでやったようにして遅延 propagator を作ってみると，それはちょうど$\Delta^{(r)}(x - x')$であり，k_0の複素面の右側の極は粒子によるもの（(4.35a）に由来するもの)，また，左側の極は反粒子によるもの（(4.35b）に由来するもの）であることがわかる．そして，この両者が，空間的領域ではちょうど消し合って，相対論的因果律を成立させている．

場の観測問題はなかなかやっかいで，首を突っ込むと抜け出せなくなる恐れがあるから，ここらでやめて今までのすじ書きで電磁場を考えてみよう．

4.5 電磁場の量子化

4.5.1 Coulomb gauge

前に述べたように，電磁場には gauge 変換というやっかいなものが入っているので，これを避けるために，以下，Coulomb gauge の場合に話をかぎることにしよう．ただし，Coulomb gauge をとったら，われわれはすでに特別の Lorentz 座標系を選んだわけで，相対論的共変性を失うが，この点は仕方がない（p.121 の表 2 参照）．

まず（2.4 節　(4.28) 式）を（2.4 節　(4.10)(4.16b) 式）に代入し，少し整理すると，

$$\hat{\boldsymbol{A}}(x) = \sqrt{4\pi\hbar c^2}\sum_{\boldsymbol{k}}\sum_{r=1,2}\frac{1}{\sqrt{2\omega(k)}}\boldsymbol{e}^{(r)}(\boldsymbol{k}) \times\{\hat{a}^{(r)}(\boldsymbol{k},t)f_{\boldsymbol{k}}(\boldsymbol{x}) + \hat{a}^{(r)\dagger}(\boldsymbol{k},t)f_{\boldsymbol{k}}^*(\boldsymbol{x})\} \tag{5.1a}$$

$$\hat{\boldsymbol{E}}^{v}(x) \equiv -\frac{1}{c}\dot{\hat{\boldsymbol{A}}}(x) = i\sqrt{4\pi\hbar}\sum_{\boldsymbol{k}}\sum_{r=1,2}\sqrt{\frac{\omega(k)}{2}}\boldsymbol{e}^{(r)}(\boldsymbol{k}) \times\{\hat{a}^{(r)}(\boldsymbol{k},t)f_{\boldsymbol{k}}(\boldsymbol{x}) - \hat{a}^{(r)\dagger}(\boldsymbol{k},t)f_{\boldsymbol{k}}^*(\boldsymbol{x})\} \tag{5.1b}$$

ただし，

$$\omega(k) = c\,|\boldsymbol{k}| \tag{5.2}$$

ここで $\hat{a}^{(r)}$ と $\hat{a}^{(r)\dagger}$ に対し，交換関係

$$[\hat{a}^{(r)}(\boldsymbol{k}, t), \hat{a}^{(r')\dagger}(\boldsymbol{k}', t)] = \delta_{rr'}\delta_{\boldsymbol{k},\boldsymbol{k}'} \tag{5.3a}$$

$$[\hat{a}^{(r)}(\boldsymbol{k}, t), \hat{a}^{(r')}(\boldsymbol{k}', t)] = [\hat{a}^{(r)\dagger}(\boldsymbol{k}, t), \hat{a}^{(r')\dagger}(\boldsymbol{k}', t)] = 0 \tag{5.3b}$$

を課する．すると，$t = t'$ で

$$\begin{aligned}[\hat{E}_i^{v}(\boldsymbol{x},t), \hat{A}_j(\boldsymbol{x}',t)] &= i\,2\pi\hbar c\sum_{\boldsymbol{k}}\sum_{r=1,2}e_i^{(r)}(\boldsymbol{k})\,e_j^{(r)}(\boldsymbol{k}) \\ &\quad\times\{f_{\boldsymbol{k}}(\boldsymbol{x})f_{\boldsymbol{k}}^*(\boldsymbol{x}') + f_{\boldsymbol{k}}^*(\boldsymbol{x})f_{\boldsymbol{k}}(\boldsymbol{x}')\} \\ &= i\,4\pi\hbar c\left(\delta_{ij} - \partial_i\frac{1}{\nabla^2}\partial_j\right)\delta(\boldsymbol{x}-\boldsymbol{x}')\end{aligned} \tag{5.4a}$$

$$[\hat{E}_i^{v}(\boldsymbol{x}, t), \hat{E}_j^{v}(\boldsymbol{x}', t)] = [\hat{A}_i(\boldsymbol{x}, t), \hat{A}_j(\boldsymbol{x}', t)] = 0 \tag{5.4b}$$

が成り立つ．(5.4a) の右辺を得るには，vector $\boldsymbol{e}^{(1)}(\boldsymbol{k})$，$\boldsymbol{e}^{(2)}(\boldsymbol{k})$，$\boldsymbol{e}^{(3)}(\boldsymbol{k}) = \boldsymbol{k}/|\boldsymbol{k}|$ の完全性条件

$$\sum_{r=1,2}e_i^{(r)}(\boldsymbol{k})\,e_j^{(r)}(\boldsymbol{k}) + \frac{1}{k^2}k_ik_j = \delta_{ij} \tag{5.5}$$

を用いた．また，

$$\left(\delta_{ij}-\partial_i\frac{1}{\nabla^2}\partial_j\right)\delta(\boldsymbol{x}-\boldsymbol{x}')=\frac{1}{V}\sum_{\boldsymbol{k}}\left(\delta_{ij}-\frac{k_ik_j}{\boldsymbol{k}^2}\right)e^{i\boldsymbol{k}\cdot(\boldsymbol{x}-\boldsymbol{x}')} \tag{5.6}$$

の意味である．(5.4a) の右辺に変な因子 $\delta_{ij}-\partial_i\partial_j/\nabla^2$ が出たのは，Coulomb gauge

$$\nabla\cdot\hat{\boldsymbol{A}}(x)=0 \tag{5.7}$$

をとったからで，ちょうどうまい具合に (5.4a) が (5.7) と矛盾しないようになっているわけである．

4.5.2 Heisenberg の運動方程式

さて，交換関係 (5.3)(5.4) を仮定することがよいということは，例によって Heisenberg の運動方程式

$$i\hbar\frac{\partial}{\partial t}\hat{A}_i(x)=[\hat{A}_i(x),\hat{H}] \tag{5.8a}$$

$$i\hbar\frac{\partial}{\partial t}\hat{E}_i(x)=[\hat{E}_i(x),\hat{H}] \tag{5.8b}$$

が電磁 potential の方程式 (2.3節 (3.69) 式) に一致するということによって正当化される．しかし，電流や電荷などが存在すると計算がたいへんややこしくなるから，ここではまず，それらの項を0とおき，自由な電磁 potential の方程式

$$\left(\nabla^2-\frac{1}{c^2}\frac{\partial^2}{\partial t^2}\right)\hat{A}_i(x)=0 \tag{5.9}$$

と，それに対応する Hamiltonian

$$\hat{H}_{\mathrm{e.m.0}}=\frac{1}{8\pi}\int d^3x\{\hat{\boldsymbol{E}}^v(x)\hat{\boldsymbol{E}}^v(x)+\hat{\boldsymbol{H}}(x)\hat{\boldsymbol{H}}(x)\} \tag{5.10}$$

を考えよう．Heisenberg の運動方程式の交換関係を計算するのに必要な式は

$$\begin{aligned}[\hat{E}_i^v(\boldsymbol{x},t),\hat{H}_j(\boldsymbol{x}',t)]&=\varepsilon_{jkl}\partial_k'[\hat{E}_i^v(\boldsymbol{x},t),\hat{A}_l(\boldsymbol{x}',t)]\\&=4\pi\hbar ci\varepsilon_{jkl}\partial_k'\left(\delta_{il}-\partial_i\frac{1}{\nabla^2}\partial_l\right)\delta(\boldsymbol{x}-\boldsymbol{x}')\end{aligned} \tag{5.11}$$

である．これを用いると，ただちに

$$\begin{aligned}i\hbar\dot{\hat{E}}_i^v(x)&=[\hat{E}_i^v(x),\hat{H}_{\mathrm{e.m.0}}]\\&=\frac{i}{8\pi}\int d^3x'8\pi\hbar c\varepsilon_{jkl}\left(\delta_{il}-\partial_i\frac{1}{\nabla^2}\partial_l\right)\partial_k'\delta(\boldsymbol{x}-\boldsymbol{x}')\hat{H}_j(x')\\&=-i\hbar c\varepsilon_{jkl}\left(\delta_{il}-\partial_i\frac{1}{\nabla^2}\partial_l\right)\partial_k\hat{H}_j(x)=i\hbar c\varepsilon_{ijk}\partial_j\hat{H}_k(x)\end{aligned} \tag{5.12}$$

$$i\hbar\dot{\hat{A}}_i(x)=[\hat{A}_i(x),\hat{H}_{\mathrm{e.m.0}}]=-i\hbar c\hat{E}_i^v(x) \tag{5.13}$$

が得られる．(5.13) は $\hat{E}_i^v(x)$ の定義式 (5.1b) にほかならず，(5.12) のほうは変位電流に関する Maxwell の方程式である．(5.12) の $\hat{H}_k$ を $\hat{\boldsymbol{A}}$ で表し，(5.13) といっしょにすると (5.9) が得られる．したがって，(5.9)(5.10) と交換関係 (5.4) がすべて矛盾のないことが確かめられたことになる．

4.5.3 Hamiltonian と零点 energy

そこで (5.1) の表現を Hamiltonian (5.10) に代入して $\hat{a}^{(r)}$, $\hat{a}^{(r)\dagger}$ で表すと，少々めんどうくさい計算ののち，

$$\begin{aligned}\hat{H}_{\mathrm{e.m.0}} &= \sum_{\boldsymbol{k}}\sum_{r=1,2}\frac{1}{2}\hbar\omega(k)\{\hat{a}^{(r)\dagger}(\boldsymbol{k})\hat{a}^{(r)}(\boldsymbol{k})+\hat{a}^{(r)}(\boldsymbol{k})\hat{a}^{(r)\dagger}(\boldsymbol{k})\}\\ &= \sum_{\boldsymbol{k}}\sum_{r=1,2}\hbar\omega(k)\left\{\hat{a}^{(r)\dagger}(\boldsymbol{k})\hat{a}^{(r)}(\boldsymbol{k})+\frac{1}{2}\right\}\end{aligned} \tag{5.14}$$

が得られる．ただし，ここでは相互作用のない電磁場を考えているので，

$$\hat{a}^{(r)}(\boldsymbol{k}, t) = \hat{a}^{(r)}(\boldsymbol{k})e^{-i\omega(k)t} \tag{5.15a}$$

$$\hat{a}^{(r)\dagger}(\boldsymbol{k}, t) = \hat{a}^{(r)\dagger}(\boldsymbol{k})e^{i\omega(k)t} \tag{5.15b}$$

と書けることを利用した．この形は，これを (5.1)(5.2) に代入して，それらが実際に相互作用していない電磁場の方程式 (5.9) を満たしていることを確かめてみればよい．さらに (5.14) を得る際，関数 $f_{\boldsymbol{k}}(\boldsymbol{x})$ の規格直交条件および 2 つの単位 vector $\boldsymbol{e}^{(r)}$ が直交していることを用いた．

また (5.14) には，古典電磁場のときの (2.4 節 (4.30) 式) に比べ，最後の項 1/2 $\hbar\omega(k)$ だけよけいに入っている．この項は $\hat{\boldsymbol{A}}$ や $\hat{\boldsymbol{E}}$ を $\hat{a}$ や $\hat{a}^\dagger$ で表したものを (5.10) の中に代入した際，$\hat{a}\,\hat{a}^\dagger$ の順序の項を交換関係 (5.3) を用いて $\hat{a}^\dagger\hat{a}$ の順序に直したとき出たもので，$\hat{a}$ や $\hat{a}^\dagger$ が c －数のときは出なかったものである．

この項 $(1/2)\sum_{\boldsymbol{k}}\sum_{r=1,2}\hbar\omega(k)$ を**零点 energy** とよぶ．以下，この項はいちおう除外して話を進めよう．

$$\hat{H}_0 \equiv \hat{H}_{\mathrm{e.m.0}} - \frac{1}{2}\sum_{\boldsymbol{k}}\sum_{r=1,2}\hbar\omega(k) = \sum_{\boldsymbol{k}}\sum_{r=1,2}\hbar\omega(k)\hat{a}^{(r)\dagger}(\boldsymbol{k})\hat{a}^{(r)}(\boldsymbol{k}) \tag{5.16}$$

は，$\hat{H}_{\mathrm{e.m.0}}$ とは c －数の項しか異なっていないから，Heisenberg の運動方程式はそのまま成り立っている．

4.5.4 光子状態

さて，いま，真空状態 $|0>$ を考えると

$$\hat{H}_0|0> = 0 \tag{5.17}$$

次に，状態

$$\Phi(\boldsymbol{k}_1, r_1) \equiv \hat{a}^{(r_1)\dagger}(\boldsymbol{k}_1)|0> \tag{5.18}$$

を考える．すると，容易に

$$\hat{H}_0\boldsymbol{\Phi}(\boldsymbol{k}_1, r_1) = \hbar\omega(k_1)\boldsymbol{\Phi}(\boldsymbol{k}_1, r_1) \tag{5.19}$$

が得られるから，この状態は（5.2）により，光子が energy $\hbar\omega(k_1)$ をもったものである．また一般に

$$\boldsymbol{\Phi}_{n_1}(\boldsymbol{k}_1, r_1) \equiv \frac{1}{\sqrt{n_1!}}\{\hat{a}^{(r_1)\dagger}(\boldsymbol{k}_1)\}^{n_1}|0> \tag{5.20}$$

を考えると，（2.16）により，

$$\hat{H}_0\boldsymbol{\Phi}_{n_1}(\boldsymbol{k}_1, r_1) = \hbar\omega(k_1)n_1\boldsymbol{\Phi}_{n_1}(\boldsymbol{k}_1, r_1) \tag{5.21}$$

が得られる．これは，状態 $\boldsymbol{\Phi}_{n_1}(\boldsymbol{k}_1, r_1)$ が，n_1 個の energy 単位 $\hbar\omega(k_1)$ をもっていることを示している．この場合 $\hat{a}$ は（反交換関係ではなく）交換関係を満たしている結果として，n_1 は 0 から∞までのすべての整数をとりうる．すなわち，任意個の光子が energy $\hbar\omega(k_1)$ をもちうるわけで，これは光子が Bose 統計に従うことを表している．

もっと一般に

$$\boldsymbol{\Phi}_{n_1n_2\ldots}(\boldsymbol{k}_1, r_1, \boldsymbol{k}_2, r_2, \cdots) = \Pi_{i=1}^{\infty}\frac{1}{\sqrt{n_i!}}\{\hat{a}^{(r_i)\dagger}(\boldsymbol{k}_i)\}^{n_i}|0> \tag{5.22}$$

を考えると，

$$\hat{H}_0\boldsymbol{\Phi}_{n_1n_2\ldots}(\boldsymbol{k}_1, r_1, \boldsymbol{k}_2, r_2, \cdots) = \sum_i\hbar\omega(k_i)n_i\boldsymbol{\Phi}_{n_1n_2\ldots}(\boldsymbol{k}_1, r_1, \boldsymbol{k}_2, r_2, \cdots) \tag{5.23}$$

となる．この解釈はもう明らかであろう．なお，光子の場合，状態（5.22）の積の順序はどうでもよい．すべての $\hat{a}^\dagger$ は交換するからである．

4.5.5 光子の運動量

電磁場の運動量にもまったく同様のことが言える．すなわち

$$\hat{\boldsymbol{P}} = \sum_{\boldsymbol{k}}\sum_{r=1,2}\hbar\boldsymbol{k}\hat{a}^{(r)\dagger}(\boldsymbol{k})\hat{a}^{(r)}(\boldsymbol{k}) \tag{5.24}$$

に対して

$$\hat{\boldsymbol{P}}\boldsymbol{\Phi}_{n_1n_2\ldots}(\boldsymbol{k}_1, r_1, \boldsymbol{k}_2, r_2, \cdots) = \sum_i\hbar\boldsymbol{k}_in_i\boldsymbol{\Phi}_{n_1n_2\ldots}(\boldsymbol{k}_1, r_1, \boldsymbol{k}_2, r_2, \cdots) \tag{5.25}$$

が得られる．したがって（5.23）と（5.25）をいっしょにすると，状態 $\boldsymbol{\Phi}_{n_1n_2\cdots}(\boldsymbol{k}_1, r_1, \boldsymbol{k}_2, r_2, \cdots)$ は，energy $\hbar\omega(k_1)$，偏り r_1，運動量 $\hbar\boldsymbol{k}_1$ をもった光子が n_1 個，energy $\hbar\omega(k_2)$，偏り r_2，運動量 $\hbar\boldsymbol{k}_2$ をもった光子が n_2 個，…ある状態であると言うことができる．

4.5.6 消滅発生演算子

（2.15）の脚注の式によると，operator $\hat{a}^{(r)}(\boldsymbol{k})$ は，n 個の光子のある状態を $n-1$ 個の状態に変える．また $\hat{a}^{(r)\dagger}(\boldsymbol{k})$ は n 個の光子のある状態を $n+1$ 個の状態に変える．したがって，この場合も $\hat{a}$ を**消滅演算子**，$\hat{a}^\dagger$ を**発生演算子**とよぶ．

最後に，電磁場の Hamiltonian (5.16) は，固有値

$$E = \sum_{\boldsymbol{k}}\sum_{r=1,2}\hbar\omega(k)n^{(r)}(\boldsymbol{k}), \quad n^{(r)}(\boldsymbol{k}) = 0, 1, 2, \cdots$$

をもっているから，第 2 章の終わりの議論により，Planck の輻射公式が正しく得られることを注意しておこう．

4.5.7 不確定性関係

量子化された電磁場は，このように光の粒としての性質を表現し，Planck の輻射公式を正しく与えるが，古典場のように勝手に交換しないから，何か不確定性関係が成り立つはずである．そこで（5.4a）に戻ってみよう．$\hat{A}_j(x')$ はどっちみち直接観測する量ではないから，観測量の間の関係に直すためにこの式の両辺に $\varepsilon_{klj}\,\partial_l'$をかけると，

$$[\hat{E}_i^v(\boldsymbol{x}, t), \hat{H}_k(\boldsymbol{x}', t)] = i4\pi\hbar c\,\varepsilon_{ikl}\,\partial_l'\,\delta(\boldsymbol{x} - \boldsymbol{x}') \tag{5.26}$$

が得られる．したがって，たとえば $\hat{E}_1$ と $\hat{H}_2$（または $\hat{H}_3$）とは，同時に，同一の点で正確に測定することができない．空間的に離れた点の $\hat{\boldsymbol{E}}$ と $\hat{\boldsymbol{H}}$ なら，そのとき，（5.26）の右辺は 0 であるから，一方の観測が他方に影響しない．

次に，光子の数の operator

$$\hat{N}(t) = \textstyle\sum_{\boldsymbol{k}}\sum_{r=1,2}\hat{a}^{(r)\dagger}(\boldsymbol{k}, t)\hat{a}^{(r)}(\boldsymbol{k}, t) \tag{5.27}$$

および，電場を 2 つに分けて

$$\hat{\boldsymbol{E}}^{(+)}(x) = i\sqrt{4\pi\hbar}\sum_{\boldsymbol{k}}\sum_{r=1,2}\sqrt{\frac{\omega(k)}{2}}\,\boldsymbol{e}^{(r)}(\boldsymbol{k})\hat{a}^{(r)}(\boldsymbol{k}, t)f_{\boldsymbol{k}}(\boldsymbol{x}) \tag{5.28a}$$

$$\hat{\boldsymbol{E}}^{(-)}(x) = -i\sqrt{4\pi\hbar}\sum_{\boldsymbol{k}}\sum_{r=1,2}\sqrt{\frac{\omega(k)}{2}}\,\boldsymbol{e}^{(r)}(\boldsymbol{k})\hat{a}^{(r)\dagger}(\boldsymbol{k}, t)f_{\boldsymbol{k}}^*(\boldsymbol{x}) \tag{5.28b}$$

を定義すると，ただちに

$$[\hat{\boldsymbol{E}}^{(+)}(\boldsymbol{x}, t), \hat{N}(t)] = \hat{\boldsymbol{E}}^{(+)}(\boldsymbol{x}, t) \tag{5.29a}$$

$$[\hat{\boldsymbol{E}}^{(-)}(\boldsymbol{x}, t), \hat{N}(t)] = -\,\hat{\boldsymbol{E}}^{(-)}(\boldsymbol{x}, t) \tag{5.29b}$$

が得られる．

さて，

$$[\hat{A}, \hat{B}] = \hat{C} \tag{5.30}$$

の関係にある 3 つの量の間には，不確定性関係

$$\Delta A \cdot \Delta B \geq |C| \tag{5.31}$$

が成り立つから，これを（5.29）にあてはめると，

$$\Delta N \cdot \Delta E \geq |E| \tag{5.32}$$

が得られる．したがって，光子の数を正確に知ろうとすると，電場の強さに関する知識が不正確になるということになる．（5.32）の両辺を光子の数＜ N ＞で割ると，

$$\frac{\Delta N}{<N>}\Delta E \geq \frac{|E|}{<N>} \tag{5.33}$$

となるから，光子の数がうんと大きい場合は，右辺は事実上0と考えられ，古典像に戻る．与えられた有限のenergyの中には，波長の長い光子はたくさん入っているから，その領域では古典像がよい近似で成り立っていることになる．

4.5.8 Coherent 状態

まったく同様のことが，位相と振幅の間にも成立し，両者は不確定性関係によって互いに制限し合っている．そして，光子の数が多い領域では，古典論を再現することができる．事実，光子の数が巨視的な数$<N>$の場合，すなわち

$$<N> \gg \sqrt{<N>} \gg 1 \tag{5.34}$$

の場合には，巨視的な意味で，光子数と光子の位相が確定した状態を実際に作ることができる．これを**coherent 状態**という．

いま，ある1つの波数vectorをもったn個の光子状態を

$$|n> = \frac{1}{\sqrt{n!}}(\hat{a}^{\dagger})^n|0> \tag{5.35}$$

としよう．そこで与えられた数$<N>$に対し，

$$\omega_n \equiv <N>^n e^{-<N>}/n! = \frac{<N>}{n}\omega_{n-1} \tag{5.36a}$$

$$\textstyle\sum_{n=0}^{\infty}\omega_n = 1 \tag{5.36b}$$

なる量を導入し，状態

$$|\eta> \equiv \textstyle\sum_{n=0}^{\infty} e^{in\eta}\sqrt{\omega_n}\,|n> \tag{5.37}$$

を定義しよう．ここに，ηは0から2πまでの任意の数である．(2.15)の脚注の関係に注意すると，

$$\begin{aligned}\hat{a}|\eta> &= \textstyle\sum_{n=0}^{\infty} e^{in\eta}\sqrt{\omega_n}\,\hat{a}|n> = \sum_{n=1}^{\infty} e^{in\eta}\sqrt{\omega_n}\sqrt{n}\,|n-1> \\ &= \textstyle\sum_{n=1}^{\infty} e^{i\eta}e^{i(n-1)\eta}\sqrt{\frac{<N>}{n}}\sqrt{\omega_{n-1}}\sqrt{n}\,|n-1> = \sqrt{<N>}e^{i\eta}|\eta>\end{aligned} \tag{5.38}$$

が得られる．これは，$|\eta>$が，$\hat{a}$の固有値$\sqrt{<N>}e^{i\eta}$をもった固有状態であることを示している．

この状態$|\eta>$によって粒子数のゆらぎΔNを計算してみると，

$$(\Delta N)^2 \equiv <\eta|\hat{N}^2|\eta> - (<\eta|\hat{N}|\eta>)^2 = <\eta|\hat{a}^\dagger\hat{a}\hat{a}^\dagger\hat{a}|\eta> - <N>^2$$
$$= <\eta|\hat{a}^\dagger(\hat{a}^\dagger\hat{a}+1)a|\eta> - <N>^2$$
$$= <N>^2 + <N> - <N>^2 = <N> \tag{5.39}$$

したがって，

$$\Delta N = \sqrt{<N>} \ll <N> \tag{5.40}$$

または

$$\frac{\Delta N}{<N>} \ll 1 \tag{5.41}$$

であることを示している．すなわち，この状態では光子数の不確定さは，巨視的な光子の数に比べ，無視できるほど小さくなっている．なお，$|\eta>$の規格直交性から

$$<\eta|\eta> = \sum_{n=0}^{\infty}\omega_n = 1 \tag{5.42}$$

と規格化されていることがわかる（実は上の計算（5.39）では，これを使った）．

Coherent 状態（5.37）の中でどの状態がいちばん大きく効いているかを調べてみよう．そのために Stirling の近似式

$$n! = n^n e^{-n} \tag{5.43}$$

を用いると，

$$\log\omega_n = n\log<N> - <N> - n(\log n - 1) \tag{5.44}$$

これを n で微分して 0 とおくと，最大の項が得られる．すなわち

$$\frac{d}{dn}\log\omega_n = \log<N> - \log n = 0 \tag{5.45}$$

したがって，最大の ω_n を与える n は（それを n^* とする）

$$n^* = <N> \tag{5.46}$$

である．Coherent 状態は，つまり（5.37）のうち n が $<N>$ に等しい状態が最も多く寄与し，n が $<N>$ から $\sqrt{<N>}$ だけ離れたところで，急激に 0 となっていることがわかる．

（5.38）の関係を各波数，$\boldsymbol{k}$，各成分 r について考えると，

$$<\eta_{\boldsymbol{k},r}|\hat{a}^{(r)}(\boldsymbol{k})|\eta_{\boldsymbol{k},r}> = \sqrt{<N_{\boldsymbol{k},r}>}e^{i\eta_{\boldsymbol{k},r}} \tag{5.47a}$$

$$<\eta_{\boldsymbol{k},r}|\hat{a}^{(r)\dagger}(\boldsymbol{k})|\eta_{\boldsymbol{k},r}> = \sqrt{<N_{\boldsymbol{k},r}>}e^{-i\eta_{\boldsymbol{k},r}} \tag{5.47b}$$

したがって，すべての波数 $\boldsymbol{k}$ と成分 r についての coherent 状態の積

$$|\alpha> = \Pi_r\Pi_{\boldsymbol{k}}|\eta_{\boldsymbol{k},r}> \tag{5.48}$$

を作って，電磁 potential をはさむと，(5.1a) により

$$< \alpha|\hat{A}_i(x)|\alpha >= \sqrt{\frac{4\pi c^2}{V}} \sum_{\boldsymbol{k}} \sum_{r=1,2} \sqrt{\hbar < N_{\boldsymbol{k},r} > /2\omega(k)} \boldsymbol{e}^{(r)}(\boldsymbol{k}) \times [\exp\{i(\boldsymbol{k}\cdot\boldsymbol{x} - \omega(k)t + i\eta_{\boldsymbol{k},r})\} + \exp\{-i(\boldsymbol{k}\cdot\boldsymbol{x} - \omega(k)t + i\eta_{\boldsymbol{k},r})\}] \tag{5.49}$$

は，特定の振幅と位相をもった古典的な電磁 potential である．このようにして，量子化された電磁場の coherent 状態による期待値は古典的な電磁場を再現する．

ここで考えた coherent 状態の数学的形式は，そのまま Klein-Gordon の場にもあてはまる．しかし，古典論の領域で Klein-Gordon の方程式を満たすような場は知られていない．

さらに勉強したい人へ

場の量子化のやさしい本は，8) Harris, E. G. (1972) がよい．英語はやさしいから，これを原書で読んでみるのはよいかもしれない．もう1つ英語のやさしい本に，9) Henley, E. M. and Thirring, W. (1962) がある．この日本語訳は，野上幸久訳 (1974) である．はじめの数章に，発生消滅演算子の物理的議論がしてある．

場の量子化の歴史的背景については，やはり前章にあげた 27) 高林武彦 (1977)，またその物理的意味は，33) 朝永振一郎 (1953) および 35) 朝永振一郎 (1974) の第6話に詳しい．

電磁場の取り扱いおよび古典電磁場との関係は，41) 湯川秀樹 (1948) および 11) Heitler, W. (1944) がよいと思う．日本語訳は沢田克郎訳 (1957) で，その中の第Ⅱ章の議論が簡単であろう．電磁場の量子化のうんと高級な議論については 16) 中西襄 (1975) の第Ⅲ章および 44) 横山寛一 (1978) に見られるが，両方とも初学者にはむずかしい．前章であげた 18) 西島和彦 (1973) の第Ⅱ章のほうが，初等的で意味がわかりやすいと思う．そこには，Yang-Feldman の方程式も使われている．この本では，物質場を量子化しない場合の理論の限界が示されている点と，spin1/2 の相対論的波動方程式 (Dirac 方程式) が詳しく議論されている点で，相対論的場の理論をこれから学ぼうという人にとっては，必読の書であろう．

場の量子化の基本的な考え方は，19) 大貫義郎 (1976) の第Ⅷ章に要領よくまとめてある．

第5章　場と物質

前章でお話しした簡単な場合の場の量子論を，この章ではあまり技術的なことにこだわらず，もう少し広い立場から眺めてみよう．はじめに，古典粒子や古典場の考え方と，量子化された場の理論における物質像を簡単に比較してみる．次に Feynman 図形の書き方を簡単に説明し，場の相互作用をどのように扱うかを考える．それから，局所場理論の帰結である spin と統計の問題を説明しよう．

次に，量子力学的多体問題と場の理論がどのように関係しており，その根本的な違いがどこにあるかを説明する．最後の節では，多体系における場の理論の応用問題を簡単に眺め，いわゆる対称性の自発的破れと，Nambu-Goldstone の定理の役割を説明しよう．

5.1　場の理論における物質像

5.1.1　古典的粒子

Newton 力学においては，質点ははじめから終わりまで質点であり，発生したり消滅したりすることはないから，粒子を identify することは容易である．時間と空間を座標とする 4 次元の空間を考えると，Newton 力学における粒子は，過去から未来へ進む 1 本の線で表される．線が消えてなくなったりすることは絶対にない．また 2 個の粒子が衝突しても，第 1 の粒子は A → S → B，第 2 の粒子は C → S′ → D という軌道を描き，両者が，交換してしまうようなことは起きない．特殊相対論を考慮しても，古典的粒子は，発生し

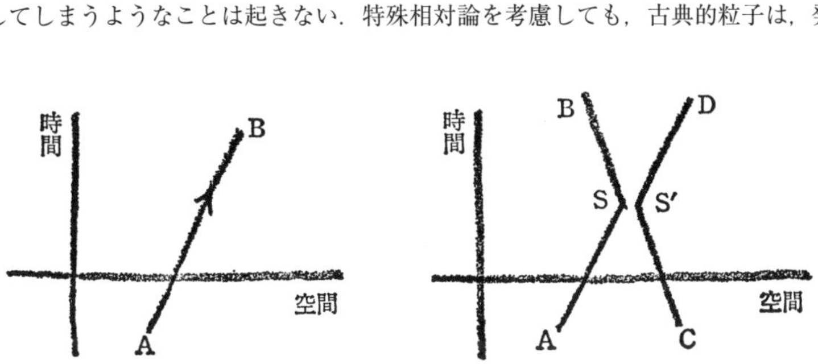

図 5.1

たり消滅したりすることは起こらず，ただ粒子の4次元空間における軌道が空間方向に向いてはならないという制限がつくだけである．このような自己同定のできる古典的粒子を多数含む系を扱うためには，Maxwell-Boltzmann の統計が適当である．

5.1.2 古典的場

一方，Maxwell の電磁方程式に従う古典的な場は，時間と空間に依存する4次元的な場であり，干渉回折を起こす波であって，それは場所から場所へ時間をかけて energy や運動量を運ぶ．Yang-Feldman の式に直してみればわかるように，4次元空間の点 x における電磁場は，その点を頂点とする光円錐の中の過去の部分における源の分布だけで決まり，この意味で，相対論的な因果律を満たしている．しかし，粒子のような粒々の性質はどこにも現れない．このように，古典論は粒子と場を別々に考える二元論である．

5.1.3 量子力学的粒子

量子力学によると，粒子はその2乗が粒子の存在確率を表すような場の従う方程式によって記述される．しかし，ここでも粒子は発生したり消滅したりすることはない．量子力学で問題にする場は，一般には単なる4次元空間における場（または波）ではなくて，考えている系に含まれる粒子の数を N とするとき，$3N+1$ 次元の空間における場である[*1]．たとえば，同種の粒子1と粒子2を記述する場は，それらの位置座標をそれぞれ $\boldsymbol{x}_1, \boldsymbol{x}_2$ とするとき，

$$\begin{aligned}\psi(\boldsymbol{x}_1,\boldsymbol{x}_2,t) &= (\psi(\boldsymbol{x}_1,\boldsymbol{x}_2,t)+\psi(\boldsymbol{x}_2,\boldsymbol{x}_1,t))/2 \\ &\quad +(\psi(\boldsymbol{x}_1,\boldsymbol{x}_2,t)-\psi(\boldsymbol{x}_2,\boldsymbol{x}_1,t))/2 \end{aligned} \tag{1.1}$$

の満たす Schrödinger 方程式で記述される．(1.1) の右辺では，ψ を粒子1と2に対して対称な部分と反対称な部分に分けて書いた．というのは，量子力学では同種の粒子に対しては全対称か**または**全反対称な波動関数のみが実現すると仮定されるからである，つまり2粒子の場合には (1.1) の右辺の第1項か**または**第2項のみが物理的に可能な状態であるということを仮定する[*2]．この仮定は，粒子が Bose-Einstein 統計（対称の場合）かまたは Fermi-Dirac 統計（反対称の場合）に従うと仮定することと同じである．量子力学では，粒子は発生したり消滅したりはしないが，このように粒子の自己同定ができなくなる．言い方をかえると，量子力学では点Aにあった第1の粒子がはじめに点Cにあった第2の粒子と点Sで衝突した場合，第1の粒子がBに行き第2の粒子がDに行ったなどということは問題にならない．元来，粒子1と2に対して対称（反対称）な状態だけが

[*1] $3N+1$ の1は時間座標．

[*2] Schrödinger 方程式は，はじめに波動関数が対称（反対称）なら，ずっと対称（反対称）であることを保証するが，対称か反対称かどちらか一方しかないことは別に仮定しなければならない．

現実に存在しうるものである．量子力学の基本方程式（Schrödinger 方程式）が与えるものは，（どの粒子とは言わないで）どれかの粒子の存在確率がどのように動くかということだけである．このことはもちろん粒子と波動の同一性から来ているものである．波の散乱の場合，どの波がどっちに行ったかなど問題にならない．いったんその波が重なり合うと，どっちの波がどっちに行ったかとは言えなくなる．

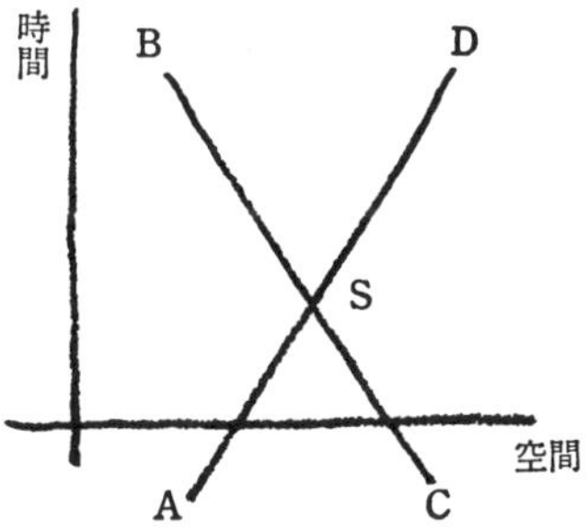

図 5.2

量子力学において古典的な粒子像が変更を受けるのは，粒子の位置と運動量の間に成り立つ不確定性関係と，粒子の個別性がなくなるという点である．ただし粒子は発生したり消滅したりできない．

しかし粒子の属性としての spin を考慮することは量子力学では容易で，それには 1 粒子の場合 spinor として変換する波動関数を考えればよい．2 粒子の場合には 2 つの spinor の足をもち，2 つの粒子の座標に依存する波動関数を考えて，それを spinor の足と座標とを**同時に**交換したときに，対称または反対称にしておけばよい（ただし電子のように spin が 1/2 の粒子は，つねに Fermi-Dirac の統計に従うことが知られているので，全反対称な波動関数のみが可能である．このことは非相対論的な領域では証明できないが，相対論的場の理論では，ある仮定のもとに証明することができる．5.3 節でこのことに触れる）．

5.1.4 場の理論的粒子像

第 4 章の 3・4・5 節で見たように，量子化された場は古典場とは違い，振動の振幅がとびとびの値に制限されたものである．そしてその振幅の値によって，energy や運動量の粒々が 1 個，2 個と数えられるようになっている．しかし，場の量子論における場も，古典論における場と同様に，4 次元空間における場であって，Yang-Feldman の方程式は，そのまま成立する．したがって，場の方程式が相対論的であるかぎり，相対論的因果律は成立し，4 次元空間の点 x における場は，x を頂点とする光円錐の内側に存在する過去の源によって決定される．このように相対論的な場が光円錐の中だけに制限されるためには，粒子と反粒子の両方が存在しなければならない．古典場の理論との本質的な違いは，振幅が発生消滅演算子の性質をもっているという点である．したがって，量子化された場の理論における粒子や反粒子は，発生したり消滅したりできる．あらっぽく言うと，振幅の大きい場は多くの粒子や反粒子を含んでおり，振幅の小さい場は少しの粒子や反粒子しか含まない．

たとえば 2 個の粒子が衝突するという現象は，量子化された場の理論の言葉で言うと次のようになる．はじめに，2つの粒子がそれぞれ運動量$\boldsymbol{p}$と$\boldsymbol{q}$をもって，散乱後それぞれ運動量$\boldsymbol{p}'$と$\boldsymbol{q}'$になったとしよう．2つの粒子が同種粒子だったら，もちろん$\boldsymbol{p}$が$\boldsymbol{p}'$になり，$\boldsymbol{q}$が$\boldsymbol{q}'$になったとは言えない．$\boldsymbol{p}$が$\boldsymbol{q}'$になり，$\boldsymbol{q}$が$\boldsymbol{p}'$になったかもわからないが，このことは問題にならない．われわれはそんなことを観測してはいない．はじめに$\boldsymbol{p}$と$\boldsymbol{q}$があり，終わりに$\boldsymbol{p}'$と$\boldsymbol{q}'$があることだけを観測するわけで，粒子1つ1つの軌道を追いかけるわけではないからである．また，散乱はどこかで起きるが，それも問題にできない．運動量を指定してしまったら，不確定性関係によって位置がわからなくなる．ただし運動量は保存して，$\boldsymbol{p}+\boldsymbol{q}=\boldsymbol{q}'+\boldsymbol{p}'$が成り立つ．ここまでは，量子力学と別に変わったことはないが，量子場は粒子を発生させたり消滅させたりするoperatorだから，このような散乱過程は，運動量$\boldsymbol{p}$と$\boldsymbol{q}$をもった2つの粒子が消滅し，運動量$\boldsymbol{p}'$と$\boldsymbol{q}'$をもった2つの粒子が発生するというふうに散乱を記述することになる．

まったく同様に，原子の中の電子がenergy-level E_1からE_0に落ち，同時に光子を発生するという過程は，量子場の言葉で言うと，energy-level E_1にあった電子が消滅し，角振動数

$$(E_1 - E_0)/\hbar \tag{1.2}$$

をもった光子およびenergy-level E_0に電子が発生するということになる．

粒子が消滅したり発生したりすることが可能なら，とんできた粒子が突然消えてしまうというような現象が実際に観測されるかというと，そうではない．Energyや運動量の保存則があるから（これは場の量子論に，built-inされている），1個の粒子が何も残さずに消えてしまったり，何もないところから突然とび出したりすることは現実には起きない．しかし，energy保存則や運動量保存則（やその他の量子数の保存則）に矛盾しない範囲で，1つの粒子が他の粒子（複数）に変わってしまうということは起きうることである．たとえば，中性子は10分くらいの寿命で陽子と電子と反中性微子（anti-neutrino）に変わってしまう．これは，中性子が消えて陽子と電子と反中性微子が発生したものであって，β崩壊として知られているものである（どうして中性微子ではなく反中性微子かということは，こうすると，ある種の量子数が保存するからであって，このことはここで論じない）．中性子は電気的に中性，陽子は正，電子は負，反中性微子は電気的に中性だから，ちょうど崩壊の前後で，電気の量が保存されている．このように粒子が他の粒子に崩壊してしまうような現象は，Newton力学や量子力学では全然取り扱えないものである．このような素粒子の過程においてはenergy，運動量のほか，電荷や全角運動量などが保存する．したがって，半整数のspinをもった粒子が，整数spinの粒子だけに移り変わるようなことは起きえない．

5.1.5 仮想粒子

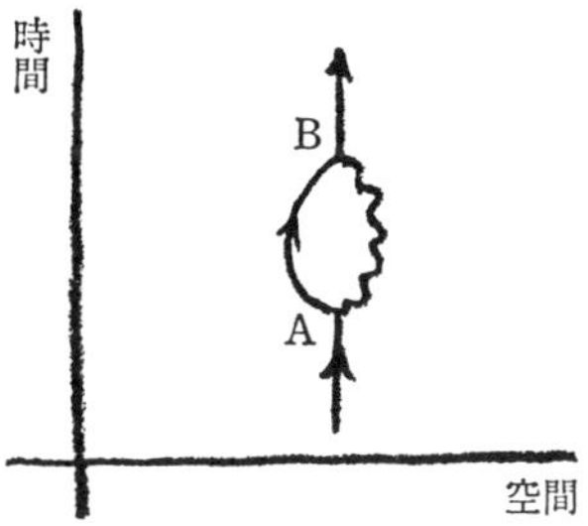

図 5.3

量子場の理論でも，時間と energy の間には不確定性関係が成り立っているから，きわめて短い時間の間なら，energy 保存則を満たさないような過程も起こりうる．たとえば，自由な電子が 1 個の光子を放出する過程は現実には起こりえないが（それは運動量と energy の保存則を同時に成立させられないから)，きわめて短い時間の間なら，自由な電子は 1 個の光子を放出することができる．その短い時間に放出された光子は，energy 保存則を満たしていないので，またすぐ元の電子に吸収されてしまう．この過程に対応するいわゆる Feynman の図を書くには，電子を実線で表し，光子を波線で表すことにすると，図 5.3 のようになる．時間を上向きにとって，電子が点 A で光子を発射し，点 B で，この光子を吸収する．A から B までに要する時間は，きわめて短い微視的なもので，実際に人間が観測するには巨視的な時間が必要であるから，上の過程は電子と光子が別々に存在するとは見えない．はじめと終わりに電子が 1 個存在しているにすぎない．微視的な短い時間の間に電子が 2 個の光子を放出したり，3 個の光子を放出していたりすることももちろんできる．つまり電子の周りには，短い時間の間，光子がうじゃうじゃとつきまとっていると考えることができる．このような光子を**仮想的な光子**（virtual photons）という．電子の周りにはいつでも仮想的な光子の雲があるからこそ，外部から十分な energy を補給してやると，電子は光子を現実に放出するのである．電子にかぎらず，一般に荷電粒子の周りには仮想光子の雲ができている．これが荷電粒子の周りの電磁場である．光子は質量のない粒子であることを前に注意したが，質量がないために，短い時間の間にかなり遠くまで届いて，よく知られた距離の逆数に比例する Coulomb potential ができる．

同様の過程は，中性子や陽子が中間子と相互作用している場合にもあてはまり，この場合は，中間子が質量をもっているために，中性子や陽子の周りの仮想中間子の雲は，だいたい中間子の Compton 波長（10^{-13}cm）のところまでしか届かない．これが原子核の中の力がだいたい 10^{-13}cm のところまでしか働かず，原子核が約 10^{-13}cm の大きさに保たれる理由である．4.3 節であらっぽくあたってみたように，中性子や陽子から距離 r だけ離れたところでは，仮想中間子の雲による potential が

$$V(r) \propto \exp(-\kappa r)/r \tag{1.3}$$

のように作られている．ここで κ は中間子の Compton 波長の逆数である．この関数は，r が κ^{-1} くらいのところを過ぎると急激に 0 となってしまう（この関数を見るとわかるよ

うに，$r=0$ でちょっと困ったことが起きるが，それは後で論じよう）．

場の量子論においては，このように1つの粒子を1つの粒子として同定することが許されない．粒子はいつでも仮想的な他の粒子につきまとわれているし，場の振幅はいつでも平均値の周りをゆらいでいるから，粒子はいつでも消えたり発生したりしているわけである．

5.2 場の相互作用

5.2.1 相互作用 Hamiltonian

これまで言葉で言ってきた，わかったようなわからないようなことを，少々数式を用いて表しておこう．電磁場の場合には，3.2 節まで戻って，（3.2 節 （2.9）式）または，その一部の（3.2 節 （2.12）式）を考えればよい．（3.2 節 （2.12c）式）によると，電流は，量子化された電子の場合，

$$\hat{\boldsymbol{j}}^{(1)}(x)=\frac{1}{V}\frac{e\hbar}{m}\sum_{\boldsymbol{k},\boldsymbol{l}}\left(\boldsymbol{l}-\frac{1}{2}\boldsymbol{k}\right)\hat{C}^{\dagger}(\boldsymbol{l}-\boldsymbol{k},t)\hat{C}(\boldsymbol{l},t)e^{i\boldsymbol{k}\cdot\boldsymbol{x}} \tag{2.1}$$

である，ここで $\hat{C}$ と $\hat{C}^{\dagger}$ はそれぞれ電子を1個消滅発生する operator である．したがってこれは，波数 $\boldsymbol{l}$ をもった電子が消滅し，波数 $\boldsymbol{l}-\boldsymbol{k}$ をもった電子が発生する過程を表している（ここではいちおう，電子の spin のことは無視してある）．（2.1）を見ればわかるように，電磁場の源，すなわち電流は，波数 $\boldsymbol{l}$ の電子を消し，波数 $\boldsymbol{l}-\boldsymbol{k}$ の電子を発生する働きをし，しかも $\boldsymbol{l}$ と $\boldsymbol{k}$ について和になっている．すなわち，どんな $\boldsymbol{l}$ でもどんな $\boldsymbol{k}$ でもよい．

空間のある1点で電子が電磁場と相互作用している場合，この電流に，電磁場の vector potential をかけて作った量

$$\hat{\mathcal{H}}^{(1)}(x)=(1/c)\hat{\boldsymbol{j}}^{(1)}(x)\cdot\hat{\boldsymbol{A}}(x) \tag{2.2}$$

を，1次の相互作用 Hamiltonian 密度とよび，これを3次元の空間積分したものが，1次の相互作用 Hamiltonian

$$\hat{H}^{(1)}(t)=\int_V d^3x\hat{\mathcal{H}}^{(1)}(x) \tag{2.3}$$

である．（2.3）に（2.2）と（4.5 節 （5.1a）式）を代入して積分を遂行すると，

$$\hat{H}^{(1)}(t) = -\frac{e\hbar\sqrt{4\pi\hbar}}{m\sqrt{V}}\sum_{\boldsymbol{l},\boldsymbol{k}}\frac{1}{\sqrt{2\omega(k)}}\sum_{r=1,2}$$
$$\left[\left(\boldsymbol{e}^{(r)}(\boldsymbol{k})\cdot\left(\boldsymbol{l}+\frac{1}{2}\boldsymbol{k}\right)\right)\hat{a}^{(r)}(\boldsymbol{k},t)\hat{C}^{\dagger}(\boldsymbol{l}+\boldsymbol{k},t)\hat{C}(\boldsymbol{l},t)\right.$$
$$\left.+\left(\boldsymbol{e}^{(r)}(\boldsymbol{k})\cdot\left(\boldsymbol{l}-\frac{1}{2}\boldsymbol{k}\right)\right)\hat{a}^{(r)\dagger}(\boldsymbol{k},t)\hat{C}^{\dagger}(\boldsymbol{l}-\boldsymbol{k},t)\hat{C}(\boldsymbol{l},t)\right] \tag{2.4}$$

となる[*1]．この中で ^ のついている operator だけ眺めてみると，その物理的な意味は明らかであろう．すなわち，右辺の括弧の中の第 1 項は，波数 $\boldsymbol{l}$ の電子と波数 $\boldsymbol{k}$ の光子が消えて，波数 $\boldsymbol{l}+\boldsymbol{k}$ の電子が発生する過程である．つまり，運動量 $\hbar\boldsymbol{l}$ の電子が，運動量 $\hbar\boldsymbol{k}$ の光子を吸収して運動量 $\hbar(\boldsymbol{k}+\boldsymbol{l})$ に曲がっていくことを表す．第 2 項では波数 $\boldsymbol{l}$ の電子が消えて，波数 $\boldsymbol{l}-\boldsymbol{k}$ の電子と波数 $\boldsymbol{k}$ の光子が発生している．これは，運動量 $\hbar\boldsymbol{l}$ の電子が運動量 $\hbar\boldsymbol{k}$ の光子を発射して，運動量 $\hbar(\boldsymbol{l}-\boldsymbol{k})$ の状態に曲がっていく過程にほかならない．

(2.2) から (2.3)(2.4) へ移る際，3 次元の全空間について積分した結果，光子の波数と電子の波数の差がつねに同じであるところだけがきいてきて，上のようにつねに運動量保存則が成立するようになったのである（energy 保存則はまだ入っていない）．しかし，このような過程では，前にも言ったように，energy 保存則と運動量保存則とを同時に満たすことはできないから，現実に，巨視的な時間の間ではこのようなことは起きない．しかしこの量自身，すなわち (2.4) そのものは 0 ではない[*2]．

5.2.2 Feynman 図形

(2.4) の右辺第 1 項を Feynman 図形 (a) で表し，第 2 項を，Feynman 図形 (b) で表すと便利である．実線は電子，波線は光子で，時間を上向きにとったので，(a) が光子の吸収，(b) が光子の放出である．たとえば，(a) と (b) をくっつけると，図 5.5 が

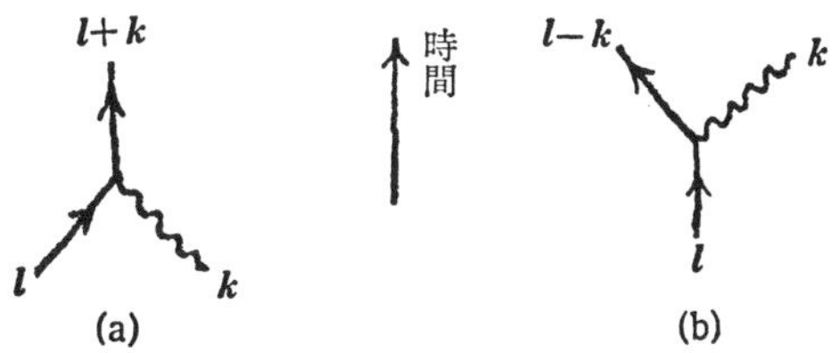

図 5.4

[*1] 相互作用 Hamiltonian の一般的な作り方はこの本では議論しない．相互作用をしている電子場の方程式（3.2 節 (2.7b) 式）または（3.2 節 (2.34) 式）が，Heisenberg の運動方程式と両立するように Hamiltonian を作る．(2.4) は，そのうち，電荷 e に比例している項のみである．

[*2] 巨視的な長さの時間について (2.4) を積分すると，energy の保存を示す delta 関数が出てきて，それは 0 となる．

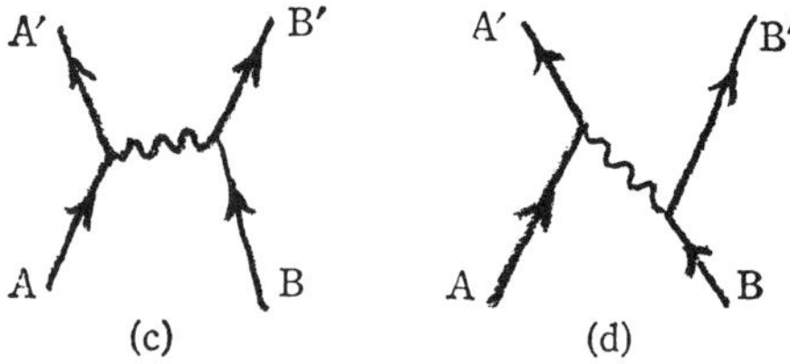

図 5.5

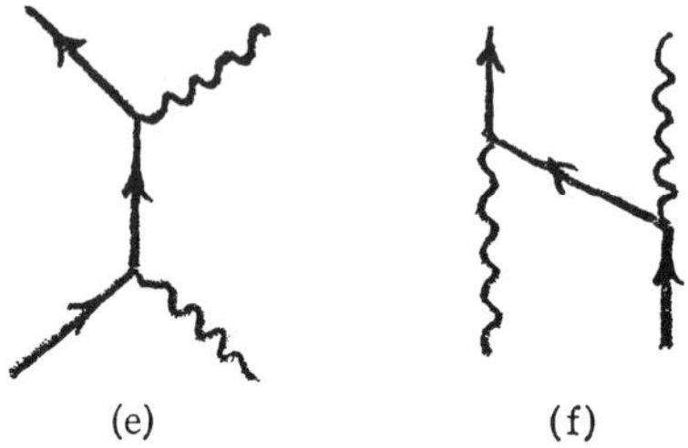

図 5.6

得られる.

電子 A が 1 個の光子を放出し，電子 B がそれを吸収する過程は，Feynman 図形で書くと，図 5.5 (c) のようになる．これもやはり (a) と (b) をくっつけたものである．この過程を通して，電子 A の運動量が変化し，その分だけ電子 B が受け取るから，2 個の電子 A と B の間には力が働くことになる．また電子 B が光子を発射し，A がそれを吸収すると，図は (d) のようになる．両方とも，2 つの電子 A と B の間に働く力を与えるから, 一般には A と B の間の力は図 (c) と図 (d) の和となる．陽子と中性子の間の核力も，これとまったく同様の機構によって起きる．この場合，波線が中間子を表している.

電子による Compton 散乱もまったく同様に Feynman 図形で表すと (e) と (f) の和である．図 (f) では，電子がまず光子を発射し，それから後ではじめにあった光子を吸収している．これも微視的な短時間の間に成り立つ不確定性関係のために起きたものである．陽子または中性子による中間子の散乱もまったく同様に考えればよい.

このように，電子と光子の起こすいろいろな過程は，基本的な図 (a) と (b) をいくつもいろいろと組み合わせて, はじめと終わりに観測される粒子があるようにすればよい．練習に，たとえば 1 個の電子が 1 個の光子を吸って，2 個の光子を放出するすべての可能な Feynman 図形を書いてみるとよい.

注 意

相互作用 Hamiltonian (2.4) は，このように 2 つの基本的な過程 (a) と (b) を表しているが，(a) だけとか (b) 一方だけではいけない．というのは，(2.4) をよく眺めてみると，(a) に対応する項（第1項）は，(b) に対応する項（第2項）の hermite conjugate になっている[*1]．さもないと，相互作用 Hamiltonian 全体が hermite でなくなり，量子力学の基本に反することになるからである．言い換えると，相互作用 Hamiltonian の hermite 性は，ある過程とその逆過程がつねに共存することを保証するものである．上の例では，光子の吸収が起これば，必ず，放出も起こりうることを保証している．

5.2.3　相対論的場の相互作用

5.2.2 項の例ではまた非相対論的な電子の方程式を用いたので，相互作用 Hamiltonian が (2.4) のように2個の項の和で表されたが，相対論的な荷電粒子と電磁場の相互作用を考えると，粒子反粒子の存在のために事情はうんと複雑になる．たとえば，3.3 節の荷電 Klein-Gordon 場 $\hat{\phi}(x)$ をとると，(4.4 節 (4.29a) 式) に みるように，$\hat{\phi}(x)$ は粒子の消滅演算子 $\hat{a}$ と，反粒子の発生演算子 $\hat{b}^{\dagger}$ の和となっている．したがって，相互作用 Hamiltonian 密度

$$\hat{\mathscr{H}}^{(1)}(x) = (1/c)\hat{A}_{\mu}(x)\hat{J}_{\mu}{}^{(1)}(x) \tag{2.5}$$

$$\hat{J}_{\mu}{}^{(1)}(x) = -i(e/\hbar c)\{\hat{\phi}^{\dagger}(x)\partial_{\mu}\hat{\phi}(x) - \partial_{\mu}\hat{\phi}^{\dagger}(x)\hat{\phi}(x)\} \tag{2.6}$$

は[*2]，合計8個の Feynman 図形を含む．

Feynman 図形　粒子を時間方向に向いた矢をもった実線，反粒子を時間と反対方向に向いた矢をもった実線で表すと（時間と反対方向に向いた矢という点に，あまりとらわれないように．これは単なる便宜にすぎない），それら8個の図形は図 5.7 となる．

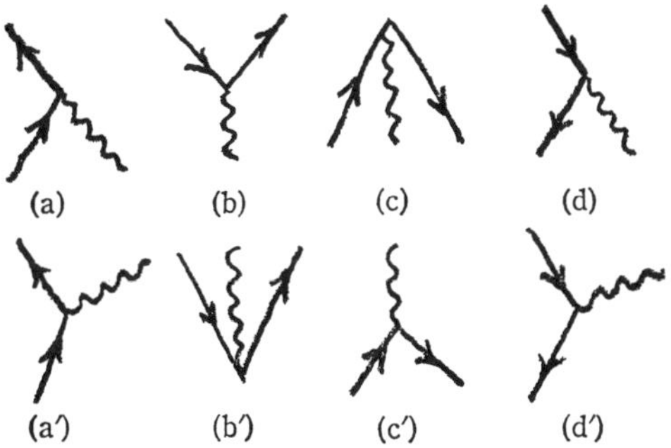

図 5.7

[*1] それを示すには，第1項の hermite conjugate をとって，それから，$\boldsymbol{l}$ を改めて $\boldsymbol{l}-\boldsymbol{k}$ とする．

[*2] これもやはり，$\hat{\phi}(x)$ の運動方程式（3.3 節 (3.41) 式）が Heisenberg の運動方程式と一致するように決める．

図 5.7 の (a) は粒子が光子を吸収する過程, (b) は光子が消えて, 粒子と反粒子を発生する過程, (c) は粒子と反粒子と光子とが同時に消える過程, (d) は反粒子が光子を吸う過程である. (a′)〜(d′) はそれぞれ (a)〜(d) の過程のうち, 光子が消える代わりに発生する過程である. 反粒子については,  は反粒子が発生する過程,  は反粒子が消滅する過程である.

図 5.7 を眺めてみると, どの図もすべて 1 点に入っていく矢と, その点から出ていく矢をもった 2 個の実線と, 1 個の波線からできていることに気がつく. この規則に従って, もっとめんどうな図形を前と同様に作っていくと, Klein-Gordon の場と電磁場との複雑な相互作用を作りあげることができる. たとえば Klein-Gordon 粒子による光子の Compton 散乱は, はじめと終わりにそれぞれ上向きの矢をもった実線 1 個と波線 1 個のある図形を考えればよいわけである. それは図 5.8 に示すものである. 言葉で言うと, (a) では粒子が光子をまず吸収して, それから放出している. (b) では粒子がまず光子を放出して, それからはじめにあった光子を吸収している. (c) でははじめの光子が消えて, 粒子と反粒子が発生し, そのうち反粒子のほうが, はじめの粒子といっしょに消滅して, 光子 1 個に変わっている. (d) では突然粒子と反粒子と光子が発生し, そのうちの反粒子がはじめにあった光子と粒子といっしょに消えている. これらの図形で, 実線の矢を全部反対に向けると, 反粒子による Compton 散乱の図が得られる.

注 意

① 図 5.7 の 8 個の図形を組み合わせて新しい過程に対応する図形を作る場合, つねに実線の矢がかちあわないようにしなければならない. たとえば,  と  をくっつけて  としてはいけない. なぜかというと,  は粒子の発射で, 数学的には $\hat{a}^{\dagger}$ に対応し, 一方,  は反粒子の吸収で数学的には $\hat{b}$ に対応する. 粒子が出て, それが反粒子に変化して吸収されるなどという過程は考えられないからである.

② 図 5.8 (a)〜(d) は, すべて図 5.7 の基本的な図を 2 個ずつ組み合わせたものである. もちろん 4 個組み合わせても, はじめと終わりに 1 個の荷電粒子と 1 個の光子だけが存在する図形を作ることができる. たとえば, 最も簡単なものは図 5.9 のようなもので, これは粒子がはじめにあった光子を吸い, 次に 1 個の光子を放出し, 次にそれを吸収し, 最

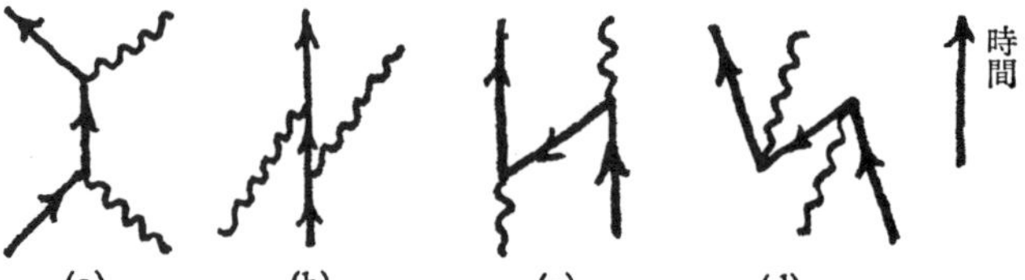

(a) (b) (c) (d)

図 5.8

図 5.9

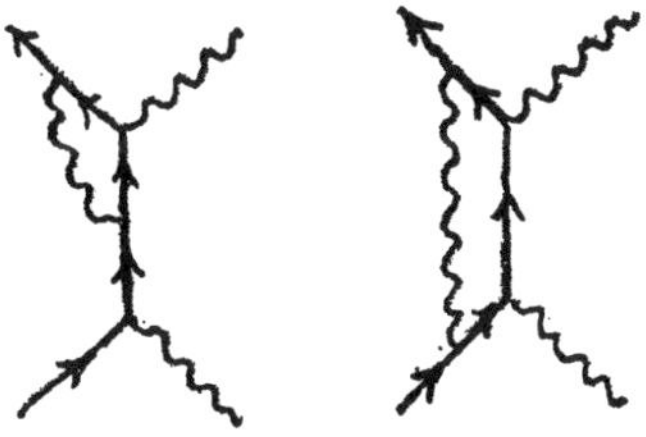

図 5.10

後に光子を 1 個放出する過程で，巨視的に見ればやはり Compton 散乱である．このほか，いくらでも複雑な図形が考えられる．図 5.10 のようなものでもよい．書いているときりがないから，この辺でやめよう．図 5.7 の図形は，相互作用 Hamiltonian (2.5) を表現したものであり，それには粒子の電荷 e がかかっている．したがって図 5.8 には e^2 がかかる．まだ図 5.9 と図 5.10 にはそれぞれ e^4 がかかる．e は小さい数だから，図が複雑になるほど，そのような図形からの寄与は小さくなると期待される．したがって，おおまかなことを言うときは，できるだけ簡単な図形に対応する過程のみ考えればよい．これは量子力学における摂動論の考え方で，相互作用 Hamiltonian が小さい数 e に比例している場合，摂動の高い次数の項はあまりきかないと期待しているわけである．後でこの期待は外れてしまうことがわかるが，実はそれでもなんとか逃げ道があるというのが，いわゆるくりこみ理論（renormalization theory）なのである．

③　相対論的な場の理論では，粒子と反粒子が存在する．そして，粒子と反粒子は，反対の電荷をもっている．したがって図 5.7 の（b）と（c′）を組み合わせると，たとえば図 5.11 が考えられる．これは，はじめに光子が 1 個あり，それが消滅して粒子と反粒子の対が発生し，それらがいっしょに消えて再び 1 個の光子に戻るという過程である．ちょうど真空（何もない状態）が電荷 e と $-e$ の物質からできていて，それらが電磁場のために偏極を起こしたことにあたる．このような過程を**真空偏極**（vacuum polarization）の効果とよぶ．真空とは何もない状態だが，それは平均においてのことで，短い時間の間には粒子と反粒子とが対になって，できたり消えたりしているわけである．

図 5.11

④　数学的にむずかしい場の量子論をこのように簡単に図示すると，なんとなくわかったような気がしてくるが，これは Feynman に負うところが大である．しかし，図が書けたからといって，実際にそのような過程の起きる確率が与えられるわけではない．図を書くことは，どのような過程が関与するかを示すだけで，つまり何を計算したらよいかを示

すだけで，実際，計算はまた別問題である．図の助けを借りなくても場の量子論的な計算は遂行できる．この点については，場の量子論の適当な教科書を参照されたい．

5.3 Spin と統計および反粒子の問題

5.3.1 Spin と統計

前にちょっと触れたように，spin 1/2 をもった電子は，Fermi-Dirac 統計に従う．したがってそのような場は，4.3 節でやったように反交換関係を用いて量子化しなければならない．また光子は spin 1 (vector 場だから) をもち，Planck の輻射公式を得るためには，それを 4.5 節でやったように交換関係を用いて量子化しなければならない．この事実を一般化し，半整数の spin をもった場は反交換関係，整数の spin をもった場は交換関係を用いて量子化すればよいのではないかという予想がたつ．

5.3.2 Schrödinger 方程式

このような spin と統計との関係は，非相対論的理論においては何ら必然的なものではなく，たとえば Schrödinger 場に交換関係を用いて量子化しても何も矛盾は起きない．

非相対論的領域では，粒子が半整数 spin をもっていても，整数 spin をもっていても，そんなことに関係なく粒子の従う運動方程式として Schrödinger 方程式をとる．量子化をする（すなわち場の量に対して，交換関係か反交換関係をおく）ときには，場の方程式が，Heisenberg の運動方程式に一致するということを原理にするから，場の運動方程式が spin によらなければ，量子化も spin によらないのは当然のことである．したがって，spin と統計との関係は，Schrödinger 方程式だけを問題にしているかぎり，理論から出てくるはずはないのである．

5.3.3 相対論的場の場合

一方，相対論的領域においては話が全然違う．ここで相対論的場の理論の一般論を展開するわけにはいかないが，第 3 章ですでにその一部を見たように，たとえば spin 0 の場は Klein-Gordon の方程式を満たし，spin 1 の場は Proca 方程式（3.3 節 (3.36) 式）を満たすという具合に，場の方程式は場のもつ spin によって異なっている．半整数 spin の場は，また全然異なった形の方程式を満たしている．たとえば，spin 1/2 の場は 4 成分をもった spinor $\psi_\alpha(x)$ $(\alpha = 1, 2, 3, 4)$ で記述され，それは Dirac 方程式

$$[(\gamma_\mu)_{\alpha\beta}\partial_\mu + \kappa\delta_{\alpha\beta}]\varphi_\beta(x) = 0 \qquad (3.1)$$

に従う*．spin 3/2 の場は 16 個の成分をもった場の量がもっと複雑な場の方程式に従う

* ここで，4 個の 4 行 4 列の行列 γ_μ (μ=1, 2, 3, 4) は，Dirac の γ-行列で，ある反交換関係で定義される．詳しくは，18) 西島和彦 (1973) 参照．ここでは，spin 1/2 の場が，特別の波動方程式を満たすという以上のことを知っている必要はない．

という具合に，spinに応じて異なった場の方程式を考えなければならない．

しかしながら，整数spinの場の方程式のグループと半整数spinの場の方程式のグループとはそれぞれ共通だが，互いに異なった性質をもっているということを利用すると，相対論的因果律とenergyが負にならないという2つの要求から，整数spinの場に対しては交換関係のみが許され，半整数spinの場に対しては反交換関係のみが許されるということが証明できる．

整数spinの場どうし，半整数spinの場どうしの，それぞれ共通だが互いに異なる性質というのは，粒子と反粒子とを交換したときの性質のことで，理論が相対論的因果律を満たすためには，整数spinの場では交換関係をとらないと粒子と反粒子の影響が光円錐の外で消し合わず，半整数spinの場については反交換関係をとらないと粒子と反粒子とが光円錐の外で消し合わないというわけである．

このspinと統計に関する定理は，相対論的・局所的な場の理論（すなわち，点と近接相互作用を基本にした理論）について証明されたもので，場自身や相互作用が非局所的であったら疑わしくなる．逆に言うならば，spinと統計に関する定理は，相対論的局所場の理論の成果というべきものである．

反粒子の存在は，相対論的局所場の理論では，このように重大な役割を演じているということに特に注意しよう．物質の存在と物理法則の形式は，このように互いに規定し合っていて，別々に切り離して成立するものではないという典型的な例がここに見られる．それだけに，立派な物理法則というものはきゅうくつなものである．なぜそんなにきゅうくつかについては第6章で考えよう．

注　意

相対論的波動方程式が場のもつspinによって異なるのは，次のような理由による．Spinというのは，元来，3次元空間の回転に対する性質である（3.2節）．一方，相対論的共変性の要求から，われわれは4次元空間における回転（これがLorentz変換）に対して共変な量，たとえば4次元vectorや4次元scalarや4次元spinorなどで理論を書かなければならない．ところが4次元のvectorは，3次元のvector (spin 1）と3次元のscalar (spin 0）を含んでいる．したがって，4次元の理論において純spin 1の成分を取り出すためには，spin 0の成分を消去する条件を，理論の中に考慮しておかないといけない．たとえば電磁場の場合のLorentz条件や，3.3節のProcaの場に対する条件（3.3節　(3.38) 式）は，そのようなものである．この純spin成分を取り出す条件が，spinによっていろいろと異なってくるわけである．

5.4 場の量子論と量子力学との関係

5.4.1 自由粒子の集まり

4.3節でSchrödingerの場 $\hat{\varphi}(x)$ を量子化したが，これは実は電子を0個から無限個まで含む量子力学系と同等である．それを見るには，量子化された場をSchrödinger描像に直し，Schrödinger方程式

$$i\hbar\frac{\partial}{\partial t}\Psi(t)=\hat{H}_0\Psi(t) \tag{4.1}$$

を考える*．ただし，$\hat{H}_0$ は（4.3節 (3.9) 式）で与えられ，

$$\hat{H}_0=\int d^3x(\hbar^2/2m)\boldsymbol{\nabla}\hat{\varphi}^\dagger(\boldsymbol{x})\cdot\boldsymbol{\nabla}\hat{\varphi}(\boldsymbol{x}) \tag{4.2}$$

である．また，ここに $\hat{\varphi}(\boldsymbol{x})$ や $\hat{\varphi}^\dagger(\boldsymbol{x})$ は，第4章の $\hat{\varphi}(x)$ や $\hat{\varphi}^\dagger(x)$ において，時間座標を $t=0$ とおいたものである．すなわち $\hat{\varphi}(\boldsymbol{x})$ などは，量子化された場の理論において，時間によらないSchrödinger描像のoperatorであり，その代わり，状態関数 $\Psi(t)$ が時間に依存し，Schrödingerの方程式（4.1）を満たしている．場の量は（4.3節 (3.6) 式）と同じ反交換関係

$$\{\hat{\varphi}(\boldsymbol{x}),\hat{\varphi}^\dagger(\boldsymbol{x}')\}=\delta(\boldsymbol{x}-\boldsymbol{x}') \tag{4.3a}$$

$$\{\hat{\varphi}(\boldsymbol{x}),\hat{\varphi}(\boldsymbol{x}')\}=\{\hat{\varphi}^\dagger(\boldsymbol{x}),\hat{\varphi}^\dagger(\boldsymbol{x}')\}=0 \tag{4.3b}$$

を満たしている．いま，真空を $|0>$ とするとき，状態

$$(N!)^{-1/2}\hat{\varphi}^\dagger(\boldsymbol{x}_1)\cdots\hat{\varphi}^\dagger(\boldsymbol{x}_N)|0>\equiv|\boldsymbol{x}_1,\cdots,\boldsymbol{x}_N) \tag{4.4}$$

は，(4.3) によって，規格化直交関係

$$(\boldsymbol{x}_1,\cdots,\boldsymbol{x}_N|\boldsymbol{x}'_1,\cdots,\boldsymbol{x}'_M)=\delta_{N,M}(N!)^{-1}\sum\nolimits_{(P)}\delta_P\delta(\boldsymbol{x}_1-\boldsymbol{x}'_1)\cdots\delta(\boldsymbol{x}_N-\boldsymbol{x}'_N) \tag{4.5}$$

を満たす．ただし，ここで $\sum_{(P)}$ とは，$\boldsymbol{x}'_1, \cdots, \boldsymbol{x}'_N$ について，すべての置換をとり，それらについて和をとることを意味し，δ_P はその置換が偶置換なら＋，奇置換なら－をとる量である．たとえば，$N=2$ のときには

$$\begin{aligned}(\boldsymbol{x}_1,\boldsymbol{x}_2|\boldsymbol{x}'_1,\boldsymbol{x}'_2)&=(1/2)\sum\nolimits_{(P)}\delta_P\delta(\boldsymbol{x}_1-\boldsymbol{x}'_1)\delta(\boldsymbol{x}_2-\boldsymbol{x}'_2)\\&=(1/2)\{\delta(\boldsymbol{x}_1-\boldsymbol{x}'_1)\delta(\boldsymbol{x}_2-\boldsymbol{x}'_2)-\delta(\boldsymbol{x}_1-\boldsymbol{x}'_2)\delta(\boldsymbol{x}_2-\boldsymbol{x}'_1)\}\end{aligned} \tag{4.6}$$

---

* 以下，細かい計算は気にしないで，話のすじを理解するように．

である．そこで，$N = 0, 1, 2, \cdots$，∞の状態（4.4）が完全系を作るとすると*，状態 $\boldsymbol{\Psi}(t)$ は，それらで展開できるはずだから，その展開係数を $\psi(\boldsymbol{x}_1, \boldsymbol{x}_2, \cdots, \boldsymbol{x}_N ; t)$ としよう．すなわち，

$$\Psi(t) = \sum_{M=0}^{\infty} \int d\boldsymbol{x}'_1 d\boldsymbol{x}'_2 \cdots d\boldsymbol{x}'_M (M!)^{-1/2} \hat{\varphi}^{\dagger}(\boldsymbol{x}'_1) \cdots \hat{\varphi}^{\dagger}(\boldsymbol{x}'_M) |0> \psi(\boldsymbol{x}'_1, \cdots, \boldsymbol{x}'_M ; \mathrm{t})$$
$$= \sum_{M=0}^{\infty} \int d\boldsymbol{x}'_1 \cdots d\boldsymbol{x}'_M |\boldsymbol{x}'_1, \cdots, \boldsymbol{x}'_M) \psi(\boldsymbol{x}'_1, \cdots, \boldsymbol{x}'_M ; \mathrm{t}) \tag{4.7}$$

であって，$\psi(\boldsymbol{x}_1, \cdots, \boldsymbol{x}_M ; t)$ は，（場の operator を含まない）展開係数である．状態 $|\boldsymbol{x}_1, \cdots, \boldsymbol{x}_M)$ は，反交換関係（4.3）のために，$\boldsymbol{x}_1, \cdots, \boldsymbol{x}_M$ について全反対称，したがって $\psi(\boldsymbol{x}_1, \cdots, \boldsymbol{x}_M ; t)$ もそうである．

そこで（4.7）を Schrödinger 方程式（4.1）に代入し，左から $(\boldsymbol{x}_1, \cdots, \boldsymbol{x}_N|$ をかけて，規格化直交条件（4.5）を用い，$\psi(\boldsymbol{x}_1, \cdots, \boldsymbol{x}_N ; t)$ の方程式を取り出すと，結果は，＾のついていない量（場の operator と関係のない量）の間の関係

$$i\hbar \frac{\partial}{\partial t} \psi(\boldsymbol{x}_1, \cdots, \boldsymbol{x}_N ; t) = H_{\mathrm{No}} \psi(\boldsymbol{x}_1, \cdots, \boldsymbol{x}_N ; t) \tag{4.8}$$

となる．ただし，

$$H_{\mathrm{No}} = -\sum_{i=1}^{N} (\hbar^2 / 2m) \boldsymbol{\nabla}_i^2 \tag{4.9}$$

である．（4.8）は，ちょうど相互作用していない N 個の粒子系の Schrödinger 方程式である．ここの N は，0, 1, 2, ⋯, ∞までの値をとる．

5.4.2　相互作用のある場合

ここでは，あまり細かい計算をやってみせなかったが，話のすじがわかれば十分だからである．つまり，話のすじはこうである．量子化された Schrödinger 場の方程式（ここでは，相互作用をしていない自由な Schrödinger 場をとったが，相互作用を考慮に入れるためには非線形方程式をとる）を考え，それを Schrödinger 表示に移し，Schrödinger 方程式（4.1）を考える．このとき，ここに出てくる Hamiltonian は，量子化された場で書かれたもので，簡単な場合は（4.2）で与えられるが，もう少し一般には，たとえば

$$\hat{H} = \hat{H}_0 + \hat{H}_{\mathrm{int}} \tag{4.10}$$

$$\hat{H}_{\mathrm{int}} = \frac{1}{2} \int d\boldsymbol{x} d\boldsymbol{x}' \hat{\varphi}^{\dagger}(\boldsymbol{x}) \hat{\varphi}^{\dagger}(\boldsymbol{x}') V(|\boldsymbol{x} - \boldsymbol{x}'|) \hat{\varphi}(\boldsymbol{x}') \hat{\varphi}(\boldsymbol{x}) \tag{4.11}$$

* この仮定は相互作用のない場合は問題ないが，相互作用があると新たに束縛状態が入ってくることがあるから気をつけないといけない．束縛状態まで入れて初めて，状態は完全系を作る．

をとる．そしてこのSchrödinger方程式の満たす波動関数 $\Psi(t)$ を，完全直交関数系 (4.4) で

$$\Psi(t) = \sum_{M=0}^{\infty} \int d\boldsymbol{x}_1 \cdots d\boldsymbol{x}_M |\boldsymbol{x}_1, \cdots, \boldsymbol{x}_M) \psi(\boldsymbol{x}_1, \cdots, \boldsymbol{x}_M; t) \tag{4.12}$$

と展開する[*1]．すると，場が交換関係を満たすものなら，展開係数 $\psi(\boldsymbol{x}_1, \cdots, \boldsymbol{x}_M; t)$ は $\boldsymbol{x}_1, \cdots, \boldsymbol{x}_M$ に対して全対称，場が反交換関係を満たすものなら，ψ は全反対称であり，それらは量子力学における N-粒子のSchrödinger方程式

$$i\hbar \frac{\partial}{\partial t} \psi(\boldsymbol{x}_1, \cdots, \boldsymbol{x}_N; t) = H_N \psi(\boldsymbol{x}_1, \cdots, \boldsymbol{x}_N; t) \tag{4.13}$$

$$H_N = \sum_{i=1}^{N} (-\hbar^2 / 2m) \boldsymbol{\nabla}_i^2 + (1/2) \sum_{i \neq j} V(|\boldsymbol{x}_i - \boldsymbol{x}_j|) \tag{4.14}$$

を満たす．(4.14) は，N 個の粒子がpotential V によって相互作用している場合の量子力学的Hamiltonianにほかならない．またここで，N は0から∞までの整数なら，なんでもよい．

ここでわかったことは，量子化された場の理論における状態vector $\Psi(t)$ は，0個から∞個までの粒子を記述する状態全体を含んでおり，その展開係数が N 体の粒子系の量子力学的なSchrödinger方程式とまったく同じ式を満たしているということである．

5.4.3 場の理論の特徴

ここであげた例では，粒子の個数が変化しないようなものをとったわけで，したがって，方程式が粒子の数に従って (4.13) のように分かれてしまった[*2]．しかし (4.11) を採用しないでもっと一般の相互作用を考えると，N 体系の展開係数と，$N \pm 1$ 体系の展開係数がからまった式が出てきたりする．この点が場の量子論の強味で，粒子の数が変わるような過程に対しても有効なゆえんである．もし場の量子論が単に量子力学的多体理論といつも完全に同等なものならば，量子化された場の理論など考えなくてもよかったであろう．第4章で説明したように，場の理論の特徴は，そこで粒子が発生したり消滅したりすることであり，粒子の放出・吸収の問題，粒子の自然崩壊の問題など，量子力学的には取り扱えなかった問題に対して，場の理論は特に有効なのである．

注 意

(4.11) で考えた相互作用のFeynman図形を書くためには，potential $V(|\boldsymbol{x} - \boldsymbol{x}'|)$

[*1] ここでは，束縛状態がないとした．

[*2] それを見るには，粒子の数のoperator

$$\hat{N} = \int d^3x \hat{\varphi}^\dagger(\boldsymbol{x}) \hat{\varphi}(\boldsymbol{x})$$

が，Hamiltonian $\hat{H}$ と交換することを見ればよい．

を水平な点線で表し，図5.12のようにすればよい．これを何度も重ねると，もっと複雑なFeynman図形を作ることができる．

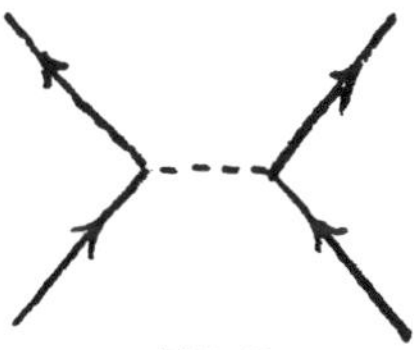

図5.12

5.5　固体中の素励起

5.5.1　固体の中の正孔

相対論的な場の理論では，反粒子（それは光子のように粒子とまったく区別できないものであることもあるが）というものが，相対論的因果律を成り立たせるために重要な役割を演じている，ということをたびたび述べてきた．相対論的場の理論では，反粒子は粒子に比べて何ら劣るものではなく，粒子を反粒子とよび，反粒子を粒子とよんでもいっこうに構わない．事実，理論は粒子と反粒子の役割を交換しても不変にできている．粒子と反粒子ともに正のenergyをもっている．違いはその電荷と粒子量子数というものが前者は＋1，後者は－1というだけである*．ところが，非相対論的領域でも，ある種の固体の中には，相対論的場の理論における反電子に似た粒子が存在する．もちろん相対論的な反電子とは性質も役割も全然違うものだが，考え方がおもしろいから，それを説明しよう．

いま，固体を有限体積Vの箱と考え，その中に有限個の電子が入っているとする．電子の個数をNとする．固体中の電子はいちおう相互作用のない自由電子として扱えると

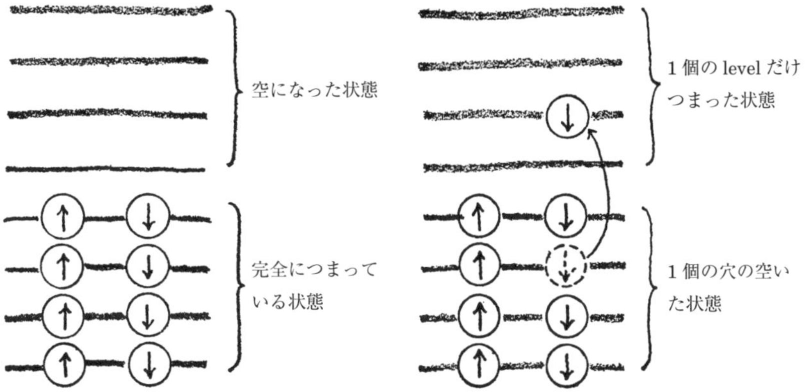

図5.13

* それではなぜこの世の中には電子がたくさんあり，反電子，つまり陽電子は電子ほど多く見つからないのだろう．私は明確な答えを知らないが，おそらくこれは宇宙創生の条件と関係しているかもしれない．また粒子と反粒子の間の対称性は，ほんのわずかだけ破れていて，宇宙の年齢ほどの長い時間の間に，現在のような分布になったのかもしれない．あるいはどこかに反宇宙が存在するのかもしれない．

考えよう. さらに, 固体は電荷 $-eN$ をもったionが一様に分布していて, 全電荷が0になっているとしよう. この場合, 電子はFermi-Diracの統計に従うから, 同一のenergy levelには, spinの異なった2個の電子しか入りえない. したがって, この系の最低energy状態とは, 下のenergy-levelから順次にspin上向きと下向きの電子が2個ずつつまっていて, 下から $N/2$ 番目までのenergy-levelがぎっしりと占領されている全電荷0の状態である. Pauliの排他律のために, これ以上energyの低い状態はありえない. この状態では, 電子たちは運動量を変えることができない. というのは, 1個の電子が運動量を変えて異なった状態に移ろうとしても, その状態はすでにつまっているから入っていくわけにはいかない. しかし, うんと大きな運動量の状態はまだつまっていないから, (外から十分なenergyを与えれば) そこへとび上がることはできる. そのようなことが起きると, 元の状態に穴ができる. この穴は, 電子がぎっしりつまった (今は運動量空間で話をしている) 状態の中の穴で, 周りに比べて電荷が e だけ少ないところである*. したがってこの穴は電荷 $-e$ として観測される. この穴のことを**正孔**とよび, 固体物理学では重要な役割を演じている.

Fermi energy 今まで言葉で言ったことを, 場の理論的に表現するには次のようにする. いま, 固体中の電子全体を1つの量子化された場 $\hat{\varphi}_\alpha(x)$ で表すと, 相互作用を無視しているから, Hamiltonianは, (4.3節 (3.59) 式) により,

$$\hat{H}_0 = \frac{\hbar^2}{2m}\int d^3x \boldsymbol{\nabla}\hat{\varphi}_\alpha^\dagger(x)\cdot\boldsymbol{\nabla}\hat{\varphi}_\alpha(x) \tag{5.1}$$

である. この場合, (4.3節 (3.55) 式) により,

$$\hat{\varphi}_\alpha(x) = \frac{1}{\sqrt{V}}\sum_{\boldsymbol{k}}\{\hat{C}^{(\uparrow)}(\boldsymbol{k})u_\alpha{}^{(\uparrow)} + \hat{C}^{(\downarrow)}(\boldsymbol{k})u_\alpha{}^{(\downarrow)}\}e^{i\boldsymbol{k}\cdot\boldsymbol{x}}e^{-i\varepsilon(\boldsymbol{k})t/\hbar} \tag{5.2}$$

と展開される. $\hat{C}$, $\hat{C}^\dagger$ は (4.3節 (3.56) 式) の反交換関係を満たす. $u_\alpha{}^{(\uparrow)}$, $u_\alpha{}^{(\downarrow)}$ はそれぞれ電子のspinの第3成分の固有vectorで (4.3節 (3.50) 式) を満たす. また,

$$\varepsilon(\boldsymbol{k}) = \hbar^2\boldsymbol{k}^2 / 2m \tag{5.3}$$

は, 波数 $\boldsymbol{k}$ をもった電子のenergyであり, $\hat{C}^{(\uparrow)}$, $\hat{C}^{(\downarrow)}$ はそれぞれspin上向きと, 下向きの電子を消すoperatorである.

電子の数のoperatorは

$$\hat{N} = \int_V d\boldsymbol{x}\hat{\varphi}_\alpha^\dagger(x)\hat{\varphi}_\alpha(x) = \sum_{\boldsymbol{k}}\{\hat{C}^{\dagger(\uparrow)}(\boldsymbol{k})\hat{C}^{(\uparrow)}(\boldsymbol{k}) + \hat{C}^{\dagger(\downarrow)}(\boldsymbol{k})\hat{C}^{(\downarrow)}(\boldsymbol{k})\} \tag{5.4}$$

と書かれる. 電子が N 個ある系の最低energy状態は, energy

* 電子の電荷は e (負) である. したがって, 穴は電荷 $-e$ (正) である.

$$\varepsilon_F \equiv \hbar^2 k_F^2 / 2m \tag{5.5}$$

までがぎっしりと占領されている状態

$$\Phi_F = \prod_{\boldsymbol{k}(k \le k_F)} \hat{C}^{\dagger(\uparrow)}(\boldsymbol{k}) \hat{C}^{\dagger(\downarrow)}(\boldsymbol{k}) |0> \tag{5.6}$$

である．ここに，$|0>$は，電子の 1 個もない真空状態で，真空の条件（4.3 節 (3.26) 式）を満たす．また ε_F，k_F はそれぞれ **Fermi energy**，**Fermi 波数**とよばれる量で，そこまでの energy 状態がぎっしりと占領されているという条件

$$\begin{aligned}\hat{H}_0 \Phi_F &= 2\sum\nolimits_{\boldsymbol{k}(k \le k_F)} \varepsilon(\boldsymbol{k}) \Phi_F = \frac{8\pi V}{(2\pi)^3} \int_0^{k_F} dk\, k^2 (\hbar^2 k^2 / 2m) \Phi_F \\ &= (V\hbar^2 / 10\pi^2 m) k_F^5 \Phi_F \equiv E_0 \Phi_F \end{aligned} \tag{5.7}$$

および

$$\begin{aligned}\hat{N} \Phi_F &= 2\sum\nolimits_{\boldsymbol{k}(k \le k_F)} \Phi_F \\ &= (V / 3\pi^2) k_F^3 \Phi_F = N \Phi_F \end{aligned} \tag{5.8}$$

から決められる*（これら 2 式の因子 2 は spin 方向が 2 個あるからである）．(5.8) より，

$$k_F = (3\pi^2 N / V)^{1/3} \tag{5.9}$$

また (5.5) より，

$$\varepsilon_F = (\hbar^2 / 2m)(3\pi^2 N / V)^{2/3} \tag{5.10}$$

である．したがって，電子の密度が与えられると，Fermi energy は (5.10) によって決まる．

Fermi 真空　また，(5.7) によって，ε_F までを占領している全電子の energy は

$$E_0 = \frac{\hbar^2}{m} \frac{V}{(2\pi)^3} \frac{4\pi}{5} k_F^5 = (3/5) N \varepsilon_F \tag{5.11}$$

である．このように，波数空間においては，$k = k_F$ までの電子状態は，すべて占領されている．言い換えると，波数空間の原点を中心とした半径 k_F の球の内部は電子でつまっているわけで，この球面を **Fermi 面**とよぶ．この状態が energy の最低状態で，Φ_F のことを **Fermi 真空**という．

---

* 大きな V に対し，

$$\sum_k \cdots = \frac{V}{(2\pi)^3} \int d^3k \cdots = \frac{4\pi V}{(2\pi)^3} \int_0^\infty dk\, k^2 \cdots$$

正孔の発生消滅演算子 そこで Hamiltonian (5.1) を，発生消滅演算子で表し，波数が k_F より大きいものと小さいものに分け，energy を ε_F から測り直すことにすると，

$$\hat{H}_o = \sum_{\boldsymbol{k}(k>k_F)} (\varepsilon(\boldsymbol{k}) - \varepsilon_F) \sum_{l=\uparrow,\downarrow} \hat{C}^{\dagger(l)}(\boldsymbol{k}) \hat{C}^{(l)}(\boldsymbol{k})$$
$$+\sum_{\boldsymbol{k}(k\le k_F)} (\varepsilon(\boldsymbol{k}) - \varepsilon_F) \sum_{l=\uparrow,\downarrow} \hat{C}^{\dagger(l)}(\boldsymbol{k}) \hat{C}^{(l)}(\boldsymbol{k}) + \varepsilon_F \hat{N} \tag{5.12}$$

となる．右辺の第 1 項は Fermi energy から測った energy $\varepsilon(\boldsymbol{k}) - \varepsilon_F\,(>0)$ をもった電子の項，第 2 項は energy $\varepsilon(\boldsymbol{k}) - \varepsilon_F\,(<0)$ をもった電子の項，最後の項はそのおつりの項である．

そこで右辺第 2 項，すなわち Fermi 面の下にある電子に対しては解釈のやり直しをする．つまり Fermi 面の下の電子を 1 個消すことは，穴を 1 個空けることだから，電子の消滅演算子を穴の発生演算子と見なすことにする．以下，Fermi 面の上の電子の消滅発生演算子をそれぞれ $\hat{\alpha}$, $\hat{\alpha}^{\dagger}$ とし，Fermi 面下の穴の消滅発生演算子をそれぞれ $\hat{\beta}$, $\hat{\beta}^{\dagger}$ とする．すなわち，$k > k_F$ では，

$$\hat{C}^{(\uparrow,\downarrow)}(\boldsymbol{k}) \equiv \hat{\alpha}^{(\uparrow,\downarrow)}(\boldsymbol{k}), \qquad \hat{C}^{\dagger(\uparrow,\downarrow)}(\boldsymbol{k}) \equiv \hat{\alpha}^{\dagger(\uparrow,\downarrow)}(\boldsymbol{k}) \tag{5.13a}$$

$k \le k_F$ では

$$\hat{C}^{(\uparrow,\downarrow)}(\boldsymbol{k}) \equiv \hat{\beta}^{(\downarrow,\uparrow)}(-\boldsymbol{k}), \qquad \hat{C}^{\dagger(\uparrow,\downarrow)}(\boldsymbol{k}) \equiv \hat{\beta}^{(\downarrow,\uparrow)}(-\boldsymbol{k}) \tag{5.13b}$$

とおく*．これらの operator はそれぞれの波数領域で，$\hat{C}$, $\hat{C}^{\dagger}$ と同じ反交換関係を満たしている．また確かに，$\hat{\beta}$ は $|0>$ にではなく Φ_F に対して消滅演算子としての性質をもっている．たとえば，$k_1 < k_F$ のところで

$$\hat{\beta}^{(\downarrow,\uparrow)}(\boldsymbol{k}_1)\Phi_F = \hat{C}^{\dagger(\uparrow,\downarrow)}(-\boldsymbol{k}_1) \prod_{\boldsymbol{k}(k\le k_F)} \hat{C}^{\dagger(\uparrow)}(\boldsymbol{k}) \hat{C}^{\dagger(\downarrow)}(\boldsymbol{k}) |0>$$
$$= 0 \tag{5.14}$$

である．(5.13) を用いて Hamiltonian を書き直すと，

$$\hat{H}_0 = \sum_{\boldsymbol{k}(k>k_F)} (\varepsilon(\boldsymbol{k}) - \varepsilon_F) \sum_{l=\uparrow,\downarrow} \hat{\alpha}^{\dagger(l)}(\boldsymbol{k}) \hat{\alpha}^{(l)}(\boldsymbol{k})$$
$$+\sum_{\boldsymbol{k}(k\le k_F)} (\varepsilon_F - \varepsilon(\boldsymbol{k})) \sum_{l=\uparrow,\downarrow} \{\hat{\beta}^{\dagger(l)}(-\boldsymbol{k}) \hat{\beta}^{(l)}(-\boldsymbol{k}) - 1\} + \varepsilon_F \hat{N}$$
$$= \sum_{\boldsymbol{k}(k>k_F)} (\varepsilon(\boldsymbol{k}) - \varepsilon_F) \sum_{l=\uparrow,\downarrow} \hat{\alpha}^{\dagger(l)}(\boldsymbol{k}) \hat{\alpha}^{(l)}(\boldsymbol{k}) + \sum_{\boldsymbol{k}(k\le k_F)} (\varepsilon_F - \varepsilon(\boldsymbol{k}))$$
$$\times \sum_{l=\uparrow,\downarrow} \hat{\beta}^{\dagger(l)}(\boldsymbol{k}) \hat{\beta}^{(l)}(\boldsymbol{k}) + E_0 \tag{5.15}$$

* ここで，穴の方に対しては，spin と波数とをひっくり返したことに注意．「穴」とは，それだけ spin や波数の足りないところのことだからである．

となる．ただし，最後の変形のところでは$\hat{N}$をそのまま固有値Nで置き換えてしまった（われわれは電子の個数がNの状態だけを問題にしているから）．また$\varepsilon(\boldsymbol{k})$が$\boldsymbol{k}$について偶関数であることも用いた．

Hamiltonian (5.15) は，最低 energy E_0 を別にすると確かに，energy $\varepsilon(\boldsymbol{k}) - \varepsilon_F (>0)$ をもった電子と，energy $\varepsilon_F - \varepsilon(\boldsymbol{k}) (>0)$ をもった正孔からできている．また，場の量 $\hat{\varphi}_\alpha(x)$ は

$$\hat{\varphi}_\alpha(x) = \frac{1}{\sqrt{V}} \sum_{l=\uparrow,\downarrow} \{ \sum_{\boldsymbol{k}(k>k_F)} \hat{\alpha}^{(l)}(\boldsymbol{k}) u_\alpha{}^{(l)} e^{-i\boldsymbol{k}\cdot\boldsymbol{x}}\, e^{-i(\varepsilon(\boldsymbol{k})-\varepsilon_F)t/\hbar}$$

$$+ \sum_{\boldsymbol{k}(k\leq k_F)} \hat{\beta}^{\dagger(l)}(\boldsymbol{k}) u_\alpha{}^{(\bar{l})} e^{-i\boldsymbol{k}\cdot\boldsymbol{x}}\, e^{i(\varepsilon_F-\varepsilon(\boldsymbol{k}))t/\hbar} \} \tag{5.16}$$

となる．ただし，$\bar{l}$ は l と逆方向の spin である．この量が (5.15) を Hamiltonian とした Heisenberg の運動方程式として

$$i\hbar \frac{\partial}{\partial t} \hat{\varphi}_\alpha(x) = [\hat{\varphi}_\alpha(x), \hat{H}_0] = \{-(\hbar^2/2m)\boldsymbol{\nabla}^2 - \varepsilon_F\} \hat{\varphi}_\alpha(x) \tag{5.17}$$

を満たす．これは自ら試みよ．

相対論的粒子との比較　(5.16) と Klein-Gordon 場の表示（4.4 節 (4.29) 式）を比べてみると，たいへんよく似ていることに気がつくであろう．場の量は，電子（粒子）の消滅演算子と正孔（反粒子）の発生演算子の線形結合となっている点はまったく同じである．ただし，ここで考えている電子は Fermi-Dirac 統計に従うが，Klein-Gordon 粒子は，Bose-Einstein 統計に従う（それは比較の相手が悪いので，Fermi-Dirac 統計に従う相対論的な場と比べればよかったわけである）．それよりも根本的な違いは，ここの場合，電子はつねに $k > k_F$ という波数をもち，正孔はつねに $k \leq k_F$ という波数をもつという点である．相対論的な場合は，粒子は反粒子ともにすべての波数をとりうる．したがって，粒子と反粒子が電荷を別としていつでも同じように振る舞っていたが，固体中の電子の場合は，電荷を別にしても正孔とは同じ振る舞いをしない．このために相対論的反粒子の場合は相対論的因果律を成立させる役目を果たしていたが，正孔の場合はそのような役目を果たす代わりにいろいろとおもしろい物理的現象を提供する．これについては，固体論の本を参照していただくことにし，ここでは深入りしない［たとえば，15）中嶋貞雄（1972)］．

注　意

たとえば，前に考えた量子化された電子場の相互作用 (4.11) に (5.16) の表式 (t = 0 とおいて) を代入すると，電子と正孔との相互作用を表す 16 個の項が得られる．いま，正孔は反粒子のときのように，時間の逆向きの矢で表し，potential $V(|\boldsymbol{x} - \boldsymbol{x}'|)$ を，$\boldsymbol{x}$ と $\boldsymbol{x}'$を結ぶ水平な点線で表すと，これら 16 個の Feynman 図形は， から出発して  や  を上に向けたり下に向けたりして得られるすべての可能な図形から成り立っている

ことがわかる．たとえば  などである．詳しくは4）江沢・恒藤（1978）の第Ⅲ部18章の阿部氏の解説を見られたい．

5.5.2 格子振動

今まで固体を極端に簡単化し，結晶構造などをいっさいならしてしまって正電荷をもった背景が電子の電荷を中和していると考えた．通常は結晶を作っているionに比べ，電子のほうがうんと軽いからというのが，このようなあらっぽい近似をする言い訳である．

しかし，ionのほうにしても厳密にはmicroな対象だから，場の理論に徹底するならば，ionの場（それをたとえば $\hat{\psi}(\boldsymbol{x}, t)$ としておこう）と電子場 $\hat{\varphi}(x)$ から出発し，両方の場を量子化して，ionのほうが結晶構造をもっているときに全系が安定であることを示し，それから結晶格子と電子場の相互作用を問題にしなければならない．しかしこのような正統的方法に従って厳密な議論を展開することは，不可能ではないが，たいへんむずかしくて実用にならない．通常はionのほうが格子状に並んだ系が与えられたところから出発するという近道をとる．いま，ionが図5.14のように規則正しく並んでいる状態を考える．これらのionはbalance点付近を調和振動していると仮定する（古典力学におけるbalance点付近の振動論を思い出すとよい）．これを**調和近似**という．そこで，点$\boldsymbol{R}$におけるionの平衡点からのずれを$\boldsymbol{u}(\boldsymbol{R}, t)$とする．この量は，各格子点の座標$\boldsymbol{R}$を与えたとき，その点のionの変位を示すものである．$\boldsymbol{R}$は格子点の座標であって空間全体をおおうものではないが，格子点間の距離よりも長い波長をもった波を問題にするかぎり，$\boldsymbol{R}$を連続変数$\boldsymbol{x}$で置き換えてもよいだろう．こうするとわれわれは第1章で扱った連続体に戻る．このように結晶構造を無視して連続体で置き換えてしまったmodelを，物性理論ではjellium modelといい，長い波長の波だけを考えるときには有効な簡単化である．jellium modelをとると，ionの変位は調和近似で運動方程式（2.1節（1.22）式）

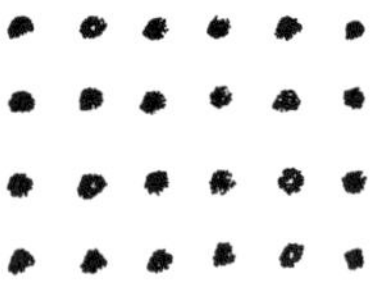

図5.14

$$\rho_M \frac{\partial^2 u_i(\boldsymbol{x},t)}{\partial t^2} = (\lambda+\mu)\partial_i\partial_j u_j(\boldsymbol{x},t) + \mu\boldsymbol{\nabla}^2 u_i(\boldsymbol{x},t) \tag{5.18}$$

を満たすと考えてよい*．ただしρ_Mはionの質量密度である．誤解のないようにくり返しておくが，ここで導入した場$\boldsymbol{u}(\boldsymbol{x}, t)$は，格子点にあるionそのものを表す場ではなく，ionの変位を表す場である．格子状に並んでいるionは媒質としての役目をしているわけで，$\boldsymbol{u}(\boldsymbol{x}, t)$はその媒質を伝わるvector場である．

* 前頁の格子模型をとり，各格子点が，周りの最も近くにある格子点とだけ相互作用をし，遠くの方の格子点とは相互作用しないという「近接作用」論を採用して，連続極限をとると（5.18）になる．

自由度の問題　ところで，元来，有限個しかなかったionの存在する格子点（その数をNとする）を，ここでは連続変数$\boldsymbol{x}$で置き換えてしまった．そして，連続変数を真正直に扱ってFourier積分表示を採用して，$\boldsymbol{u}(\boldsymbol{x}, t)$ を調和振動子に分解すると，電磁場のときと同様に調和振動子の数は無限大になる．しかし，元来，N個のionの変位を記述するための変数$\boldsymbol{u}(\boldsymbol{R}, t)$ はN個しかないはずで，そのときそれらを規準座標に直しても，N個の規準座標しかないはずのものである．したがって，$\boldsymbol{R}$を連続変数で置き換えるということは，元来，ionがN個しかなかったという事実を無視していることになる．

この点を改良するためには，Debyeによる切断方法を採用するのが簡単である．そのためには，場の方程式（5.18）を2.1節の方法によって調和振動子に分ける．全系の体積をVとすると，角振動数ωと$\omega + d\omega$の間の調和振動子の数は，各波数について1個の縦波と2個の横波があるから，

$$g(\omega)d\omega = 3\frac{V}{(2\pi)^3}d\boldsymbol{k} = \frac{V}{2\pi^2}\left(\frac{1}{c_L^3} + \frac{2}{c_T^3}\right)\omega^2 d\omega \tag{5.19}$$

である*．右辺の第1項は縦波の数，第2項は横波の数である．そこで，調和振動子の全数がionの全自由度$3N$に等しくなるように，波数または角振動数をω_Dまでに制限して

$$\int_0^{\omega_D} g(\omega)d\omega = \frac{V}{2\pi^2}\left(\frac{1}{c_L^3} + \frac{2}{c_T^3}\right)\frac{\omega_D^3}{3} \tag{5.20a}$$

$$\fallingdotseq \frac{V}{2\pi^2}\left(\frac{\omega_D}{c_L}\right)^3 \equiv 3N \tag{5.20b}$$

とおく．左辺は全調和振動子の数，右辺は全ionの自由度で，（5.20a）から（5.20b）へいくとき，$c_T \fallingdotseq c_L$としてしまった．ここで導入した角振動数の上限ω_Dを**Debye角振動数**とよぶ．また，これに対応する波数

$$k_D \equiv \omega_D / c_L \tag{5.21}$$

を**Debye波数**，これに対応する温度

$$\Theta_D \equiv \hbar\omega_D / k_B \tag{5.22}$$

を**Debye温度**という（k_BはBoltzmann定数）．

---

* この求め方の詳細については，24）高橋　康（1974）p.72参照．

格子振動の比熱 このDebyeの切断方法を採用し，空洞輻射のときとまったく同じ計算をすると，格子振動によるenergyの平均は，温度Tにおいて

$$\begin{aligned} E_{\text{lattice}} &= \frac{V}{2\pi^2}\frac{3}{c_L^3}\int_0^{\omega_D} d\omega \frac{\hbar\omega^3 e^{-\beta\hbar\omega}}{1-e^{-\beta\hbar\omega}} \\ &= \frac{V}{2\pi^2}\frac{3}{c_L^3\hbar^3}(k_B T)^4 \int_0^{\Theta_D/T} dx \frac{x^3 e^{-x}}{1-e^{-x}} \end{aligned} \tag{5.23}$$

となる．このenergyは，TがΘ_Dに比べて小さいところでは，固体の比熱にT^3の寄与を与える．固体中の電子による比熱はTに比例するので，格子によるものといっしょにすると，固体の比熱は

$$C = aT + bT^3 \tag{5.24}$$

という形をもつことになる．普通の金属ではこの形がだいたい実験に合う．なお，このとき，

$$\begin{aligned} &c_L \sim c_T \sim 10^5\,\text{cm}/\text{sec} \\ &\omega_D \sim 10^{13}/\text{sec} \\ &\Theta_D = \hbar\omega_D / k_B \sim 10^{2}\,{}^\circ\text{K} \end{aligned} \tag{5.25}$$

くらいである．

5.5.3 秩序と素励起

以上が，格子の振動という多体問題を，場の理論の考え方を用いて取り扱う簡単な例である．格子のように秩序正しく配列し，しかもお互いの間に強い相互作用が働いているような系では，いつでも上のような取り扱いができる．すなわちこのような場合には，秩序正しく配列した粒子の系の1点にenergyを注ぎ込むと，そのenergyは粒子系を伝わる波として他の部分へ運ばれていく．その波は量子化された波，つまり粒子として振る舞う．この種の波または粒子は，固体中ではいろいろな形で観測されている．これらが集団運動による素励起といわれるものである．これらの素励起は固体中の電子と相互作用したり，素励起同士相互作用したり，固体物理学の花形的な役割をしている．金属の電気抵抗や超伝導現象においても，電子と格子振動の相互作用が重要な役割をしていることは，現在ではよく知られていることである．

上の例で見た格子の振動は，波数を0としたときenergyも0となるようなモードで，いわばenergyの低いところでは波長が長く，遠くまで届く長距離力である．このような量子を**energy gapのない量子**（gapless quanta）という．固体の基底状態から少しだけenergyの高い励起状態の性質は，このようなgapless quantaに支配されていることは明らかであろう．これが固体論（一般に多体問題）において，素励起という概念が重要

図 5.15

である1つの理由である．

もう1つよく知られた素励起に magnon というのがある．これも，秩序正しく並んだ磁気能率の系を伝わって伝播する gapless の素励起である．格子の各点に磁気能率が秩序よく並んでいるとき，温度が高いと，各磁気能率は熱運動のため，でたらめな方向を向いているが，温度が下がるにつれてお互いの相互作用のため，すべて同一の方向を向いたほうが系が安定であることがある．そのようなとき，系全体は1つの巨視的な磁石となる（強磁性体）．そしてこの系の1点の磁気能率をゆすってやると，その影響は magnon として，系の他の部分へ伝播する．

対称性の自発的破れ　しかし，ここでちょっと変に感じるのは，強磁性体において，温度が高いときはすべての磁気能率が勝手な方向を向いていて別に空間の中に特別な「方向」があるわけではないのに——言い換えると理論は回転に対して不変にできているのに——どうして温度を下げると，すべての磁気能率が一定の「方向」に向くのであろうか，ということである．

結晶構造をもった固体の場も事情は同じで，温度が高いと液体または気体になるから，別に結晶構造のような特別な「点」が物体の中にあるわけではない．ところが，温度を下げて固体にすると，結晶のような規則正しい「特別」な点ができてしまう．一般的に言うと，高い温度のとき，系のもっていた対称性（磁石の場合には回転不変性，結晶の場合には空間推進の不変性）は，温度を下げると失われてしまい，ある種の秩序状態（磁石のときはすべての磁気能率は1方向を向き，結晶のときは格子上に並ぶ）ができる．このような機構を**対称性の自発的破れ**（spontaneous break-down of symmetry）とよぶ．

上の2つの例で見たように，対称性が自発的に破れ，秩序状態ができると，決まって gapless mode もできる（磁石では magnon，結晶では弾性波で，それを phonon という）．対称性が破れているということは，ある秩序状態が保たれているということであり（たとえばすべての磁気能率が同じ方向を向いている），その秩序は，gapless mode による長距離力によって保たれているといってもよい．つまり秩序と gapless mode とは，鶏と卵の関係にある．これは，場の量子論における一般的な定理，すなわち **Nambu-Goldstone の定理**の現れなのである．この定理を述べて，この章を終わることにしよう．

定理：場の理論がある無限小変換のもとに不変であるとき，基底状態はその変換に対して不変であるか，もしそうでなければ gapless mode が存在する．

この定理の証明はここで行わない．それについては，25）高橋　康（1976）第12章を参照してほしい．この機構の多体問題との関連については，4）江沢・恒藤（1978）の第

Ⅳ部14章の恒藤氏の解説を，また素粒子論における応用は3）江沢・恒藤（1977）の第Ⅱ部14章の藤川氏の解説を見られたい．

さらに勉強したい人へ

この章における話題は，場の量子論全体にわたることで，これといった参考書をあげるのに苦労する．歴史的背景はやはり27）高林武彦（1977），素粒子論に関する点は，30）武田·宮沢（1965），特に場の相互作用やFeynman図形についての非相対論的な問題は，37）山内・武田編（1974）の第2章にやさしい例がたくさんあげてある．また，多粒子系中の素励起の議論はこの本の第3章に見られる．非相対論的な場の量子論を学ぶには，この本の第2章·第3章だけで十分であろう．なお，もう少し一般的な非相対論的場の理論については，24）高橋康（1974）を見られたい．いろいろな多体問題の議論は22）高野文彦（1975）に要領よくまとめられている．

相対論的場の量子論の本は，枚挙にいとまがない．ここでは，いろいろな量の計算のやり方に詳しい17）西島和彦（1969）をあげるにとどめる．

場の量子論に関する2）江沢洋（1976）のエッセイはなかなかおもしろい．

場の理論の数学的構造を調べるためには，2）江沢洋（1976）のp.175「場の数理科学の始り」がよい案内役である．

Spinと統計に関する詳しいお話は，35）朝永振一郎（1974）に見られる．

物性論を，特に場の量子論の観点から議論したものに31) Taylor, P. L.(1970) および7) Haken, H.(1976) がある．両方ともまだ日本語訳はないようである．もっと程度が高いが，formalismよりもむしろ物理がたくさん入っているのは15）中嶋貞雄（1972）と，21) Pines, D.(1964) である．

量子物理学(場の量子論も含めて)1975年頃までの成果については，3) 4) 江沢·恒藤(1977)(1978)の2巻に，いろいろな分野にわたってそれぞれの権威による解説がまとめられている．ただしすべて程度が高くて入門用にはならないが，細かい点は理解できなくても，だいたいどんなことが問題になっているのか，どんな文献を読んだらよいのかということの案内書として用いるとよい．

第6章　場の量子論 sic et non *

6.1　場の量子論の骨組み

さて，長々とお話ししてきた場の理論をここでまとめ，その成功と失敗を簡単に眺めてみよう．

6.1.1　場の量子論の骨組み

まず場の量子論の基本的な構成とその性格とは次のようなものである．われわれが問題にしている物理的対象，たとえば光とか電子とかを記述する「場」がある．その場を簡単に $\phi(x)$ と書く．この量は4次元の時空（Minkowski 空間でも，Galilei 空間でもよい）の関数で，ある場の方程式を満たしている．場の方程式は時間と空間座標に関する有限階の微分を含んだ偏微分方程式である．偏微分方程式の線形の部分を通常は**自由な部分**，また非線形の部分を**相互作用部分**とよぶ（例外はもちろんある）．自由な部分だけ取り出してみると，それには問題にしている対象の性質を特徴づけるパラメーター（質量 m とか，波の速度 c_L や c_T など）が入っている．また $\phi(x)$ の空間回転に対する性質が場の spin を決定する．この自由場の部分が波の性質をもち，伝播していくような性質をもってないと，量子化がなかなかむずかしい（不可能なのかもしれない）．相互作用部分は通常，場の量を2個以上含んでいる．これらが時間微分を含んでいることもあるが，相互作用部分の時間微分の階数が自由な部分の時間微分より高いと，やはり量子化のとき苦労する（やはり不可能なのかもしれない．少なくともそんな例はたくさんある）．また，相互作用部分が多くの場の量の積であったり，非有理化演算（場の量の平方根とかいった演算）を含んでいても，例外的な場合以外は量子化できない．したがって，相互作用部分はきわめて素直で簡単な形をしている場合を考える．たとえば，Klein-Gordon 場と電磁場の系の式（3.3節　(3.41) 式）では，自由部分は時間について2階，そして光の速度 c と Klein-Gordon 場の Compton 波長の逆数が入っている．一方，相互作用部分は積 $A_\mu \partial_\mu \phi$ と積 $\phi A_\mu A_\mu$ から成っている．相互作用の強さの目安は，定数 e である．これをこの場の**結合定数**（coupling

---

* このラテン語は，友人 Stuart 氏の提案による．「場の量子論　是と非」とでも訳しておく．

constant）とよぶ.

このような比較的簡単な場の方程式が与えられたとき，それを量子化するには，Heisenberg の運動方程式

$$i\hbar\frac{\partial}{\partial t}\hat{\phi}(x)=[\hat{\phi}(x),\hat{H}] \tag{1.1}$$

が成り立つようにする．ここで ϕ の上にへをつけたのは，それがある代数法則を満たす非可換な operator である目印の意味である．$\hat{H}$ と書いたのは古典論における Hamiltonian に対応する operator だが，古典場の Hamiltonian と形が一致するとはかぎらないことに注意しよう．(1.1) を要求するかぎり，$\hat{H}$ の具体的な形によらず，角振動数と energy の間には比例関係が成り立ち，その比例定数が $\hbar$ である．$\hat{H}$ の具体的な形は (1.1) が場の方程式に一致するという条件から定まる．それが unique に決まるとはかぎらないが，物理的に意味のあるように決める．$\hat{H}$ が決まると，その固有値が原理的に決まる．「物理的に意味がある」と簡単に言ったが，これはむずかしいことで，ちょっと考えると物理的に許されるようでも，うんと考えたり計算したりするとだめになることもある．また，だめになったものをうまく解釈し直すとうまくいくこともある．ここでは，「ちょっと考えて」物理的に許されるという意味としておく．たとえば $\hat{H}$ が決まっても，その固有値に下限がなかったら，そのような物理系はどんどんと energy の低い方に落ちて行くから安定な系ではない．また，相対論的な場の理論においては，energy は 4 次元 vector の第 4 成分として変換しなければいけないから，$\hat{H}$ もそうでなければならない．(1.1) を満たすように決めた $\hat{H}$ は hermitian であって，このことは，ある過程が起きるとその逆過程も起きることを保証する（5.2.2 項の終わり参照）．または，その場合，確率が保存する．

もう 1 つ重要なことは，$\hat{H}$ の固有 vector が完全系を成すということである．ということは，量子場の任意の状態 vector がそれらで展開できるということで，観測を実行すると，それら固有状態のどれかに系が見いだされる．確率の保存と完全性をいっしょにしてそれを量子場理論の **unitarity** という．

相対論的（重力場は入れない）場の量子論では，さらに相対論的因果律の条件が必要である．場の量の間の交換関係または反交換関係が，空間的に離れた 2 点 x と x' との間では 0 でなければならない．すなわち，x と x' が空間的なとき，

$$[\hat{\phi}(x),\ \hat{\phi}^{\dagger}(x')]_{\pm}=0 \tag{1.2}$$

これを通常，**微視的因果律**（micro-causality）とよんでいる．これはたびたび言ったように，反粒子の存在によって保証されるものであり，またこのことと，$\hat{H}$ の固有値に下限があるという条件から，spin と統計の密接な関係が出てくる．

以上が量子場の理論の骨組みで，どのようにして場の方程式をたてるかとか，$\hat{H}$ をどの

ようにして作るかといった実際的な問題がこれにまつわっているわけである．通常，古典場の Lagrangian とか Hamiltonian の理論の助けを借りてこれらの実際的な問題を処理するが，古典場の解析力学はあくまで量子場の理論に対するヒントにすぎない．古典場の解析力学ができても，それを量子場に移行できる保証は全然ない（そのよい例が重力場の理論である）．

しかし，Heisenberg の運動方程式（1.1）と矛盾しない場の量の間の交換関係ないし反交換関係ができたとしても，これで話が終わったわけではない．実際に問題を解いたとき，たとえば $\hat{H}$ の固有値を求めたとき，結果が意味を成さなかったり，結果がはじめの仮定と矛盾していたりするともちろんだめである．この点は当たり前のことなのであまり強調されないが，場の量子論が Heisenberg-Pauli によって定式化された直後，実は彼らの理論は意味のない発散積分を含むということが指摘された．これを**発散の困難**（divergence difficulty）という．またずっと後になって，場の量子論におけるある種の計算結果は，積分が発散しないときでも，はじめ出発した場の運動方程式と矛盾することがあるということも指摘された．この場合は誰も「困難」と言わずに，単に**異常項の問題**（problem of anomaly）とよばれている．これら 2 つの困難（後者も断然困難である，と私は主張する！）については後で触れる．

6.1.2　場の量子論の性格

上記のような骨組みをもった場の量子論の性格について言うと，まず場とは元来，4 次元のもので，波動的な方程式（拡散的な方程式ではないという意味）を満たすもので，振幅が調和振動子の代数（4.2 節）を満たす．そして，場に伴う粒子（や反粒子）は，消えたり発生したりできるものである．量子力学における不確定性関係はそのまま成り立つ．特に energy と時間との間の不確定性関係のために，粒子は仮想状態に放出される．また粒子は仮想的に他の粒子（複数）に移り変わる．この点は場の理論の成功でもあり，困難の原因でもあるので，また後で戻る．

6.2　場の量子論の成功

6.2.1　定性的な成功

粒子が自由に放出されたり吸収されたりするので，荷電粒子による光子の放射や吸収の問題が場の量子論によって容易に取り扱えるのは，当然といえば当然であろう．たとえば，初期状態に荷電粒子が 1 個，終状態に 1 個の荷電粒子と 1 個の光子がある場合の $\hat{H}$ の行列要素の 2 乗が光子放出の遷移確率を与える．摂動論の最初の近似では，実験とだいたいよく合う値が得られる．

核力の問題にしても，中間子の model を適当にとり，摂動論の低い近似では，定性的によい結果が得られる．また非相対論的な多体問題においても，いろいろな素励起を扱うのに場の量子論はなくてはならない武器である．

しかし，場の量子論が本当に信頼を勝ちえたのは，量子電気力学（荷電粒子と電磁場の相互作用を扱う学問）における，くりこみ理論の成功と，高 energy 領域における素粒子 gauge 理論の成功であろう．

6.2.2　くりこみ理論

まず，くりこみ理論について述べると（これには朝永先生による非専門家向けの立派な解説があるから[*1]，私ごとき者には何も言うことはないのだが），次のようなことである．まず，質量 m をもった自由な電子を1個考える．その Feynman 図形は，空間時間の2点間で図 6.1 のように過去から未来へ向かった1本の線である．この電子は，仮想的に，光子を出して，それを吸収する．その効果は p.153 の図 5.3 のようなものである．

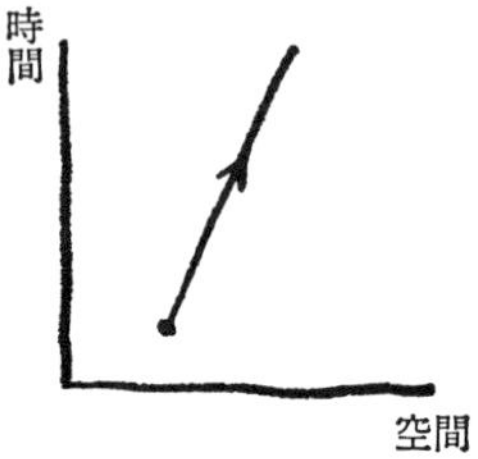

図 6.1

この図は，摂動論の2次における効果であって，図 6.1 の自由電子の行動を補正するものである．その補正は電子の質量 m を δm だけ増加させるものと，電子の場の振幅を $\frac{1}{2}z_2$ だけ増加させるものの，2つに分けられる．δm と z_2 は摂動の2次の補正だから，両者とも e^2 に比例した小さい量であるはずである（δm は質量の次元をもち，z_2 は無次元．これらの値はいま，問題にしない）．したがって，光子を周りに背負った電子は，質量が $m+\delta m$ であり，振幅が，$Z_2^{1/2} \equiv 1+\frac{1}{2}z_2 (\fallingdotseq (1+z_2)^{1/2})$ の因子だけ変わったように振る舞う．われわれが電子を実際に観測する場合，周りの仮想光子の効果まですべてひっくるめて観測するわけだから，$m_{\mathrm{obs}} \equiv m+\delta m$ が電子の**観測質量**（observed mass）である．これに対して，はじめの m は考えの上だけのもので，いわば裸の電子の質量である．これを**裸の質量**（bare mass）とよぶ．また δm を電子の**自己質量**（self mass）という．電子場の振幅を変える因子 Z_2 は電子の**波動関数くりこみ定数**（wave function renormalization constant）とよぶ．このほうは観測にはきかない[*2]．

次に光子のほうを考える．相互作用していない光子の Feynman 図形は図 6.2 のような単なる波線である．これに対して，摂動論の2次では光子が仮想的に電子・反電子（荷電粒子と反粒子なら何でもよい）の対を作り，その対が再び光子に戻るという真空偏極の効果（5.2 節）が加わる．この効果は電子のときと同様に2つあって，一方は光子の質量（なに？　光子の質量？）への寄与，他方は電磁 potential を $\frac{1}{2}z_3$ 倍だけするものである．わ

[*1] 3）江沢・恒藤（1977）の第Ⅱ部第 11 章．量子電気力学の成功については，同書 12 章に木下氏の解説がある．

[*2] この点は詳論しないが，Ward の恒等式というのがあって，別の効果とちょうど消し合う．第5章では，電子でなく，Klein-Gordon 場を考えたが，くりこみ定数の出方は電子のときも同じである．

れわれは，電子のときと違い，光子の質量は 0 として出発したから，ここで出てきた 2 次の摂動の効果といっしょにして，全体が光子の観測質量（つまり 0）とよぶわけにはいかない．

光子の質量の問題は，くりこみ理論にとっては最初からつまずきの石であって，いろいろと希望的な解釈はされているが，いまだに満足な解答のない問題の 1 つである．光子の質量が出るということは，そうすると実験と合わないというばかりでなく，第 2 章や第 3 章で議論した gauge 不変性と矛盾するという深刻な問題を起こす．この問題は異常項の問題として後で議論しよう．

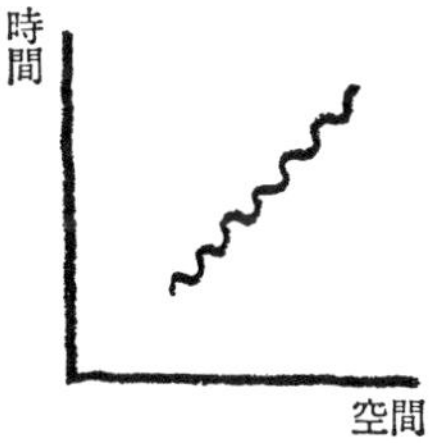

図 6.2

光子の質量の問題は解決策がないから，いちおう無視して，そんなことは起きないはずである，という希望的解釈をすると，真空偏極の効果は電磁 potential が $Z_3^{1/2} \equiv 1 + \frac{1}{2}z_3$ $(\fallingdotseq (1+z_3)^{1/2})$ 倍されたように振る舞うという効果だけになる．Z_3 をやはり光子の**波動関数くりこみ定数**とよぶ．この定数は電子の電荷 e を $Z_3{}^{1/2}$ 倍だけする効果をもっている．すなわち e は m のように，考えの上だけの**裸の電荷**であり，$eZ_3{}^{1/2}$ が，真空偏極の効果を含めた**観測される電荷**である．それを見るには，荷電粒子と電磁場の基本的相互作用図 6.3 の（a）に摂動の 2 次の補正を加えてみる．すると 4 個の図（b）(c)(d)(e）が得られる．図（b）は電子が δm だけ質量を増やした効果と，$\frac{1}{2}z_2$ だけ振幅が変わった効果をもつ．図（c）はやはり質量補正 δm と $\frac{1}{2}z_2$ を与える．図（d）は，光子の質量に目をつぶると，電磁 potential が $\frac{1}{2}z_3$ 倍される効果である．図（e）は，前にちょっと触れた Z_2 を消す効果（Ward の恒等式）である．全部いっしょにすると，電磁相互作用の Hamiltonian，たとえば（5.2 節 (2.5) 式）の図（b）(c)(d)(e）による補正は，全体が $Z_3{}^{1/2}$ 倍されたものになる．ただし同時に荷電粒子の質量も $m_{\rm obs}$ で置き換える．元来，相互作用 Hamiltonian は e に比例していたので，$Z_3{}^{1/2}$ といっしょにして $e_{\rm obs} \equiv eZ_3{}^{1/2}$ とおくと，これが補正された電荷となる．

結果として言えることは，図（b）(c)(d)(e）の効果は，電子の質量 m を $m_{\rm obs} = m + \delta m$ と変え，電荷 e を $e_{\rm obs} = eZ_3{}^{1/2} \equiv e + \delta e$ と変えることになる．δm や δe などの値が何であっても問題にならず，観測量はそれぞれ元の m や e との和である．電子の周りの光子の着物を脱がせるわけにはいかないから*，裸の量 m や e はどっちみち観測できない考えの上だけの量で，その値は実数であるかぎり気にしないでよい．

さて，くりこみ理論の成果は上のことを基礎にしてほかの観測量，たとえば電子が外場によって散乱される場合の散乱断面積が，補正をする前，m と e の関数として $\sigma(m,\ e)$

* 光子は，コウシと読む．ミツコではない．

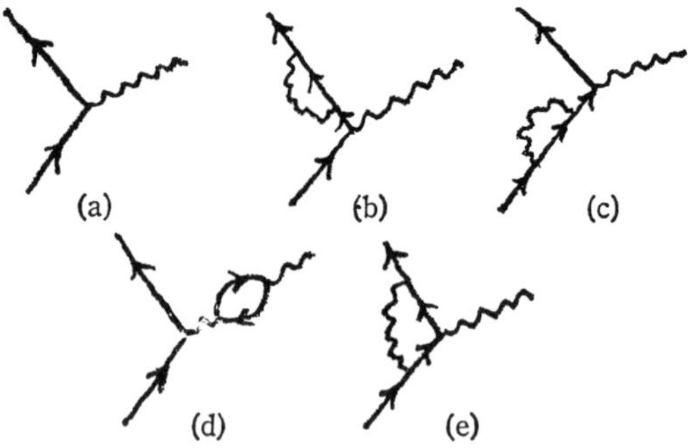

図 6.3

ならば，補正をした場合，$\sigma'(m+\delta m, e+\delta e)=\sigma'(m_{obs}, e_{obs})$ という形にまとめられるということである．他の観測量についても同様で，すべて m_{obs} と e_{obs} の関数にまとめられる．ここでは摂動の2次までの話だが，量子電気力学においては摂動のすべての高次の補正もそうなることが Dyson によって示された．これは，1950年ちょっと前のころの話である．

注　意

①　くりこみ理論は，摂動展開の各次数で，補正の効果が m_{obs} と e_{obs} の形にまとまり，そうまとめたときに得られる結果が物理的に意味をもつと主張するものである．ただし，摂動級数が収束するかどうかは別問題である．事実，くりこみ理論によって摂動の各次数で m_{obs}，e_{obs} の関数にまとめられたとしても，摂動級数全体は，漸近収束（つまり，あるところまではだんだん誤差が小さくなるが，それより高い次数ではだんだんと発散していく）にすぎないと信じられている．

②　なぜ，摂動展開に頼って話をするかというと，現在のところ，摂動展開以外に相対論的共変性を一貫して保つ組織的な近似方法がないからで，摂動展開においては共変性が保たれているために，質量や電荷を identify することが容易だからである．したがって，くりこみ理論は1つの共変的計算方法に頼り，その計算方法によって，$m+\delta m$ や $e+\delta e$ の形にまとめる処方を与えたと評価するのが正しい見方であろう．共変的計算方法を展開する場合，朝永先生の超多時間理論が不可欠であったことは言うまでもない．

③　量子電気力学では，摂動展開の各次数で質量と結合定数の補正という形にまとめられ，その残りが物理的に意味をもつ処方を与えることができたが，もっと一般の系，たとえば核力の問題や高 energy 粒子の間の相互作用などにも同様の処方を定式化できるかというのは重大問題で，これは1950年代のはじめ，名古屋のグループ，坂田，梅沢，亀淵の3氏によって詳しく調べられた．これをここで詳論するわけにはいかないが，興味があっ

たら25）高橋康（1976）の第13章を参照していただきたい．

理論と実験値　以上のくりこみ理論によって，量子電気力学が最近の精度の高い実験とどんなによく合ったものであるかを見ると，びっくりせざるを得ない．1つだけ例をあげると，電子の磁気能率は補正がないと，（3.2節（2.33）式）に与えたように

$$\boldsymbol{\mu}_e = 2(e\hbar / 2mc)(\boldsymbol{\sigma} / 2) \tag{2.1}$$

である．これに6次までの摂動補正を入れると，（2.1）の右辺の因子2の代わりに理論値

$$2 \times (1 + 1{,}159{,}652{,}340 \times 10^{-12}) \tag{2.2}$$

が得られる．一方，精密実験は

$$2 \times (1 + 1{,}159{,}652{,}390 \times 10^{-12})$$

である[*1]．まったく驚嘆するではないか！　こんなに細かく実験と一致する理論が量子電気力学以外にあるだろうか！　量子電気力学のこのような成果については，3）江沢・恒藤（1977）の第Ⅱ部12章の木下氏の解説に詳しく紹介されている．これを見ると，くりこみ理論に基づく量子電気力学がどんなに精密なものであるか，まったく疑う余地がないことに納得されるであろう．

素粒子分類学の成功については，3）江沢・恒藤（1977）第Ⅱ部13章の河原林氏の解説の一部および4）同（1978）の第Ⅳ部25章の南部氏の解説の一部を参照されたい．もっと専門的なものでは，43）湯川・片山（1974）の第8章がある．そこでは，連続群論の考えと場の量子論の考えが混然としているから，群論の成果と見たほうがよいのかもしれない．

6.3　場の量子論の困難

さて，これから場の量子論を勉強しようとする読者に対して，場の量子論の成果ばかり聞かせていたのでは，いんちき商品[*2]を知らん顔して売っている夜店の兄んちゃんと大差ないことになる．そこで話を転じて，最後に，場の量子論の困難について考えてみよう．困難にはおおまかにいって3種類ある．第1は，場の理論の出発点の仮定に反した結果が得られるもの，つまり自己矛盾と，もう1つは場の理論の近似によらない結論と事実とが明らかにくい違うもの，すなわち場の量子論の適用限界の問題，最後に，近似方法の限界に基づく困難である．言うまでもなく，上記3種の困難もお互いにからみ合って出てくるから，そう明瞭に分けられない場合が多い．ここでは紙数の関係もあるので，第1のものを主として考えることにする．

[*1] 最後の90には少々実験誤差がある．
[*2]「いんちき」というのは外来語ではない．語源不祥だがれっきとした日本語だそうである．

6.3.1 発散の困難

場の量子論が自己矛盾に陥る最も基本的な困難は，前にちょっと触れた発散の困難である．つまり，ある種の積分が収束しない．この困難は，実は古典的な場の理論から受け継がれたもので，量子場の理論だけにあるものではない．いわば遺伝的な病気で，場の量子論になって特に困難がはっきりしたわけである．場の量子論における発散は，古典場における発散より発散の次数は低くなっているが，やはり発散には変わりない．

電子の自己 energy その典型的なものは，電磁場による電子の自己 energy δm に現れる．前のくりこみ理論の項では故意にこのことに触れなかったが，それはくりこみの概念は，いちおう δm が発散するということとは別物だからである．たとえ δm が有限であっても，われわれが観測する電子の質量は，$m_{\text{obs}} = m + \delta m$ であるから，くりこみの処方によって，物理量を $m + \delta m$ の形にまとめ直さないといけない．δe についてもまったく同じことが言える．δe を摂動の2次で計算すると，やはり積分が収束しない．

Dirac の相対論的電子場を量子化し，量子化された電磁場との相互作用を考えて計算を遂行すると，電子が1個の光子を仮想的に放出吸収する効果の自己 energy（自己質量× c^2）は，次の4個の効果に分けられ，それぞれ

Coulomb の場によるもの　$(\alpha / \pi) mc^2 \log(\hbar / mcr_0)$ (3.1a)

自己の作った電場によるもの

$$-(2\pi\alpha\hbar^2 / mr_0^2) + (\alpha / 4\pi) mc^2 \log(\hbar / mcr_0) \tag{3.1b}$$

自己の作った磁場によるもの　上と同じ (3.1c)

電磁場の零点振動によるもの　$4\pi\alpha\hbar^2 / mr_0^2$ (3.1d)

となる．ここで，α は $(137)^{-1}$ という微細構造定数（fine structure constant）である．また，r_0 は光子の波数に関する積分が発散するので，$k_{\max} \equiv \hbar / r_0$ で積分を切ったときに出る長さの次元をもった数である．したがって，積分を正直にとるならば，$r_0 \to 0$ としなければならない．上の4個の寄与を加え合わせると，

$$\delta mc^2 = \alpha \frac{3}{2} \frac{mc^2}{\pi} \log(\hbar / mcr_0) \tag{3.2}$$

となる．ちなみに純古典論によると，Coulomb 場による自己 energy は

$$\delta mc^2 = \alpha\hbar c / r_0 \tag{3.3}$$

また，電磁場のほうを量子化し，電子場のほうを量子化しないで計算すると，

$$\delta mc^2 = \alpha\hbar c / r_0 + 4\pi\alpha\hbar^2 / mr_0^2 \tag{3.4}$$

となる，3 個の式（3.2）（3.3）（3.4）を比べてみると，量子化した電子場の場合に発散の次数が log に減っていることがわかる．この発散は，短い波長をもった仮想光子が起こしている．もし電子が有限の大きさをもっているならば，電子の大きさより小さい波長の光子は自然に切断され，積分は収束するはずのものである．上の式の r_0 がちょうど電子の半径であると言ってもよい．しかし，場の理論を用いてやった真正直な計算では，$r_0 \to 0$ としなければならないのである．

したがって，このような発散が起こる原因は，点という概念の上に立てられた場の理論全体に通じることであって，第 1 章で場の話を始めたときから，そのように運命づけられていたわけである．4.4 節で述べたように，相対論的粒子はある意味ではその Compton 波長くらいの広がりをもっていると考えられる．それが，量子化された電子場の理論の場合，自己 energy の発散の次数が（3.3）や（3.4）に比べて低くなった原因である．しかし，まだ広がり方が足りない．

電子の電荷の補正　真空偏極の効果に基づく電子の電荷の補正を，同様にして計算すると，

$$\delta e = -(2\alpha / 3\pi)\log(\hbar / mcr'_0) \tag{3.5}$$

が得られる．今度は，光子が仮想的に放出した電子と反電子の対のうち，高い運動量をもった電子のほうが悪いことをする．$\hbar/r'_0$ が仮想電子の最高波数で，やはり場の理論では，$r'_0 \to 0$ を考える．つまりこの場合の発散は，光子のほうが大きさをもたないことに原因している．

注　意

①　上に見たように「点」の関数としての場を考えると発散の困難はつきものだが，くりこみ理論によると δm や δe は観測量の中にはそれぞれ $m + \delta m$，$e + \delta e$ という形でしか出てこない．したがって，これらをそれぞれ実際に観測される電子の質量や電荷で置き換えてやると，あとは 6.2 節で述べたように，実験とのきわめて精密な一致が得られる．しかし「くりこみ」は δm や δe が発散していようといまいと行わなければならない．どうせ δm や δe はなまで観測にはかからないと思われるから，計算しなくてよいという楽観論もあるが，とにかく，実際に計算してみると発散するというのは理論の欠陥である．

②　実は，電子の自己 energy をまじめに計算すると，長い波長をもった光子の寄与も発散する．これは，光子が質量をもたないことに原因している．このことは，電磁場を量子化したとき，（4.5 節　（5.1）式）の $\hat{\boldsymbol{A}}$ の Fourier 展開の表式に $1/\sqrt{\omega(k)}$ という因子が入っていることからも予想がたつであろう（光子の場合，$\omega = c|\boldsymbol{k}|$）．空洞輻射のとき

と同様，大きい波数に基づく発散を**紫外部の破たん**（ultraviolet catastrophe），また小さい波数に基づく発散を**赤外部の破たん**（infrared catastrophe）という．赤外発散は紫外発散ほど深刻なものではない．というのは，波数の小さい極限では 1 個の光子が関与する過程を摂動論によって無理にとり出したからいけないので，摂動展開を使わず別の近似方法（多くの光子を一度に扱うようなもので，これは Bloch と Nordsieck の近似といわれる）を採用すれば，発散は起きないことが知られているからである．

③　では，紫外発散のほうも摂動展開を使わなかったら救えるのではないかという疑問がすぐ頭に浮かぶが，これはいろいろな人が試みた結果，うまくいかない．反対に，いろいろな試みはすべて近似方法によらず，場の量子論は紫外発散を含むことを示しているようである．相対論的場の量子論の中には，自然定数として光速度 c と Planck の定数 h しか入っていない．これら 2 つの定数をいくらひねっても，ある波長のところで積分を切ってしまうような長さの次元をもった量は作れないわけである．Heisenberg は，将来の発散を含まない正しい理論では，何か長さの次元をもった量 r_0 が，積分を収束させる重要な役割をするであろうと予想している．おそらく本当だろうが，さてどのように r_0 が入ってくるか，具体的には何もわかっていない．

④　量子電気力学では，（摂動の高次でも）発散は δm と δe の 2 種類の発散しか出ないことが Dyson の詳しい分析でわかったが，他の物理系では必ずしも事情は簡単ではない．このように有限個の種類の発散しか与えない相互作用を**くりこみ可能**（renomalizable）な相互作用という．そうでないものを**くりこみ不可能**（unnomalizable）な相互作用という．量子電気力学はくりこみ可能なものである．くりこみ不可能な相互作用の典型は 5.1.4 項でちょっと触れた β 崩壊の相互作用である．その相互作用には中性子，陽子，電子，反中性微子の 4 個の spin 1/2 をもった場が関係している．そのような相互作用では摂動展開の高次にいくに従って，どんどん新しい形の発散積分が現れ，今のところ手に負えない．

6.3.2　異常項の問題

もう 1 つ，場の量子論が自己矛盾に陥る問題に異常項の問題というのがある．そのうち最もよく知られているのが，6.2.2 項で述べた光子の自己 energy の問題である．この問題はどのように起きるかというと，量子電気力学を例にとると，われわれが出発点として採用する場の方程式は第 3 章で論じたように，いつでも gauge 不変性を満たしている．なぜ理論は gauge 不変でないといけないか？　第 1 に Maxwell の方程式が光を記述するため（2.3 節の議論），つまり光は 2 つの偏りしかもっていない事実と合わせるため，第 2 に荷電密度と電流が，連続の方程式を満たすためのものである．ところで，量子電気力学において，摂動展開をして光子の自己 energy を計算すると，それは 0 にならず，gauge 不変性を壊す結果が得られる．理由はいろいろ考えられるが，結局のところは，場の理論には本質的に発散積分が含まれている，という点に帰せられるようである．発散積分が現れると，(3.1) に見られるように一時的に高い波数の積分を $\hbar/r_0$ で切断し，それから $r_0 \to 0$ としなければならない．その r_0 を入れた過程で，理論にははじめになかった長さの次元が密輸入されることになる．この理論のはじめになかった長さの次元を密輸入するところで gauge 不変性が壊れると考えられる．事実，はじめから光子に有限の大きさをもたせようとする努力はいつでも，gauge 不変性の問題で挫折することが知られている．

逆に言えば，光子の自己 energy の問題は，場の理論の含む発散の困難に原因しており，したがって，発散の問題が解決すれば自然にこの問題は解消するであろうから，別に心配するべきことではなく，それまでの間，光子の自己 energy は 0 としておいてもよいだろうという楽観論がとられている．くりこみ理論では，この意味で，光子の自己 energy の問題を無視する立場がとられている．

電子の self-stress　光子の自己 energy とよく似た問題に，電子の self-stress の問題がある．この問題も光子の場合と同様，理論の発散に責任をかぶせて，いちおうアカデミックな問題として無視することが多いが，それだけに今のところ解答のない深刻な問題なのである*．問題はこうである．相対性理論によると，速度 $\boldsymbol{v}$ で走っている電子の質量を，$m(v)$ とするとき，

$$m(v)=\frac{m(0)}{\sqrt{1-(v/c)^2}} \tag{3.6}$$

が成り立つ．すなわち，速度 $\boldsymbol{v}$ で走っている電子は，その静止質量 $m(0)$ よりも，$[1-(v/c)^2]^{-1/2}$ だけ重くなるはずである．さて，電子の観測質量 m_{obs} を，速度 $\boldsymbol{v}$ の系で計算してみたら，それに対して，正しく (3.6) が成り立っているであろうか．場の理論における摂動展開は，朝永先生のおかげで相対論的共変性を保ったまま遂行することができるから，相対論的な関係 (3.6) が正しく得られることにまちがいはない．

一方，付録 (p.230) の議論によると，Lorentz の質量公式 (3.6) が成立するためには，粒子の静止系において，self-stress が 0 でなければならない．そこで実際にこの量を計算してみると，

$$\frac{1}{3}<\int dV^{(0)}\Theta^{(0)}_{i\,i}(x)>=\frac{1}{3}\left(m\frac{\partial}{\partial m}-1\right)\delta m \tag{3.7a}$$

$$=-\left(\frac{\alpha}{2\pi}\right)m \tag{3.7b}$$

という値が得られ，有限であるが 0 とならない．ここで左辺の<　>は，1 電子状態の期待値で，(3.7a) から (3.7b) への移行には，δm の表示 (3.2) を用いた．

このようにして，場の量子論はまたしても，0 であるべき量が 0 でないという自己矛盾

* 納得のいく解答があったら無視されないのが普通であろう．たとえば，赤外発散の問題，電磁場の量子化の問題等は無視されない例，発散の困難は無視される例．

に陥る.

しかし,(3.7a)から(3.7b)への計算を実際にやってみればわかるように,self-stress を0にしなかったのは,δm の中の対数の中に含まれている m からきている.もしこの m がなかったら(3.7a)は文句なしに0となっていたのである.対数の中の m がなぜ出てきたかというと,それは,発散積分を $\hbar/r_0$ で切断したとき,r_0 の次元を balance するために出たものである.事実,量子電気力学では,次元のある量は $\hbar$ と c と m だけであるから,もし理論が発散を含まないなら,δm は m に比例しているはずである.そのような δm を(3.7a)に代入してみると,確かに(3.7b)ではなくて0となる.したがって self-stress の自己矛盾も,実は理論の発散に原因しているから,発散を含まない正しい理論ができたときは自然に解消するものであろうという楽観論が成り立つわけである.とにかく理論に発散があるかぎり,それがくりこめるからといって self-stress の問題はどうにもならない.逆に言えば,self-stress の問題は点ではなく有限な大きさをもった粒子を相対論的に考慮することがどんなにむずかしいかを示すものであるとも言える.

図 6.4

中性中間子の崩壊　最後にもう1つ,自己矛盾形の問題として,中性中間子が2個の光子に崩壊する現象に触れておこう.この問題も前の2つと同じく,1940年代の終わりに指摘された古い問題で,古いだけにどうにもならない難問なのである.いま,中性中間子が陽子と相互作用し,陽子が電磁場と相互作用している場合を考えよう.中性中間子は,仮想的に,陽子,反陽子に変わる.この陽子が1個の光子を放出した後,反陽子といっしょに消滅して,もう1個の光子を放出する.結果としては,中性中間子は2個の光子に崩壊する.Feynman 図形を書くと図 6.4 のようになる.この過程を計算してみると,また,gauge 不変性に反した結果が得られるのである.このことは,くりこみ理論の直後,福田博と宮本米二両氏によって計算が実行された.両氏はまた,この計算と同時にもう1つ理論の出発点と矛盾する結果が得られることも指摘したが,両方ともやはり光子の自己 energy と同様に,gauge 不変ではない結果が出たら「実際は0になるはずである」という楽観的解釈が優勢で,しばらくの間,忘れられていた.

約20年後の1969年になってから,アメリカで Adler が,福田・宮本の計算結果を再発見して,それ以後これは Adler anomaly とよばれるようになった.その間,実験のほうもかなり進み,Adler の再発見した anomaly は簡単に落としてしまうと実験と合わないことがわかった.福田・宮本の計算も Adler の計算も摂動展開による計算で,その結果が理論の方程式と矛盾し,その矛盾する項がないと実験と合わないという深刻な事情が現れたわけである.

この矛盾は，Adler がその後詳しく調べたところによると，中性中間子の崩壊以外のところには出ない．純 pragmatist は，anomaly はどこに出てくるかちゃんとわかっているのだから，それを素直に受け入れればよいではないかという態度をとっているようである．一方，純理論屋はやはり原因は理論の含む発散に原因しているのであって，特に場の量子論では，発散のために 2 つの場の量の積の定義が明確ではなく，それをある極限で正しく定義してやると，うまく anomaly が得られると言う．この極限のとり方は point splitting technique として知られている*.

以上の 3 つの問題は，人々の予想するように，場の理論の中に含まれる発散に真の原因があり，発散を含まない正しい将来の理論では自然に解消するものなのかもしれないが，今のところ自己矛盾に陥る難問である.

> われわれより以前の物理屋は発散が出るとぎょっとした．われわれの時代の物理屋は発散などには驚かない．くりこめばよいではないかと言う．しかし，異常項が出るとぎょっとする．それは理論が悪いのだと消沈する．われわれ以後の物理屋は異常項などに驚かない．それは実験から要求されることだし，どこに出てくるかわかっているから文句ないではないかと言う．物理屋の「驚き」の振幅はだんだん減衰していくようである.

6.3.3 場の量子論の目的？

場の量子論が元来目的としていたものは何であろうか？　そしてその目的は現在，どの程度達せられたであろうか？　場の量子論の歴史をふり返ってみると，それは他の物理の分野とはかなり異なった性格をもっていることに気がつく．たとえば，Newton 力学は物体の運動学的な振る舞いを取り扱う学問であり，物体の熱的性質などいっさい問題にしない．そこでは質点という idealization から出発して有限の大きさをもつ物体も，質点の集まりとして取り扱うことは第 1 章で見た通りである．はじめから，力学の目的はかなりはっきりしている.

Maxwell の電磁気学にしても，電磁現象を取り扱うものであるということがはじめからはっきりしている（Maxwell の理論には，後で光学まで含まれることになるが）．一方，特殊相対性理論になると目的がそれほどはっきりしない．物理学全体にわたっての 1 つのわくを与えるものであると言えるかもしれない．「物」が「空間」の中に入りうる様式を与える学問であるとも言える.

量子力学は，元来，原子の中の電子の振る舞いを扱う学問として出発したが，Dirac の一般変換理論によると，電子ばかりではなく，古典解析力学において一般化座標と運動量

* Point splitting technique も実は新しいものではなく，1936 年，Dirac が，彼の相対論的電子論を真空偏極の問題に応用したとき，導入したものである.

で記述される系なら，いちおう形式的に量子力学の対象となりうる（このような印象は必ずしも正しくない．このことは後で議論しよう）．そして量子力学の本来の目的であった原子中の電子は，Diracの広い見地からすると，多くの微視的物理現象の中の1つの例にすぎないものとなった．

量子力学の一般変換論をさらに拡張解釈して，電磁場を調和振動子に分解したとき（第2章の終わり），その調和振動子の1つ1つにそれを形式的にあてはめると，電磁場も量子力学的に扱うことができる*．ただし，このやり方では，「場」というものがあまり表面には出ていない．電磁場が本当に場として量子力学の対象になりえたのは，Jordan-Pauliによる場の量子化の理論が提出されてからであろう．彼らの理論では，調和振動子の交換関係から場の量自身の間の交換関係が計算される．

量子力学と相対性理論を統合する試みは，はじめは相対論のほうからの要求をはっきり取り入れたKlein-Gordonの方程式に量子力学的解釈を導入しようという順序で話が進められたが成功しなかった．Diracは逆に，量子力学的な要求を満たす条件から出発して，それを相対論に近づける道をとり，電子の相対論的波動方程式を提出した．そのとき，一挙に電子のspinの問題，磁気能率の問題が解決されたと同時に，spinorという新しい共変量が発見された．しかしDiracの相対論的電子理論も，負のenergyをもった解の存在のために，1粒子的な量子力学の解釈はそのままではあてはまらない．それから空孔理論の考え方を通して反粒子という概念が導入されることになる．このあたりから相対論的な場の理論はどんどんと多体問題の中に引きずり込まれることになる．

Diracの相対論的電子波動方程式を場として量子力学の対象にしたのはJordan-Wignerである．電磁場と電子場とそれらの相互作用とを全部いっしょにして，場の量子論の基礎が築かれたのは1929年のHeisenberg-Pauliの論文においてであって，ここで初めて量子電気力学が場の理論としていちおう力学の助けを借りないで独立したわけである．

いったん量子力学的な場の取り扱い方が示されると，これをそのまま，それまで量子力学的に扱えなかったKlein-Gordonの場にも応用することができる．こうしてKlein-Gordonの場は目的のないまま量子化された．またβ崩壊の謎が，中性微子の導入と相まって場の理論によって解明される．

量子化されたKlein-Gordon場の理論は，その直後，湯川先生の中間子場の理論に役立ったが，場の量子化という観点からすると，それはむしろ偶然の幸運であって，同じころ開拓された一般spinの場の理論など，いまだにどれほど役に立つものかわからない状態である．つまり場の量子論は，formalismが現実より先走った面が強い．一方，Heisen-

* 電磁場は無限個の調和振動子と数学的に同等であるから，有限自由度の力学形式がそのままあてはまるかどうか，はじめから明らかなことではない．

berg-Pauli によって量子電気力学が提出された直後，それが発散の困難を含んでいることが指摘されたわけである．そのような本質的な欠陥にもかかわらず，場の量子論はその後いろいろと拡張され，新しい粒子には新しい場を導入し，さらにある種の場は群論的観点から整理統合され，微視的物理対象の model の問題と相たずさえて，いろいろな微視的現象の解明に役立ってきた．

このような事情で，場の量子論は，はじめから目的というものがあまりはっきりしていない．一方では微視的現象にどんどん巻き込まれ，他方では理論的可能性に引きずられて，その potential を思う存分具体化していったという感じである．だいたい，現在見るようにこんなに多くの素粒子が存在するとは，場の理論が提出された当時，予想さえつかなかったことである．場の量子論はたびたび言ってきたように，本質的に多体問題的な面と，その反面，すなわち素粒子反応の素過程を記述する唯一の言語を提供するという面から成っている．特に後者は群論と併用することによって，素粒子反応の種々の保存則や禁止則や選択則を与える．素粒子自身の構造に関係しない問題に関するかぎり，実験との定性的な一致が得られるばかりでなく，ある種の素粒子の存在すら予言される．

しかし，いったん素粒子自身の構造の問題に足を踏み入れると，前述の発散の困難にはばまれてしまってどうにもならない．最近の高 energy の実験は素粒子の構造の一端を暴いているが，場の量子論との定量的な一致を得ることは今のところ絶望的である．だからといって，発散の問題を別にすれば，現在の場の理論と本質的に明らかに矛盾するというような現象は，簡単には見当たらないようである．

6.3.4 適用限界の問題

量子力学が発見される前，古典力学や古典電磁気学が直面していた種々の困難，たとえば原子の発する線 spectrum の問題，空洞輻射の問題，Rutherford 原子 model の安定性の問題などのような意味において，現在の場の量子論でどうしても手に負えないという問題は本当に存在しないのであろうか．だいたい今になってみると，線 spectrum は古典論では得られないものであるとか簡単に言ってしまうが，量子力学発見以前の研究者たちがいったいそう考えていたであろうか．相対性理論発見の前夜にしても事情は同じで，Lorentz-Fitzgerald 短縮の問題にしても，水星近日点前進の問題にしても，古典論とそんなに矛盾したものであると当時の研究者は考えていたのであろうか．

だいたいこのような問題を考える場合，つねにわれわれがとっている model が本当に正しいか，model を改良すれば実験との一致が得られるのではなかろうか，または近似を改良すれば満足な答えが得られるのではないだろうかと希望して，そのような可能性を探っていくのは人情の常である．後になって正しい理論が発見されてみると，それ以前の研究者たちが，いかに無駄な労力と時間を使っていたか，それまでに使っていた基礎理論のどこが間違っていたか，疑いのないほど明らかになるものである*[1(次頁)]．

したがって，場の量子論の適用限界の問題は，本当は新しい理論が出て初めて明らかになるもので，現在のところ個人的な予想はあっても確かなことは何も言えない，というのが一番正直なのではないだろうか．われわれが現在，場の量子論で定性的に扱って満足している問題も，本当は将来の正しい理論になって初めて正しい解答が得られるものなのかもしれない．

現在の場の理論が，定量的に正しい答えを出せないで困っている問題はたくさんあるが，たとえばその1つに核子（陽子または中性子）の異常磁気能率の問題がある．Diracの相対論的電子方程式において，電子の質量を核子の質量 M（電子のほぼ2,000倍）で置き換えたものが正しいとすると，（3.2節　(2.33) 式）により，核子の磁気能率は

$$-\boldsymbol{\mu}_N = \boldsymbol{\mu}_P = 2(e\hbar\,/\,2Mc)(\boldsymbol{\sigma}\,/\,2) \tag{3.8}$$

であるはずである*2．これは，核子がほかの場と相互作用をしていないときの値である．核子はいつでも仮想中間子の雲を着ているから，その効果を取り入れてこの値を補正してやらなければならない．そうすると，電子のときと同様に（6.2節），この式の右辺の前の因子2は補正を受ける．実験によると，陽子のときは2の代わりに約1.8，また中性子のときは－2の代わりに約－1.9であることがわかっているが，摂動論による計算はもちろん合わないし，その他の近似方法による計算もやはり発散にはばまれて発散積分の切断に敏感であったり，どうもうまくいかない．定性的にはだいたいうまくいくが定量的にはだめである．

この例を考えてみると，核子が中間子だけと相互作用していると考えるのはもちろん簡単すぎる．核子はその他の粒子とも相互作用しているので，その効果も全部考慮してやらないと正しい答えが得られるはずはないだろう．つまり扱う物理系のmodelの問題が1つある．また計算のやり方だが，核子と中間子の相互作用は摂動展開ができるほど小さくはないので，何かもっとよい近似を使わないといけないのは明らかである．したがってmodelの問題と近似の問題がからんでくる．もちろん，現在われわれがもっている理論が根本的に悪いのかもしれない．第一，磁気能率の計算をすると必ず発散の困難に出会うから，発散の処理をどうするかが問題である．この場合はくりこみ理論が使えない（くりこみは摂動展開ができるときにしか正しく定式化されていない）．

このように，modelの問題と近似がからんできて，現在の理論が発散を別としても正し

---

*1(前頁) 後になって明らかになるからといって，先回りしてうまいことをやろうと思っても，なかなかできないものである．現在ではまったくとるに足りないほど明瞭な電子のspinという概念すら，実に多くの研究者たちが苦心さんたんして作り上げている．この点，35）朝永振一郎（1974）をぜひ一読されたい．

*2 $\boldsymbol{\mu}_N$，$\boldsymbol{\mu}_P$ はそれぞれ中性子と陽子の磁気能率．

い答えを含んでいるのかどうかわからなくなる．

その他，場の理論には概念的に全然扱えない問題というものがある．たとえば素粒子の反応をつかさどる相互作用は，現在おおまかに言って 3 種類あることが知られている．第 1 に核子と中間子の相互作用のように強いもの，第 2 に荷電粒子と電磁場の相互作用，第 3 にそれよりずっと弱い相互作用で，たとえば，β 崩壊を起こさせる相互作用である*．なぜ強，中，弱の 3 種類の相互作用が自然に存在するのだろうか．この疑問には現在，全然手がつかない．また電子と非常によく似た粒子に μ－中間子というのがある．μ－中間子は電子と同じく spin は 1/2 だが，その質量が電子の約 200 倍である．しかし，他の粒子との相互作用のしかたは，電子のそれとまったく同じであると言ってよい．他の粒子との相互作用がまったく同じということは，電子と μ－中間子とはまったく同じ仮想粒子の着物を着ているということである．くりこみ理論のところで，粒子の質量は裸の質量 m と，着物の部分 δm の和が観測される質量であるということを学んだが，同じ着物を着た μ－中間子と電子の質量がこんなに違うということは，裸の質量がはじめから異なっていると仮定するよりほかに逃げ道がない．相互作用がまったく同じでいて，質量だけがそんなに異なる粒子がなぜ自然に存在するのだろう．この問題にも現在の場の量子論は手が出せない．いったい粒子の質量とは何なのだろうか．現在の場の量子論では質量というものは，運動方程式に現れる単なるパラメーターで，その値を制限する原理は何もないのである．

最近，高い energy の加速器を用いて見いだされた数多くの粒子を分類するのに，連続群論の考え方を用いることが有効であることを前に述べた．それによると強い相互作用をする粒子（それらをハドロンという）は，それぞれを素粒子と見るよりも，より基本的な quark とよばれる単位から成り立っていると考えると，たいへん都合がよい．ただし quark は，今までに観測されている粒子と違い，半端な電荷 $e/3$ とか $2e/3$ をもっていると仮定しなければならない．たとえば，核子は素粒子ではなく，電荷 $e/3$ の quark 3 個からできていると考えるといろいろ都合がよい．ところが，実験物理屋の必死の努力にもかかわらず，電荷 $e/3$ をもったような粒子は今でも実験にかからないのである．一方，理論屋のほうは，そんな粒子は束縛状態としてだけ存在し，単独には外に出てこないという，いわゆる quark 閉じ込め理論の制作に余念がないが，現在の場の理論を真っ正直に使うかぎり，quark の閉じ込めはなかなかできない．今までの物理学によると，粒子の運動 energy というものはいくらでも高くなりうる．したがって，quark を束縛状態として永久に閉じ込めるためには，運動の energy を上回るだけの高い potential energy を導入しなければならない．または，運動 energy はある値より大きくなりえないという切断を，どこかに考慮してやらなければならない．それとも，ちょうど固体の中の phonon のよう

* もう 1 つ，重力場との相互作用が考えられるが，これはもっともっと弱い（第 7 章の議論参照）．

に，媒質のあるところだけに存在する振動を quark とみなすこともできるかもしれないが，いずれにしろ，相対論の要求を満たしながら quark を閉じ込めることは，現在の物理学に何らかの根本的な改革がないかぎり，不可能のように思われる．

高 energy 粒子の quark model は，われわれが今や粒子の構造の問題をどうしても避けて通ることができないことを暗示しているように見える．言い換えるならば，われわれが 4 次元空間の座標の関数として扱ってきた局所的な場の理論の限界ぎりぎりまで来たということかもしれない．

6.3.5 困難解決への試み（その 1）

Heisenberg-Pauli によって場の量子論の基礎が提出された直後，指摘された発散の困難そのものに対しては，それ以後，解決への努力が何もされなかったわけではない．くりこみ理論が発散の問題を避けて通る道を示す以前にも以後にも多くの努力がなされたが，残念ながら満足な解決は全然得られていない．そのことを以下ざっと眺めてみよう[*1]．ただし，失敗の原因までここで詳しく分析する余裕もないので，単に私が気がついた点を思いつくままに述べるにとどめる．

まず，場の量子論における近似方法を改良しようという努力について述べよう[*2]．量子力学においてよく知られているように，摂動展開においては系の Hamiltonian $\hat{H}$ を 2 つの部分に分けて，

$$\hat{H} = \hat{H}_0 + \lambda \hat{H}' \tag{3.9}$$

と書く．このとき，$\hat{H}_0$ の部分の固有値問題が正確に解け，$\lambda \hat{H}'$ の方は小さいという条件が満たされていることが必要である．場の理論では，$\hat{H}_0$ として，相互作用のない部分つまり場の量について双 1 次形式の部分（たとえば第 4 章における $\hat{H}_0$）をとり，$\lambda \hat{H}'$ としては場の量を 3 個以上含む項（たとえば第 5 章の $\hat{H}^{(1)}$）をとる．λ として相互作用の強さを示す結合定数（電磁相互作用の場合は e）をとる．ところが，たとえば核子と中間子の相互作用の場合は結合定数（それを g としよう）が小さくないので，摂動展開を採用するわけにはいかない．そこで，g の展開ではなく $1/g$ のべき級数に展開しようという考えが，ずっと以前 Wentzel によって提唱された．これは**強結合**（strong coupling）の理論といわれている．しかし，$1/g$ のべき級数に展開するのはそう簡単ではない．第一，核子のほうを非相対論的に扱って，しかも量子化しない，大きさの有限な粒子として扱わないと発散の問題にぶつかってしまう．今のところ，強結合の理論を相対論的に不変な形にできないから，高 energy の現象を扱えないばかりでなく，発散積分の処理がうまくいかない．

[*1] 困難解決への失敗の歴史は，その道の専門家によって真剣に取り上げられることが望ましい．

[*2] 多体問題的な近似方法の問題はここでは考えない．粒子の素過程の近似方法については少々古いが，朝永先生による解説がある．36）朝永振一郎（1949）参照．

朝永先生は，摂動論と強結合の理論の中間の場合に適用できる近似方法を定式化されたが(これは中間結合の理論という)，やはり，相対論的不変性の問題と発散の問題がつきまとっており，高結合現象へは応用できない．

その他，異なった種類の近似方法も提出されているが，いつでも相対論的不変性と発散の処理の問題がつきまとい，今のところ相対論的不変性を満たす近似方法は摂動展開法しかない．その場合にも，相互作用によっては，くりこみの考え方が使えないことが多い．つまり，基本的な発散積分の種類が，量子電気力学のときのように有限個ではなく無限個になる．

とにかく，発散の処理がうまくできないとどうにもならない．物理量を実際に計算しようと思ったらいつでも発散の問題に悩まされるから，計算をやめて場の量子論における基本的な方程式と変換性だけを使って物理量と物理量の間の関係を求め，一方がわかったとして他方の値を求めるという行き方が流行した時代もあった．このような行き方は，物理量の間の比を求めたり，異なった過程の間の関係を求めたりすることにかなりの成功を収めたが，やはり，物理量そのものの値が計算できないというのは物理学本来の目的にかなっていないわけである．したがって，誰もそのような状態に満足してはいない現状である．将来の正しい理論が発見されるまでの急場しのぎにすぎない．しかし，そのような遠まわしの議論がかなり成功するという事実は重要であろう．

6.3.6 困難解決への試み（その 2）

さて，発散の問題に真っ正面から取り組んだ試みには次のようなものがある．ただし，これらの試みの大部分は，くりこみ理論および高 energy 粒子の複雑な現象が発見される以前に提出されたもので，発散の困難が高 energy 粒子現象の理解と独立に解決されるものかどうか興味深い問題である．おそらく，自然に秩序を保たせる機構そのものが積分を発散させないように作用しているにちがいない．

発散の問題を解こうという努力にはおおまかに言って 2 つの流れがある．1 つは空間と時間はそのままにしておいて物質のあり方を変えていこうとするもの，もう 1 つは空間と時間のあり方を変えていこうとするものである．

空間と時間のほうは変更しないで，物質のあり方，相互作用の仕方を変えてみようとするものは，通常「non」のつく理論で，non-local の理論とか non-linear の理論などとよばれているのがそれである．Heisenberg-Pauli の理論が発散を含むことがわかった直後，1934 年に Born と Infeld は非線形場の一元論を提出して困難を解決しようとした．考え方は線形な Maxwell 方程式に電磁場だけを含む非線形の項を加え，荷電場など入れない．非線形項の入れ方はまったく任意だが，できるだけ簡単で発散積分を含まないものという条件のもとに選ぶ．彼らの簡単な model は確かに電磁 potential は至るところ有限であったが，そのような potential を与える荷電分布を計算してみたら原点で発散する．したがって，彼らの考えたmodelは簡単すぎるわけである．しかし，もっと複雑な非線形項を導入して，荷電分布を有限に抑えることができたとしても，vector場の一元論に固執するかぎり荷電粒子のspinなどという量がどうしても出てこない．だいたいspinorからvectorは容易に作れるが，vectorからspinorを作るには，どこかで平方根のような量子化の操作と相容れない操作が必要になる*[1]．したがって，場の一元論的観点をとりたかったら，spinor場の一元論から出発するほうが簡単である．

第二次大戦後，Heisenbergはspinor場の非線形方程式を提出し，**宇宙方程式**とよんで大騒ぎが起きたことがあったが，非線形方程式は一般解を見いだすことが困難で，結局どんな解が入っているか，わからずじまいになってしまったようである．Heisenbergは彼の提出した非線形spinor方程式の解を探していく段階で，高energy物理学を刺激するに足るおもしろい考え方をいろいろと出したが，当面する困難の根本的解決にはまだまだ遠かったようである．

やはり空間時間の構造はそのままにしておいて，場の概念を変更しようといういき方に非局所場の理論というのがある．そのうちで最も保守的な考え方は1950年ごろ提出されたKristensen-Møllerの理論であろう．彼らは，点関数としての場の概念はそのままにしておき，近接作用の方を変更した．つまり，場と場の相互作用の仕方だけを変更したが，相対論的不変性を要求するかぎり場を量子化することがむずかしく，量子力学的なunitarityを満たすことができない．相対論的不変性とunitarityの両方を要求すると，近接作用をやめても発散積分がどうしても避けられない結果となった．

Heitlerは，やはり近接作用をやめ，量子化しやすい形に場の相互作用を導入したが，そうすると今度は，積分は収束するが相対論的不変性が破れる．6.3.2項で議論したself-stressは0でなく有限な値が得られる．したがって，速度vをもった電子の質量はLorentzの式（6.3節　(3.6)式）からずれてしまって実験と合わないことになった*[2]．

1950年にPais-Uhlenbechは無限階の微分（つまり近接作用をやめて）を含んだ場の方程式をきわめて一般的に調べた．無限階の微分を許すと，粒子が自然に大きさをもってくるという点は好都合だが，やはり相対論的因果律を満たすことがむずかしくなる．また，gauge不変性を保つこともたいへんむずかしいということで，この方向への道は完全に閉じられてしまったようである．

局所場の概念を捨てて，もう少しradicalに場という概念そのものを変更していこうと

---

*[1] この点は，spinorの提出された直後，Whittakerによって詳しく議論されている．

*[2] Heitlerははじめ，彼の理論が相対性理論と矛盾するとは知らなかった．私はちょうどそのときチューリヒを訪れ，そのことを議論した．それではどれだけ相対論からずれるか調べようということになり，彼の同僚と2～3ヵ月むずかしい計算をやった結果，そのときの最も精密な実験と食い違うことがわかった．自分の出した考えをいいかげんにしないで，とことんまで調べてみようという彼のしつこさにはおおいに学ぶところがあった．

いう考えもたびたび提出された．たとえば湯川先生の提出されたものは4次元空間の1点xの関数である場の代わりに，2つの点x'とx''に依存する場$\phi(x',\ x'')$を考えるというき方である．これを**bilocal**な場という．

この場合も相対論的不変性とunitarityと積分を有限にするという3つの要求を満たすことができない（一般的証明はもちろんないが）．

この他，Pauli-Villarsによって提出された理論があるが，やはり上の3つの要求を満たすことがむずかしいということのほかに，理論の使い方に対する任意性が出てくるので，とうてい完全な理論というわけにはいかない．

上に述べた種々のやり方では，時間空間の構造はいちおうそのままにしておき，物質の振る舞いを変えていこうという考え方が基礎になっている．それに対照的な考え方は時間空間の構造を変更してみようというものである．ただし，少なくとも巨視的なscaleでは相対性理論の要求と矛盾しては困る．この方向への試みもいろいろとあるが，ここでは次の2つをあげるにとどめよう．その第1はSnyderのいき方である．彼は積分を収束させるために連続的な時間空間の概念を捨て，空間を格子のようなとびとびのものであると考えた．もちろん2つの格子点の距離は微視的な小さいものである．Snyderの時間と空間とは，量子力学における角運動量のoperatorのような，さまざまな交換関係を満たすoperatorである．そうすることによって彼は彼の理論が相対性理論と矛盾せず，かつ積分が有限になることを示したが，空間時間がoperatorであり，さらにその上，場の量がoperatorとしての空間時間を含むoperatorであるため，現実的な現象を扱うのはたいへんなことである．そのためか彼の提出した理論（1947年）に続く者がいない*．そればかりではなく，Snyderの理論では，不変性と保存則を結び付ける基本的関係式，Noetherの恒等式が成り立たない．

Divergence積分を有限にする処方として，一時提唱されたやり方に，dimensional regulariztionというのがある．これは，波数空間における積分要素が空間の次元によることを利用し，4次元空間から小さい次元εを差し引いた$4-\varepsilon$次元の空間で積分を遂行し，それから$\varepsilon\to 0$の極限をとるというやり方で4次元空間の積分を定義する．このεは正整数でない小さい量である．このような極限操作を行う理論ではいつでも問題になることだが，極限をとる前のεが0でないときの理論がまずちゃんと定式化できてないとお話にならない．だいたい$4-\varepsilon$次元ではLorentz変換などという概念すら成立しない．したがって今のところ，単なる数学的な技巧にすぎないと思う．

---

* 5.5節で，Debyeによる固体比熱の計算を示したときの考え方は，ちょうど上のSnyderのやり方の逆をやったことにあたる．固体の場合は元来格子状であったものを連続空間変数で置き換え，その代償として波数空間における積分をある上限で切断した．すなわち，波数空間における切断と格子状の空間を考えることは裏腹になっていることである．

6.3.7 量子化の問題

第6章のはじめにちょっと触れたが，われわれが場の相互作用といった場合，通常は，場の量が3個以上かけ合わされたものを指す．ただし，相互作用部分が高い微分を含んでいたり，非有理的な演算（たとえば平方根）を含んでいると量子化がうまくいかない．高い spin の場が関係してくると同様のことが起きる．高い spin の場というのは，簡単に言うと，spinor や vector の足をたくさんもっている場である．たとえば重力場は vector の足を2つもった tensor $g_{\mu\nu}(x)$ で表される．spin 3/2 をもった場は1つの spinor の足 α と，1つの vector の足 μ をもった混合場 $\psi_{\alpha\mu}(x)$ で表される．このように足が多いということは，場の中には本質的にたくさん微分が入っているということである．実際，高い spin の場の Green 関数を計算してみると，場が spin s をもつとき，$\Delta^{(r)}$ に $2s$ 階の微分がかかったものが得られる．Fourier 積分を用いて波数空間に直したとき，空間微分 ∂_μ は波数 ik_μ に変わる．したがって，高い spin をもった場が入ると，積分はますます発散の方向へ向かう．高い spin の場を考えると，このように理論はますます悪い方向に向かってしまう．このようにして出てきた発散はくりこむことすらできない．つまり発散積分の種類が有限にとどまらないのである．そればかりではなく，たとえば，spin 3/2 の場が電磁場（これは c 数として扱う）と相互作用している場合を，摂動論によらず正確に解いてみると，spin 3/2 の場に対して，はじめに仮定した反交換関係に矛盾する結果が得られる．これが何に原因しているかはまだわかっていないが，これも場の量子論が自己矛盾に陥る困難の1つである．重力場も spin 2 の場であり，同様の困難に陥ることが予想される．Einstein の重力場は曲がった空間の場であって，特殊相対性理論の枠に締め付けられている現在の場の量子論の基本的概念が，曲がった空間と両立するものかどうか私にはわからない．重力場については，次の章を参照されたい．

第7章　重力の場

重力は歴史的には最も早く発見された力であり，地球上の物体の運動，太陽系の惑星をはじめとするさまざまな天体の運動など，自然界の広範囲にわたる物理現象の考察において，きわめて重要な役割を果たしている．

重力の特徴の1つは，それが物体間の距離の2乗に反比例すること，すなわち，はるかに遠い距離まで影響を及ぼす遠距離力であるという点にある．もう1つの特徴は，それがすべての物体間で引力として作用することである．これら2つの特徴をもつことは，重力が太陽系惑星の運動や銀河系の構造および宇宙の構造形成などの自然界の macro な分野において，それが重要な役割を果たす原因となっている．重力の第3の特徴は，電磁力などの他の力に比べて非常に弱い力である点である．これは，電子間や陽子間などに働く電気力と重力の大きさを比較することによって明らかとなる．この第3の特徴が，原子および原子核などの micro な構造形成で重力が役割を果たしていないことの理由となっている．

当初，重力の理論は Newton によって与えられた．これを Newton の重力理論とよぶ．この理論では，遠く離れた物体まで重力の影響が瞬間的に及ぶことになるという意味で，Newton の重力理論は特殊相対性理論の結論と矛盾する．相対論的な重力理論を完成したのは Einstein であり，その理論を一般相対性理論とよぶ．一般相対性理論は，時間・空間と物質の関係に関する従来の考え方を根本的に修正したという意味で，その理論体系は物理学上における大きな概念の変革を伴うものであった．

一般相対性理論への導入は，「等価原理」を理論の定式化にあたっての指導原理とする Einstein の方法と，それに比べて比較的新しい考え方である非可換 gauge 理論の観点からの定式化が一般的である．本書は，従来の（通常の時間・空間における）場の理論に関する入門書であるから，相対論的な重力場の理論への導入も，標準的な場の理論の考え方から入ることにする．これは一般相対性理論の導入への第3の道ともいうべきものであり，相対論的な重力理論の構築にあたって，時間・空間を幾何学化することの必然性と，結果として重力場の方程式が無限次の非線形方程式とならざるを得なかった理由を浮かび上がらせるものとなる．

本章の後半では，一般相対性理論の簡単な要約とその量子化の問題について考察する．

7.1 Newton の重力理論から相対論的な重力理論への道

7.1.1 Newton の重力理論

Newton の万有引力に関する理論は，重力の potential $\boldsymbol{\Phi}(\boldsymbol{x})$ に対する方程式

$$\nabla^2\Phi(\boldsymbol{x}) = 4\pi G\rho(\boldsymbol{x}) \tag{1.1}$$

と，重力の影響を受けて運動する質点の運動方程式

$$\frac{d^2\boldsymbol{x}}{dt^2} = -\boldsymbol{\nabla}\Phi(\boldsymbol{x}) \tag{1.2}$$

のセットから成る．ここで G は万有引力定数，$\rho(\boldsymbol{x})$ は物質の質量密度を表す．

電磁場に対する場の方程式である Maxwell の方程式と，電磁場の影響を受けた質点の運動方程式は，ともに Lorentz 変換で共変であるが，(1.1) と (1.2) を Lorentz 変換すると形が変わってしまう．すなわち，これらの方程式は特殊相対性理論の枠外にある．このため非相対論の極限で Newton の重力理論に帰着するように，相対論的な重力理論を構築する必要がある．

7.1.2 記号の説明

相対論的な重力理論の説明に入る前に，以下で特殊相対性理論の考察で重要となるいくつかの記号および記法の約束事をまとめておく．

特殊相対性理論は Minkowski 時空間を用いて表されるが，この時空間の計量（2 階の対称 tensor）を $\eta_{\mu\nu}$ および $\eta^{\mu\nu}$ で表したとき，それらは

$$\eta_{\mu\nu} = \eta^{\mu\nu} = (-1,1,1,1) \tag{1.3}$$

で与えられる．ここで，添字の μ と ν はそれぞれ 0, 1, 2, 3 を表す．これを用いて，固有時間 $d\tau$ は

$$\begin{aligned} c^2(d\tau)^2 &= -\sum_{\mu,\nu=0}^{3}\eta_{\mu\nu}dx^\mu dx^\nu = (dx^0)^2 - (d\boldsymbol{x})^2 \\ &= c^2(dt)^2 - (d\boldsymbol{x})^2 = c^2(dt)^2\left(1 - \frac{\boldsymbol{v}^2}{c^2}\right) \end{aligned} \tag{1.4}$$

と表される．ここで，$x^0 = ct$ とおいた．

(1.4) の表式 $\sum_{\mu,\nu=0}^{3}\eta_{\mu\nu}dx^\mu dx^\nu$ のように，以下では下の添字 μ（今の場合 $\eta_{\mu\nu}$ の μ）と上の添字 μ（今の場合 dx^μ の μ）について，0, 1, 2, 3 の和をとる場合が多い（上下の添字 ν に関しても同様）．この場合のように，上下に同じ添字が現れた場合，これらに関して 0 から 3 まで和をとるものとして，和の記号 Σ を省略して $\eta_{\mu\nu}dx^\mu dx^\nu$ などと表す*（次頁）．

また，Minkowski 空間の vector や tensor の成分は，添字 $\mu, \nu, \cdots$ で表されるが，これらの添字の上げ下げは，計量 tensor $\eta_{\mu\nu}$ または $\eta^{\mu\nu}$ を用いて，

$$A^\mu = \sum_{\nu=0}^{3} \eta^{\mu\nu} A_\nu = \eta^{\mu\nu} A_\nu$$

$$A_\mu = \sum_{\nu=0}^{3} \eta_{\mu\nu} A^\nu = \eta_{\mu\nu} A^\nu$$

$$B^{\mu\nu} = \sum_{\lambda,\sigma=0}^{3} \eta^{\mu\lambda}\eta^{\nu\sigma} B_{\lambda\sigma} = \eta^{\mu\lambda}\eta^{\nu\sigma} B_{\lambda\sigma} = \eta^{\nu\sigma} B^\mu{}_\sigma = \eta^{\mu\lambda} B_\lambda{}^\nu$$

$$B_{\mu\nu} = \sum_{\lambda,\sigma=0}^{3} \eta_{\mu\lambda}\eta_{\nu\sigma} B^{\lambda\sigma} = \eta_{\mu\lambda}\eta_{\nu\sigma} B^{\lambda\sigma} = \eta_{\nu\sigma} B_\mu{}^\sigma = \eta_{\mu\lambda} B^\lambda{}_\nu$$

などで行うことができる．計量 tensor に関しては，次の関係

$$\eta^{\mu\lambda}\eta_{\lambda\nu} = \delta^\mu{}_\nu \tag{1.5}$$

が成り立つ．ここで，$\delta^\mu{}_\nu$ は Kronecker の記号を表し，

$$\delta^\mu{}_\nu = \begin{cases} 1 & (\mu = \nu \text{ のとき}) \\ 0 & (\mu \neq \nu \text{ のとき}) \end{cases}$$

を意味する．

7.1.3 Newton の重力理論から相対論的な重力理論へ

(1.1) と (1.2) は Lorentz 変換で共変でない（Lorentz 変換を行うと方程式の形が変わる）ことから明らかなように，これらの方程式は特殊相対性原理を満たしていない．このため，相対論的な重力理論を定式化する必要がある．このとき必要なことは，Lorentz 変換で共変な重力場の方程式と質点の運動方程式を与えることである．これらの方程式は，非相対論的な極限で，重力場の方程式は (1.1) に，運動方程式は (1.2) に，帰着することが必要である．

まず，(1.1) の右辺の量 $G\rho(\boldsymbol{x})$ に注目する．これは，Newton の重力理論では，重力場の源 (source) は質量密度 $\rho(\boldsymbol{x})$ であり，その相互作用定数は万有引力定数 G であることを意味している．特殊相対性理論では，質量 ($\times\, c^2$) と energy は同等であり，また energy $\boldsymbol{E} = cP^0$ と運動量 $\boldsymbol{P}$ は，4 次元 energy-momentum vector $P^\mu(\mu = 0, 1, 2, 3)$ をなす．さらに，P^μ は energy-momentum tensor 密度 $T^{\mu\nu}$ から

$$P^\mu(x^0) \equiv \int d^3x\, T^{\mu 0}(x^0, \boldsymbol{x}) \tag{1.6}$$

---

* (前頁) 和をとる記号を省略する記法を，和に関する Einstein の簡便法（3.3.3 項参照）という．

で与えられる．すなわち $cT^{00}(x^0, \boldsymbol{x})$ は energy 密度，$T^{i0}(x^0, \boldsymbol{x})$ は運動量密度を与える．

よって，

（i）相対論的な重力理論では，$T^{00}(x)$ が質量密度 ρ に代わって，重力場の源としての役割を果たすこと

（ii）$T^{00}(x)$ は $T^{\mu\nu}(x)$ の（0, 0）成分であり，Lorentz 変換で共変な理論では，T^{00} だけでなく，$T^{\mu\nu}$ のすべての成分を同等に取り扱うことが求められること

（iii）よって，重力場の源は $T^{\mu\nu}$ となること

が推測される．したがって，重力場の方程式の右辺は $T^{\mu\nu}(x)$ に比例することがわかる．

次に（1.1）の左辺について考える．$\boldsymbol{\Phi}(\boldsymbol{x})$ に作用する微分 $\boldsymbol{\nabla}^2$ は空間成分に関する 2 階微分のみから成る．これを Lorentz 変換に対して共変にするには，時間に関する 2 階微分の項を付け加えて，

$$\sum_{i=1}^{3}\frac{\partial^2}{\partial x_i^2}\boldsymbol{\Phi}(\boldsymbol{x})\to\left(\sum_{i=1}^{3}\frac{\partial^2}{\partial x_i^2}-\frac{1}{c^2}\frac{\partial^2}{\partial t^2}\right)\boldsymbol{\Phi}(\boldsymbol{x},t) \tag{1.7}$$

と変形すればよい．

ところで，上の考察に基づいて，左辺を（1.7）に置き換え，右辺を $T^{\mu\nu}(x)$ に比例させたとき（比例係数を κ とする），それらの左辺と右辺を等しくおくと，（1.1）は

$$\left(\sum_{i=1}^{3}\frac{\partial^2}{\partial x_i^2}-\frac{1}{c^2}\frac{\partial^2}{\partial t^2}\right)\boldsymbol{\Phi}(\boldsymbol{x},t)=\kappa T^{\mu\nu}(x) \tag{1.8}$$

と書き換えられる．ここで，$\boldsymbol{\Phi}(\boldsymbol{x}, t)$ は空間回転に関して scalar 量であるから（Lorentz 変換に関する変換性は不明としても），(1.8) の左辺は空間回転しても形は変わらない（空間回転で不変）．一方，この式の右辺の $T^{\mu\nu}$ は 2 階の tensor であるから，その成分は空間回転の影響を受けて変化する．よって，方程式（1.8）の左辺と右辺は空間回転で異なる変換性をもつことになり（共変でない），特殊相対性原理と矛盾する．

Lorentz 変換で共変な重力場の方程式を作るには，重力場の源となる energy-momentum tensor 密度 $T^{\mu\nu}(\boldsymbol{x},t)$ と同じ変換性をもつ場 $h^{\mu\nu}(x)$ を導入し，次の方程式

$$\left(\sum_{i=1}^{3}\frac{\partial^2}{\partial x_i^2}-\frac{1}{c^2}\frac{\partial^2}{\partial t^2}\right)h^{\mu\nu}(x)=\kappa T^{\mu\nu}(x) \tag{1.9}$$

を考えれば，この方程式の両辺は，ともに Lorentz 変換で 2 階の tensor として変換し，方程式は Lorentz 変換に対して共変になる．以上の考察から，特殊相対論的な重力場の方程式は，重力の源として 2 階の対称 tensor である energy-momentum tensor 密度 $T^{\mu\nu}$ を，重力の場として 2 階の対称 tensor 場（以下ではこれを $h^{\mu\nu}$ で表す）をとり，（1.9）タイ

プの場の方程式を考えればよさそうである．

前頁の考察を踏まえて，通常の場の理論の道筋に従って，質点の energy-momentum tensor 密度 $T^{\mu\nu}(x)$ を源とする 2 階の対称 tensor 場 $h^{\mu\nu}(x)$ の場の方程式と，重力場 $h^{\mu\nu}(x)$ の影響を受けて運動する粒子の相対論的な運動方程式を与える Lagrangian 密度を導入する．まず $h^{\mu\nu}(x)$ の Lagrangian 密度 $\mathcal{L}^h(x)$ を[*1]

$$\mathcal{L}^h(x) \equiv -\frac{1}{2}\partial^\lambda h_{\mu\nu}\,\partial_\lambda h^{\mu\nu} + \partial_\nu h^{\mu\nu}\,\partial_\lambda h^\lambda_\mu - \partial_\nu h^{\mu\nu}\,\partial_\mu h^\lambda_\lambda + \frac{1}{2}\partial_\mu h^\lambda_\lambda\,\partial^\mu h^\sigma_\sigma \tag{1.10}$$

N 個の質点（質量 m_a；$a = 1, 2, \cdots, N$）の Lagrangian 密度 $\mathcal{L}^P(x)$ を

$$\mathcal{L}^P(x) \equiv \sum_{a=1}^{N}\frac{m_a}{2}\int_{\tau_{a1}}^{\tau_{a2}} d\tau_a \frac{dx_a^\mu}{d\tau_a}\frac{dx_a^\nu}{d\tau_a}\eta_{\mu\nu}\,\delta^4(x - x_a(\tau_a)) \tag{1.11}$$

相互作用 Lagrangian 密度 $\mathcal{L}^i(x)$ を

$$\mathcal{L}^i(x) \equiv \kappa\sum_{a=1}^{N} g_a \int_{\tau_{a1}}^{\tau_{a2}} d\tau_a \frac{dx_a^\mu}{d\tau_a}\frac{dx_a^\nu}{d\tau_a} h_{\mu\nu}(x)\,\delta^4(x - x_a(\tau_a)) \tag{1.12}$$

で与える．ここで $x_a{}^\mu(\tau_a)$ は質点 a の 4 次元座標を表し，それは質点 a の固有時間 τ_a の関数である．また g_a は，質点 a と重力場との結合係数を表す定数であり，その値は後に決める．系全体の Lagrangian 密度 $\mathcal{L}^T$ は，これらの和

$$\mathcal{L}^T(x) \equiv \mathcal{L}^h(x) + \mathcal{L}^P(x) + \mathcal{L}^i(x) \tag{1.13}$$

で与えられ，その作用 I は

$$I = \int d^4x\{\mathcal{L}^h(x) + \mathcal{L}^P(x) + \mathcal{L}^i(x)\} \tag{1.14}$$

で表される．

場 $h_{\alpha\beta}(x)$ に対する方程式は，Euler-Lagrange の方程式

$$\partial_\mu\left(\frac{\partial\mathcal{L}^T}{\partial(\partial_\mu h_{\alpha\beta})}\right) - \frac{\partial\mathcal{L}^T}{\partial h_{\alpha\beta}} = 0 \tag{1.15}$$

より[*2]，次の場の方程式

$$-\partial_\mu\partial^\mu h^{\alpha\beta} + \partial^\alpha\partial^\lambda h^\beta_\lambda + \partial^\beta\partial^\lambda h^\alpha_\lambda - \partial^\alpha\partial^\beta h^\lambda_\lambda - \eta^{\alpha\beta}(\partial^\sigma\partial^\lambda h_{\sigma\lambda} - \partial^\lambda\partial_\lambda h^\sigma_\sigma) = \kappa T_P^{\alpha\beta} \tag{1.16}$$

[*1] x^μ による微分 $\dfrac{\partial}{\partial x^\mu}$ を ∂_μ と略記する．すなわち，$\partial_\lambda h^{\mu\nu} = \dfrac{\partial}{\partial x_\lambda}h^{\mu\nu}$，$\partial^\lambda h^{\mu\nu} = \eta^{\lambda\alpha}\partial_\alpha h^{\mu\nu} = \eta^{\lambda\alpha}\dfrac{\partial}{\partial x^\alpha}h^{\mu\nu}$.

[*2] 46）高橋・柏（2005）の（3.2 節 （2.33）式）参照.

が得られる．ただし，右辺の $T_P{}^{\alpha\beta}(x)$ はN個の質点が作る2階の対称 energy-momentum tensor 密度

$$T_P^{\alpha\beta}(x) \equiv \sum_{a=1}^{N} g_a \int d\tau_a \frac{dx_a^\alpha}{d\tau_a}\frac{dx_a^\beta}{d\tau_a}\delta^{(4)}(x - x_a(\tau_a))$$
$$= \sum_{a=1}^{N} g_a \left[\frac{dx_a^\alpha}{d\tau_a}\frac{dx_a^\beta}{d\tau_a}\delta^{(3)}(\boldsymbol{x} - \boldsymbol{x}_a)\left(\frac{dx_a^0}{d\tau_a}\right)^{-1}\right]_{\tau_a=\tilde{s}(x^0)} \tag{1.17}$$

を表す．ここで，固有時間 τ_a を変数とする $x^0{}_a$ の関数形を $x^0{}_a = s_a(\tau_a)$ で表したとき，その逆関数 $\tilde{s}(x^0)$ で $x^0 = x^0{}_a$ とおいたときの値を $\tau_a = \tilde{s}(x^0{}_a)$ とした．

また，(1.14) の右辺第2項と第3項を x で積分したものを，

$$\frac{1}{2}\sum_{a=1}^{N} m_a \int d\tau_a \frac{dx_a^\alpha}{d\tau_a}\frac{dx_a^\beta}{d\tau_a}\eta_{\alpha\beta} + \kappa\sum_{a=1}^{N} g_a \int d\tau_a \frac{dx_a^\alpha}{d\tau_a}\frac{dx_a^\beta}{d\tau_a}h_{\alpha\beta}(x_a) \equiv \sum_{a=1}^{N}\int d\tau_a \mathcal{L}_a(\tau_a) \tag{1.18}$$

とおく．ここで，

$$\mathcal{L}_a \equiv \frac{1}{2} m_a \frac{dx_a^\alpha}{d\tau_a}\frac{dx_a^\beta}{d\tau_a}\left\{\eta_{\alpha\beta} + 2\kappa\left(\frac{g_a}{m_a}\right)h_{\alpha\beta}(x_a)\right\} \tag{1.19}$$

このとき，質点 a の運動方程式は

$$\frac{d}{d\tau_a}\left(\frac{\partial\mathcal{L}_a}{\partial\left(\dfrac{dx_a^\mu}{d\tau_a}\right)}\right) - \frac{\partial\mathcal{L}_a}{dx_a^\mu} = 0 \tag{1.20}$$

から

$$\frac{d}{d\tau_a}\left\{\left(\eta_{\mu\nu} + 2\kappa\left(\frac{g_a}{m_a}\right)h_{\mu\nu}(x_a)\right)\frac{dx_a^\nu}{d\tau_a}\right\} = \kappa\left(\frac{g_a}{m_a}\right)\frac{dx^\alpha}{d\tau_a}\frac{dx^\beta}{d\tau_a}\partial_\mu h_{\alpha\beta}(x_a) \tag{1.21}$$

となる．この式はまた，

$$\left\{\eta_{\mu\nu} + 2\kappa\left(\frac{g_a}{m_a}\right)h_{\mu\nu}\right\}\frac{d^2x_a^\nu}{d\tau_a^2} = \kappa\left(\frac{g_a}{m_a}\right)(\partial_\mu h_{\alpha\beta} - \partial_\alpha h_{\mu\beta} - \partial_\beta h_{\mu\alpha})\frac{dx^\alpha}{d\tau_a}\frac{dx^\beta}{d\tau_a} \tag{1.22}$$

と書き直すことができる．

上式の両辺に $\left\{\eta^{\mu\lambda} - 2\kappa\left(\dfrac{g_a}{m_a}\right)h^{\mu\lambda}\right\}$ をかけて μ で和をとると，κ の1次までで，次の運動方程式

$$\frac{d^2x_a^\lambda}{d\tau_a^2}=\kappa\left(\frac{g_a}{m_a}\right)\eta^{\mu\lambda}(\partial_\mu h_{\alpha\beta}-\partial_\alpha h_{\mu\beta}-\partial_\beta h_{\mu\alpha})\frac{dx_a^\alpha}{d\tau_a}\frac{dx_a^\beta}{d\tau_a} \tag{1.23}$$

が得られる．

これで場の方程式（1.16）と質点の運動方程式（1.23）が得られた．これらの式が，非相対論的近似で，それぞれ（1.1）と（1.2）に帰着することは後に示す．

7.1.4 Gauge 変換

場 $h_{\mu\nu}(x)$ に対する次の変換

$$h'_{\mu\nu}(x)=h_{\mu\nu}(x)+\partial_\mu\Lambda_\nu(x)+\partial_\nu\Lambda_\mu(x) \tag{1.24}$$

を考える．ここで，$\Lambda_\mu(x)$ は任意の vector 関数である．変換（1.24）を tensor 場 $h_{\mu\nu}(x)$ の gauge 変換とよぶ．このとき，次の関係

$$\begin{aligned}&-\partial_\lambda\partial^\lambda h'^{\alpha\beta}+\partial^\alpha\partial^\lambda h'^{\beta}_{\lambda}+\partial^\beta\partial^\lambda h'^{\alpha}_{\lambda}-\partial^\alpha\partial^\beta h'^{\lambda}_{\lambda}-\eta^{\alpha\beta}(\partial^\sigma\partial^\lambda h'_{\sigma\lambda}-\partial^\lambda\partial_\lambda h'^{\sigma}_{\sigma})\\&=-\partial_\lambda\partial^\lambda h^{\alpha\beta}+\partial^\alpha\partial^\lambda h^{\beta}_{\lambda}+\partial^\beta\partial^\lambda h^{\alpha}_{\lambda}-\partial^\alpha\partial^\beta h^{\lambda}_{\lambda}-\eta^{\alpha\beta}(\partial^\sigma\partial^\lambda h_{\sigma\lambda}-\partial^\lambda\partial_\lambda h^{\sigma}_{\sigma})\\&=\kappa T_P^{\alpha\beta}(x)\end{aligned} \tag{1.25}$$

が成り立つ．最後の等号を導くには（1.16）を用いた．したがって，変換された $h'_{\mu\nu}(x)$ もまた，元の場の方程式（1.16）の解となる．言い換えれば，場の方程式（1.16）は gauge 変換（1.24）に対して共変であり，その解には変換（1.24）で表される任意関数 $\Lambda_\mu(x)$ の不定性があることになる．

次に，(1.23) の右辺に現れる項 $(\partial_\mu h_{\alpha\beta}-\partial_\alpha h_{\mu\beta}-\partial_\beta h_{\mu\alpha})$ に注目する．上の gauge 変換で，この項は

$$\partial_\mu h'_{\alpha\beta}-\partial_\alpha h'_{\mu\beta}-\partial_\beta h'_{\mu\alpha}=\partial_\mu h_{\alpha\beta}-\partial_\alpha h_{\mu\beta}-\partial_\beta h_{\mu\alpha}-2\partial_\alpha\partial_\beta\Lambda_\mu \tag{1.26}$$

となり，変換後は余分な項 $-2\partial_\alpha\partial_\beta\Lambda_\mu$ が現れる．したがって，$h_{\mu\nu}$ の代わりに，gauge 変換を受けた $h'_{\mu\nu}$ を（1.23）の右辺に代入すると，質点 a は Λ_μ の 2 回微分に比例する新しい項を含む力を受けることになる．

この新しい力が運動方程式の解に及ぼす影響をみるために，

$$x_a'^{\mu}=x_a^\mu+\kappa f_a\Lambda^\mu(x_a) \tag{1.27}$$

とおいてみよう．定数 f_a は今のところ未定であり，κ の 1 次までの近似で，$x_a'^{\mu}$ が変換された力を受ける運動方程式の解となるように決めることにする．（1.27）の $x_a'^{\mu}$ を τ_a で微分すると，

$$\frac{dx_a'^{\mu}}{d\tau_a} = \frac{dx_a^{\mu}}{d\tau_a} + \kappa f_a \partial_\alpha \Lambda^\mu \frac{dx_a^\alpha}{d\tau_a} \tag{1.28}$$

$$\frac{d^2 x_a'^{\mu}}{d\tau_a^2} = (\delta_\alpha^\mu + \kappa f_a \partial_\alpha \Lambda^\mu)\frac{d^2 x_a^\alpha}{d\tau_a^2} + \kappa f_a \partial_\alpha \partial_\beta \Lambda^\mu \frac{dx^\alpha}{d\tau_a}\frac{dx^\beta}{d\tau_a} \tag{1.29}$$

なので,

$$\begin{aligned}
&\frac{d^2 x_a'^{\lambda}}{d\tau_a^2} - \kappa\left(\frac{g_a}{m_a}\right)\eta^{\mu\lambda}(\partial'_\mu h'_{\alpha\beta} - \partial'_\alpha h'_{\mu\beta} - \partial'_\beta h'_{\mu\alpha})\frac{dx_a'^{\alpha}}{d\tau_a}\frac{dx_a'^{\beta}}{d\tau_a} \\
&= \frac{d^2 x_a^{\lambda}}{d\tau_a^2} - \kappa\left(\frac{g_a}{m_a}\right)\eta^{\mu\lambda}(\partial_\mu h_{\alpha\beta} - \partial_\alpha h_{\mu\beta} - \partial_\beta h_{\mu\alpha})\frac{dx_a^{\alpha}}{d\tau_a}\frac{dx_a^{\beta}}{d\tau_a} \\
&\quad + \kappa\left(f_a + 2\frac{g_a}{m_a}\right)\partial_\alpha\partial_\beta\Lambda^\lambda \frac{dx_a^{\alpha}}{d\tau_a}\frac{dx_a^{\beta}}{d\tau_a} + (\kappa^2\text{の次数})
\end{aligned} \tag{1.30}$$

となる．よって，$f_a = -2(\frac{g_a}{m_a})$ ととれば，(1.30) の右辺から Λ の 2 階微分を含む項は消えてなくなる．したがって，κ の 1 次までの範囲では $x_a'^{\mu}$ と $x_a{}^{\mu}$ は同じ形の方程式を満たすことになり，$x_a{}^{\mu}$ が (1.23) を満たすとき，$x_a{}'^{\mu}$ も gauge 変換された運動方程式を満たすことがわかる．

ところで，粒子 a の結合定数 g_a と質量 m_a の比 $(\frac{g_a}{m_a})$ の値は，粒子の種類によらず一定の値をもつことが実験で確かめられている*1．このとき，$(\frac{g_a}{m_a}) = 1$ ととれるので*2，$f_a = -2$ であり (f_a もまた粒子の種類によらない)，(1.27) は一般的にすべての粒子に対して

$$x'^{\mu} = x^{\mu} - 2\kappa\Lambda^{\mu}(x) \tag{1.31}$$

と書くことができる．よって，これは粒子の種類によらない変換となり，(1.31) は関数 $\Lambda^{\mu}(x)$ を変換のパラメーターとする座標変換 (一般座標変換)*3 とみなすことができる．この一般座標変換 (1.31) で，tensor 場 $h_{\mu\nu}(x)$ は，$\eta_{\mu\nu} + 2\kappa h_{\mu\nu}$ が組になって 2 階の

---

*1 一般相対性理論の教科書では，通常 g_a を粒子 a の重力質量，m_a をその粒子の慣性質量とよぶ．重力質量と慣性質量の比が，粒子の種類によらず同じ大きさをもつことを，実験で最初に検証したのは Eötvös である．現在，この事実は 10^{-12} の精度

$$\left((\frac{g_a}{m_a}) / (\frac{g_{a'}}{m_{a'}})\right) - 1 < 10^{-12} \qquad (a \neq a' \text{のとき})$$

で確かめられている．

*2 $(\frac{g_a}{m_a}) = k \neq 1$ のときは，κk を改めて κ とおけばよい．

*3 変換のパラメーターに対応する Λ^{μ} が，x の任意関数となる座標変換を，一般座標変換とよぶ．

tensor

$$
\begin{aligned}
(\eta'_{\mu\nu}+2\kappa h'_{\mu\nu}(x')) &= \frac{\partial x^{\alpha}}{\partial x'^{\mu}}\frac{\partial x^{\beta}}{\partial x'^{\nu}}(\eta_{\alpha\beta}+2\kappa h_{\alpha\beta}) \\
&= (\delta^{\alpha}_{\mu}+2\kappa\partial_{\mu}\Lambda^{\alpha})(\delta^{\beta}_{\nu}+2\kappa\partial_{\nu}\Lambda^{\beta})(\eta_{\alpha\beta}+2\kappa h_{\alpha\beta}) \\
&= \eta_{\mu\nu}+2\kappa h_{\mu\nu}+2\kappa\partial_{\nu}\Lambda_{\mu}+2\kappa\partial_{\mu}\Lambda_{\nu}
\end{aligned}
\tag{1.32}
$$

として変換するものとすれば（κ の 1 次までで），この変換で $h_{\mu\nu}$ は*

$$
h'_{\mu\nu}(x')=h_{\mu\nu}+\partial_{\nu}\Lambda_{\mu}(x)+\partial_{\mu}\Lambda_{\nu}(x) \tag{1.33}
$$

となり，これは gauge 変換（1.24）に一致する．

この結果，tensor 場の gauge 変換（1.24）を，一般座標変換（1.31）と解釈し直すことができること，その変換で場の方程式（1.16）と，場と相互作用している質点の運動方程式（1.23）は，一般座標変換（1.31），すなわち gauge 変換（1.24）に対して共変な方程式であることがわかる．

ここで以下の点に注意したい．

仮に，$(\dfrac{g_a}{m_a})$ の値が粒子の種類によって異なるものとする．このとき，f_a は粒子の種類によって異なる値をもつことから，粒子の種類が異なれば（質点の位置の違いではなく），それに対応して変換（1.27）も異なることになる．言い換えれば，gauge 変換する前の tensor 場 $h_{\mu\nu}$ と相互作用する場合と，変換後の $h'_{\mu\nu}$ と相互作用する場合では，質点は異なる運動をすることになり，しかもその違いは質点の種類によって異なることになる．しかしながら，もともと gauge 変換（1.24）の関数 Λ^{μ} は任意関数であるから，その影響が質点の実際の軌道に影響を及ぼすことは物理的に不合理である．前頁でみたように，$\dfrac{g_a}{m_a}$ が質点の種類によらないときは，Λ^{μ} の影響は座標の取り方の任意性に帰着させることによって，物理的に不合理が生じないような意味づけが可能となった．この意味づけが可能なのは，変換（1.27）がすべての粒子に共通であるときだけであり，それは $\dfrac{g_a}{m_a}$ がすべての粒子に対して同じ値をもつときである．すなわち，場の方程式（1.16）と質点の運動方程式（1.23）は，$\dfrac{g_a}{m_a}$ が粒子の種類によらず一定の値をもつときにかぎり，gauge 変換（一般座標変換）に対して共変となり，物理的に意味のある理論を構築することが可能となる．後で見るように，相対論的な重力理論は幾何学を用いて表すことになるが，gauge 変換（1.24）と一般座標変換（1.31）が不可分に結びついていることが，重力の幾何学化の要因となっている．

次に，（1.26）に注目する．座標変換のパラメーター関数 $\Lambda_{\mu}(x)$ が，次の方程式

* $\eta_{\mu\nu}' = \eta_{\mu\nu}$ である．

$$\partial_\alpha \partial_\beta \Lambda_\mu = \frac{1}{2}\{\partial_\mu h_{\alpha\beta} - \partial_\alpha h_{\mu\beta} - \partial_\beta h_{\mu\alpha}\} \tag{1.34}$$

を満たすように $\Lambda_\mu(x)$ 選んだとき，変換後の重力の影響を表す項（(1.26) の左辺）

$$\partial_\mu h'_{\alpha\beta} - \partial_\alpha h'_{\mu\beta} - \partial_\beta h'_{\mu\alpha} \tag{1.35}$$

は0となる．この結果，変換前の座標系で質点が重力の影響を受けていたとしても，変換後の座標系では粒子に働いていた重力の影響は，$\partial_\alpha \partial_\beta \Lambda_\mu$ の項と打ち消し合って消滅していることがわかる．Newton 力学では，重力と加速度系への座標変換（一般座標変換の特別な場合）で生じた慣性力が，互いに釣り合ってその合力が0となることが起きる．上の結果は Newton 力学におけるこの状況に対応するものである．

上の結論は，力学において座標系を適当に選べば，質点に作用する重力の影響を消去できることを意味している．重力の影響を消去できるということが，力学における特殊事情ではなく，座標系を適当に選ぶことによって，すべての物理現象で重力の影響を消去できると主張するのが，「等価原理」とよばれる物理学的な仮説である．「等価」という言葉の意味は，いかなる物理現象を使った実験を行っても，もともと重力が作用していない無重力状態と，座標変換で重力の影響を消去した系を識別できないこと，すなわち「無重力状態と座標変換で重力の影響を消去した状態は物理的に等価である」と考えることからきたものである．

ここで，電磁場の gauge 変換を振り返ってみる．

電磁場の方程式（3.3 節 (3.27) 式）が，gauge 変換

$$A_\mu(x) \to A_\mu(x) + \partial_\mu \xi(x) \tag{1.36}$$

で不変であることはすでに述べた（2.3 節）．また，電荷をもつ粒子が電磁場の影響を受けて運動する場合の運動方程式は（2.3 節 (3.40) 式）で与えられるが，この式の右辺に現れる Lorentz 力は，上の gauge 変換で不変である．したがって，電磁場の gauge 変換に関しては，質点は gauge 変換を受ける必要がない．この点は，重力場の場合に gauge 変換と一般座標変換が必然的に結びつかざるを得なかったのとは異なり，電磁場と相互作用する系ではその必然性がないことがわかる．gauge 変換に対する重力場と電磁場のこの違いはきわめて重要であり，電磁場が空間の幾何学的な量と結びつく必然性がないことを示している．

これまでの考察は κ の最低次（1 次）までの議論であり，考察をさらに進めるにあたっては，より高次の項を含めて考えることが必要となる．この点は後にまわすことにする．

ここで話は少し横道にそれるが，物理学と幾何学の問題を考えてみたい．均質な金属材料から作られた半径 R の円盤を，温度が一様でない台の上に置くことにする．このとき，台の温度を円盤の中心で T_0，円盤の外側に近づくにつれて一様に上昇し，円盤の端のところでは $T_R\ (> T_0)$ とする．台の温度がいたるところ一定である場合には，金属盤は完全な平面の円盤をなし，円周の長さと半径の比は 2π に等しい．しかし，この場合，中心部と周辺部の温度が異なることにより，中心部と周辺部では熱膨張の仕方に差が生じることになる．その結果として，この台に置かれた金属盤の円周と半径の比は 2π と異なることになり，その違いの大きさは金属の熱膨張係数と温度差（$T_R - T_0$）の積に比例する．金属円盤の円周と半径の比が 2π に等しくないことは，この円盤が平面の円盤から変形したことを意味する．したがって，この円盤の平面からの変形の大きさ（曲がり具合，曲率）は，金属の熱膨張係数と（$T_R - T_0$）の積に比例する．金属の熱膨張係数はぞれぞれの金属に固有なものであり，一般的にはその大きさは金属の材質によって異なっている．

ここで，仮想的にすべての金属の熱膨張係数が等しい場合を考えてみよう．この世界では，円盤の曲率は温度差（$T_R - T_0$）によってのみ決まることになる（熱膨張係数は共通であるから）．金属の種類によらず，曲率と温度差（$T_R - T_0$）が決まった関係にあることは，金属円盤の曲率を測定すれば，温度差（$T_R - T_0$）を求めることができることを意味する．すなわち，円盤の曲率という幾何学的な量によって，台の温度差（$T_R - T_0$）という物理量を表すことが可能となる*．

この例では，仮想的にすべての金属の熱膨張係数が同じである場合を考えて，その場合にかぎり，円盤の曲率という幾何学的な量で，温度差という物理量を表現できることを示した．本文中では m_a/g_a が質点の種類によらない場合にかぎり，重力という物理的な作用の強さが幾何学的な量で表現されることを示したが，その背景にある論理を理解する手がかりをこの仮想的な例は示唆している．ここで注目したいことは，金属の熱膨張係数がすべて同じであることは，あくまでも仮想的な状況を考えたものであるのに対して，m_a/g_a が材質や形などの要素に関係なくすべての質点で共通であることは，精密な実験で検証された事実であり，そこに自然構造の不思議の１つ，すなわち重力に特有な性質が秘められているという点である．

7.1.5 保存則（連続の方程式）

場の方程式（1.16）の左辺を $K^{\alpha\beta}$

$$K^{\alpha\beta} = -\partial_\mu \partial^\mu h^{\alpha\beta} + \partial^\alpha \partial^\lambda h^\beta_\lambda + \partial^\beta \partial^\lambda h^\alpha_\lambda - \partial^\alpha \partial^\beta h^\lambda_\lambda - \eta^{\alpha\beta}(\partial^\sigma \partial^\lambda h_{\sigma\lambda} - \partial^\lambda \partial_\lambda h^\sigma_\sigma) \qquad (1.37)$$

---

* 47) Poincaré, J. H.（1938）参照.

とおく．このとき，場の方程式は

$$K^{\alpha\beta} = \kappa T_P^{\alpha\beta} \tag{1.38}$$

と表せる．上の定義から直接計算によって，$\partial_\beta K^{\alpha\beta} = 0$ となることが示される．したがって，場の方程式（1.38）から $T_P^{\alpha\beta}$ に関しても，

$$\partial_\beta T_P^{\alpha\beta} = 0 \tag{1.39}$$

が成り立たなければならないことが導かれる[*1]．すなわち，(1.39) は，場の方程式（1.38）が矛盾しないための条件（consistency condition）である．

ところで，(1.17) から[*2]

$$T_P^{\alpha 0}(x) = \sum_{a=1}^{N} m_a \left[\frac{dx_a^\alpha}{d\tau_a} \delta^{(3)}(\boldsymbol{x} - \boldsymbol{x}_a) \right]_{\tau_a = \bar{s}(x_a^0)} \tag{1.40}$$

$$T_P^{\alpha i}(x) = \sum_{a=1}^{N} m_a \left[\frac{dx_a^\alpha}{d\tau_a} \frac{dx_a^i}{dx_a^0} \delta^{(3)}(\boldsymbol{x} - \boldsymbol{x}_a) \right]_{\tau_a = \bar{s}(x_a^0)} \tag{1.41}$$

なので，次の式

$$\begin{aligned}
\partial_i T_P^{\alpha i}(x) &= \sum_{a=1}^{N} m_a \left[\frac{dx_a^\alpha}{d\tau_a} \frac{dx_a^i}{dx_a^0} \frac{\partial}{\partial x^i} \delta^{(3)}(\boldsymbol{x} - \boldsymbol{x}_a) \right]_{\tau_a = \bar{s}(x_a^0)} \\
&= -\sum_{a=1}^{N} m_a \left[\frac{dx_a^\alpha}{d\tau_a} \frac{dx_a^i}{dx_a^0} \frac{\partial}{\partial x_a^i} \delta^{(3)}(\boldsymbol{x} - \boldsymbol{x}_a) \right]_{\tau_a = \bar{s}(x_a^0)} \\
&= -\sum_{a=1}^{N} m_a \left[\frac{dx_a^\alpha}{d\tau_a} \frac{d}{dx_a^0} \delta^{(3)}(\boldsymbol{x} - \boldsymbol{x}_a) \right]_{\tau_a = \bar{s}(x_a^0)} \\
&= -\frac{\partial}{\partial x^0} \left\{ \sum_{a=1}^{N} m_a \left[\frac{dx_a^\alpha}{d\tau_a} \delta^{(3)}(\boldsymbol{x} - \boldsymbol{x}_a) \right]_{\tau_a = \bar{s}(x_a^0)} \right\} \\
&\quad + \sum_{a=1}^{N} m_a \left[\frac{d}{dx_a^0} \left(\frac{dx_a^\alpha}{d\tau_a} \right) \delta^{(3)}(\boldsymbol{x} - \boldsymbol{x}_a) \right]_{\tau_a = \bar{s}(x_a^0)} \\
&= -\frac{\partial}{\partial x^0} T_P^{\alpha 0}(x) + \sum_{a=1}^{N} m_a \left[\frac{d^2 x_a^\alpha}{d\tau_a^2} \left(\frac{d\tau_a}{dx_a^0} \right) \delta^{(3)}(\boldsymbol{x} - \boldsymbol{x}_a) \right]_{\tau_a = \bar{s}(x_a^0)}
\end{aligned} \tag{1.42}$$

が導かれる．よって，

$$\partial_\beta T_P^{\alpha\beta}(x) \equiv \partial_0 T_P^{\alpha 0}(x) + \partial_i T_P^{\alpha i}(x) = \sum_{a=1}^{N} m_a \left[\frac{d^2 x_a^\alpha}{d\tau_a^2} \left(\frac{d\tau_a}{dx_a^0} \right) \delta^{(3)}(\boldsymbol{x} - \boldsymbol{x}_a) \right]_{\tau_a = \bar{s}(x_a^0)} \tag{1.43}$$

[*1] $K^{\alpha\beta}$ と $T^{\alpha\beta}$ は α と β に関して対称だから，$\partial_\alpha T_P{}^{\alpha\beta} = 0$ も成り立つ．
[*2] $g_a/m_a = 1$ の実験結果に基づいて，以後は $g_a = m_a$ とおく．

が成り立つ.

上式は質点がどのような力を受けているかにかかわりなく成り立つ．ここでもし，質点がいかなる力の影響も受けていないときには，$d^2x_a{}^\alpha/d\tau^2{}_a = 0$ であるから，(1.43) の右辺は 0 となり，$\partial_\beta T_P{}^{\alpha\beta} = 0$ が導かれる．一方，質点が重力場の影響を受けているときには，(1.23) から明らかなように，$d^2x_a{}^\alpha/d\tau^2{}_a \neq 0$ であり，したがって，このとき，$\partial_\beta T_P{}^{\alpha\beta} \neq 0$ となり，条件式 (1.39) と矛盾する．この物理的な意味は以下のとおりである．重力場 $h_{\alpha\beta}$ は，それ自身が energy-momentum tensor 密度（これを $T_h{}^{\alpha\beta}(x)$ と表す）をもつ．よって，系全体の energy-momentum tensor 密度 $T^{\alpha\beta}(x)$ は，質点の energy-momentum tensor 密度 $T_P{}^{\alpha\beta}(x)$ に，重力場の energy-momentum tensor 密度 $T_h{}^{\alpha\beta}(x)$ を加えた $T^{\alpha\beta}(x) = T_P{}^{\alpha\beta}(x) + T_h{}^{\alpha\beta}(x)$ で与えられ，これが連続の式 $\partial_\beta T^{\alpha\beta}(x) = 0$ を満たす*1．したがって，(1.39) と両立させるためには，場の方程式 (1.38) の右辺を，質点の energy-momentum tensor 密度 $T_P{}^{\alpha\beta}(x)$ の代わりに，$T_P{}^{\alpha\beta}(x)$ と重力場の energy-momentum tensor 密度 $T_h{}^{\alpha\beta}(x)$ の和 $T^{\alpha\beta}(x)\,(= T_P{}^{\alpha\beta}(x) + T_h{}^{\alpha\beta}(x))$ で置き換えることが必要となる.

ところで，$h_{\mu\nu}$ の energy-momentum tensor 密度 $T_h{}^{\alpha\beta}(x)$ は，与えられた Lagrangian 密度 $\mathcal{L}^h$ から，次の式*2

$$T_h^{\alpha\beta}(x) = \frac{\partial \mathcal{L}^h}{\partial(\partial_\alpha h_{\mu\nu})}\partial^\beta h_{\mu\nu} - \eta^{\alpha\beta}\mathcal{L}^h \tag{1.44}$$

で求められるから，$T_h{}^{\alpha\beta}(x)$ は $h_{\mu\nu}(x)$（またはその微分）の 2 次の項から成る．一方，場の方程式 (1.38) の右辺に，$h_{\mu\nu}(x)$ の 2 次の項 ($T_h{}^{\alpha\beta}(x)$) が出てくるためには，$h_{\mu\nu}$ の Lagrangian 密度は (1.10) では不十分で，これに $h_{\mu\nu}$ の 3 次の項を付け加えることが必要となる*3.

さて (1.44) から明らかなように，Lagrangian 密度中の $h_{\mu\nu}$ の次数と $T_h{}^{\mu\nu}$ 中の次数は一般的には同じである．よって，$h_{\mu\nu}$ の 3 次の項を含む Lagrangian 密度から得られる $T_h{}^{\mu\nu}$ もまた，一般的には $h_{\mu\nu}$ の 3 次の項を含む．このようにして得られた $h_{\mu\nu}$ の 3 次の項を含む $T_h{}^{\mu\nu}$ を，場の方程式 (1.16) の右辺におけば，すでに述べた理由により，$h_{\mu\nu}$ の Lagrangian 密度は $h_{\mu\nu}$ に関して 4 次の項が必要になる．この手続きを繰り返せば，$h_{\mu\nu}$ の場の方程式の右辺には，一般的には $h_{\mu\nu}$ の無限次の項が現れることになり，その方程式は必然的に非線形（無限次の項を含む）の場の方程式とならざるを得ない．このことから，

---

*1 質点が電磁場の影響も受けている場合には，さらに電磁場の energy-momentum 密度 $T_{el}{}^{\alpha\beta}(x)$ を加えた $T^{\alpha\beta}(x) = T_P{}^{\alpha\beta}(x) + T_h{}^{\alpha\beta}(x) + T_{el}{}^{\alpha\beta}(x)$ が連続の式を満たす．粒子が他の場と相互作用している場合も同じ状況となる.

*2 46) 高橋・柏 (2005) の (3.7 節 (7.21) 式) 参照.

*3 $h_{\mu\nu}$ に対する方程式は (1.15) で求められることからわかるように，場の方程式中の $h_{\mu\nu}$ の次数は，その Lagrangian 密度中の $h_{\mu\nu}$ の次数よりも 1 次だけ低くなる.

重力場の方程式は，必然的に非線形方程式とならざるを得ないことが明らかになった.

電磁場の方程式（3.3節 （3.27）式）

$$\partial_\mu F^{\mu\nu} = -4\pi J^\nu \tag{1.45}$$

においても，

$$\partial_\nu \partial_\mu F^{\mu\nu} = 0 = -4\pi \partial_\nu J^\nu \tag{1.46}$$

となり，電流密度 $J^\mu(x)$ は連続の方程式を満たす．しかし，この場合，$\partial_\mu J^\mu = 0$ は自動的に成り立つので，電磁場の方程式の右辺に新たに項を付け加える必要はない．これは，$h_{\mu\nu}$ が energy-momentum tensor 密度をもつのに比べて，電磁場自身は電流密度をもたないことによる．したがって，重力場とは異なり，電磁場は自分自身と相互作用しない．電磁場の方程式が線形であるのは，このためである.

$h_{\mu\nu}$ のより高次の項を含めた非線形方程式の具体的な形は，後に議論する.

7.1.6 非相対論的な場合（Newton の重力理論との関係）

場の方程式（1.16）と質点の運動方程式（1.23）で，関与する質点の速さ v が光速度 c に比べて非常に小さい場合（非相対論的な場合:$v/c \ll 1$）を考える．また $h_{\mu\nu}$ は静的（時間によらない）ものとする．すなわち，次の2つの条件

（i）$v/c \ll 1$

（ii）$\dfrac{\partial}{\partial x^0} h_{\mu\nu} = 0$

が満たされるものとする.

このとき，

$$\frac{dx^0}{d\tau} = c\Big(1-\frac{\boldsymbol{v}^2}{c^2}\Big)^{-1/2} \approx c \qquad \frac{dx^i}{d\tau} = v^i\Big(1-\frac{\boldsymbol{v}^2}{c^2}\Big)^{-1/2} \approx v^i \tag{1.47}$$

が成り立つ.

A. 質点の運動方程式

（1.23）の0成分と i 成分の左辺はそれぞれ

$$\frac{d^2x^0}{d\tau^2} = \frac{d}{d\tau}\left(\frac{dx^0}{d\tau}\right) \approx \frac{dc}{d\tau} = 0 \qquad \frac{d^2x^i}{d\tau^2} = \frac{d}{d\tau}\left(\frac{dx^i}{d\tau}\right) \approx \frac{d^2x^i}{dt^2} \tag{1.48}$$

となる．また，右辺の0成分は（$v^i/c \ll 1$ を考慮して）

$$-\kappa(\partial_0 h_{\alpha\beta} - \partial_\alpha h_{0\beta} - \partial_\beta h_{\alpha 0})\frac{dx^\alpha}{d\tau}\frac{dx^\beta}{d\tau} \approx -\kappa(\partial_0 h_{00} - \partial_0 h_{00} - \partial_0 h_{00}) \approx 0 \tag{1.49}$$

となり，i 成分は

$$\kappa(\partial_i h_{\alpha\beta} - \partial_\alpha h_{i\beta} - \partial_\beta h_{\alpha i})\frac{dx^\alpha}{d\tau}\frac{dx^\beta}{d\tau} \approx \kappa c^2 \partial_i h_{00} \tag{1.50}$$

となる．

したがって，(1.23) の両辺を比較したとき，0 成分は恒等的に満たされ，空間成分は

$$\frac{d^2\boldsymbol{x}}{dt^2} \approx \kappa c^2 \boldsymbol{\nabla} h_{00} \tag{1.51}$$

となる．上式が Newton の運動方程式 (1.2) と一致するためには，

$$h_{00} = -\frac{\Phi}{\kappa c^2} \tag{1.52}$$

の関係があればよい．すなわち，(1.52) が成り立つとき，質点の運動方程式 (1.23) は，非相対論的な近似で Newton の運動方程式 (1.2) に帰着することがわかる．(1.52) は，相対論的な重力場の (0, 0) 成分 $h_{00}(x)$ と Newton の重力 potential Φ を関係づける（非相対論的な場合に），重要な関係式である．

B. 場の方程式

すでに述べたように，場の方程式 (1.16) は gauge 変換 (1.24) の不定性をもっているので，その解を求めるには gauge を固定 (gauge fix) することが必要となる．ここでは，次の gauge 固定条件 (guage fixing condition) を採用する[*1]．

$$\partial_\mu h^\mu_\nu(x) - \frac{1}{2}\partial_\nu h^\lambda_\lambda = 0 \tag{1.53}$$

このとき，場の方程式 (1.16) は

$$\partial_\mu \partial^\mu \varphi^{\alpha\beta}(x) = -\kappa T_P^{\alpha\beta}(x) \tag{1.54}$$

と変形できる[*2]．ただし，$\varphi^{\alpha\beta}(x)$ は

$$\varphi^{\alpha\beta}(x) \equiv h^{\alpha\beta}(x) - \frac{\eta^{\alpha\beta}}{2} h^\lambda_\lambda(x) \tag{1.55}$$

で与えられる．$\varphi^\lambda{}_\lambda(x) = -\ h^\lambda{}_\lambda(x)$ が成り立つから，上式は逆に解けて，

$$h^{\alpha\beta}(x) = \varphi^{\alpha\beta}(x) - \frac{\eta^{\alpha\beta}}{2}\varphi^\lambda_\lambda(x) \tag{1.56}$$

[*1] Gauge 変換 (1.24) を受けた $h_{\mu\nu}'$ (x) は，$\partial_\mu h'^{\mu}{}_\nu(x) - \frac{1}{2}\partial_\nu h'^{\lambda}{}_\lambda = \partial_\mu\partial^\mu\Lambda_\nu(x)$ となるから，gauge 固定条件 (1.53) を課したことにより，$\partial_\mu\partial^\mu\Lambda_\nu(x) = 0$ を満たす $\Lambda_\mu(x)$ の任意性を除いて，$h_{\mu\nu}(x)$ の gauge が固定される．残された任意性は無限遠で $\Lambda_\mu \to 0$ の境界条件をつけることによって除くことができ，gauge は完全に固定される．

[*2] この式は (1.9) に対応する．

と表せる．したがって，(1.54) を解くことにより $\varphi^{\alpha\beta}(x)$ が得られ，これを (1.56) に代入すれば，$h^{\alpha\beta}(x)$ が求められる．

以下では，非相対論的な場合について，場の方程式と Newton の重力場の方程式 (1.1) の関係を調べる．(1.47)，(1.40)，(1.41) から，

$$T_P^{0i}(x) \sim \frac{|v|}{c} T_P^{00}(x) \qquad T_P^{ij}(x) \sim \frac{|v|^2}{c^2} T_P^{00}(x) \tag{1.57}$$

なので[*1]，(1.54) の解 $\varphi^{\alpha\beta}(x)$ に関しても，

$$\varphi^{0i}(x) \sim \frac{|v|}{c} \varphi^{00}(x) \qquad \varphi^{ij}(x) \sim \frac{|v|^2}{c^2} \varphi^{00}(x) \tag{1.58}$$

の関係が成り立つ．大きさが $(\frac{v}{c})$ の高次に相当する項を無視すると，$\varphi^{\lambda}{}_{\lambda}(x) = -\varphi^{00}(x) + \sum_k \varphi^{kk}(x) \approx -\varphi^{00}(x)$ より，

$$h^{00}(x) = \varphi^{00}(x) + \frac{\varphi_{\lambda}^{\lambda}(x)}{2} \approx \frac{1}{2}\varphi^{00}(x) \tag{1.59}$$

が成り立つ．(1.52) と (1.59) より，非相対論的な場合，

$$\varphi^{00}(x) \approx 2h^{00}(x) = -2\frac{\boldsymbol{\Phi}(\boldsymbol{x})}{\kappa c^2} \tag{1.60}$$

となるので，これを場の方程式 (1.54) の (0, 0) 成分に代入すると，

$$\boldsymbol{\nabla}^2 \boldsymbol{\Phi}(\boldsymbol{x}) = \frac{\kappa^2 c^2}{2} T_P^{00} = \frac{\kappa^2 c^3}{2} \rho(\boldsymbol{x}) \qquad \rho(\boldsymbol{x}) \equiv \sum_a m_a \delta^{(3)}(\boldsymbol{x} - \boldsymbol{x}_a) \tag{1.61}$$

が得られる．(1.1) と (1.61) から，これまで未定であった結合定数 κ を

$$\kappa = \left(\frac{8\pi G}{c^3}\right)^{1/2} \tag{1.62}$$

ととれば[*2]，非相対論的な場合には，場の方程式（(1.54)，したがって (1.16)）は，Newton の重力場の方程式に帰着することがわかる．(1.62) は，相対論的な重力場の方程式に現れる結合定数 κ が，万有引力定数 G と光速 c の組み合わせで与えられることを示す，重要な関係である．

[*1] 上式で～は大きさが同じ程度であることを意味している．

[*2] 結合定数 κ は，万有引力定数 G と光速 c の組み合わせで与えられる．ここで，$G = 6.673 \times 10^{-11}$ $(\mathrm{m^3\,s^{-2}\,kg^{-1}})$，$c = 2.998 \times 10^8\,(\mathrm{m\,s^{-1}})$ を代入すると，$\kappa = 7.88 \times 10^{-18}\,(\mathrm{s\,kg^{-1}})^{1/2}$ となる．なお，万有引力定数 G と光速 c および Plank 定数 $h = 6.626 \times 10^{-34}\,(\mathrm{J\,s})$ を，物理学の基本的な 3 定数（普遍物理定数）とよぶ．

また（1.56）と（1.60）より，

$$h^{ij}(x) = \varphi^{ij}(x) - \delta^{ij}\left(\frac{\varphi^{\lambda}_{\lambda}}{2}\right) \approx \delta^{ij}\left(\frac{\varphi^{00}}{2}\right) \approx -\delta^{ij}\left(\frac{\boldsymbol{\Phi}(\boldsymbol{x})}{\kappa c^2}\right) \tag{1.63}$$

$$h^{0i}(x) = \varphi^{0i}(x) \approx 0 \tag{1.64}$$

となる．以上をまとめると，非相対論的な場合の場の方程式の解は，

$$h^{00} \approx -\frac{1}{\kappa c^2}\boldsymbol{\Phi}(\boldsymbol{x}) \qquad h^{0i} \approx 0 \qquad h^{ij} \approx -\delta^{ij}\frac{1}{\kappa c^2}\boldsymbol{\Phi}(\boldsymbol{x}) \tag{1.65}$$

で与えられることがわかる．

7.1.7 より高次の項を含む理論へ

これまでの考察から，Lorentz 変換に対して共変な（したがって，特殊相対性理論の枠内に含まれる）場の方程式（1.16）と質点の運動方程式（1.23）は，非相対論的な場合 Newton の重力場の方程式（1.1）と重力場中の Newton の運動方程式に帰着することが明らかになった[*1]．この意味で，（1.16）と（1.23）は，Newton の重力理論を相対論的に定式化し直したものといえる．

その一方で，これらの方程式は以下に述べる 2 つの理由により，不完全な理論であることも明らかになった．

（ｉ）実験で検証された $g_a/m_a = 1$ が，すべての粒子について成り立つという事実から，gauge 変換（1.24）を一般座標変換（1.31）と同一視することが可能となり，その結果として（1.16）と（1.23）はともに gauge 変換で共変な方程式となった．しかしながら，この共変性は κ の最低次で成り立つものであり，κ のすべての次数で gauge 共変な理論とはなっていない．

（ⅱ）場の方程式（1.16）は，条件式（1.39）を満たしていない．この条件を満たすためには，方程式の右辺に $h_{\mu\nu}(x)$ の energy-momentum tensor 密度 $T_h^{\mu\nu}$ を付け加えることが必要となる．付け加えられた $T_h^{\mu\nu}$ は，一般的には $h_{\mu\nu}$ の無限次の項を含むものとなる．

これらの 2 つの不完全性を取り除くプロセスから，理論の幾何学化[*2]（理由（ｉ））と非線形化（理由（ⅱ））が必然となる．次に考察する一般相対性理論は，上記 2 つの不完全性を完全に克服した理論体系である．したがって，これは一般座標変換で共変な相対論的な重力理論であり，場の変数に関して無限次の非線形性をもつ理論である．

[*1] 結合定数 κ の値は，$\kappa = (8\pi G/c^3)^{1/2}$ と定める．

[*2] 理論を記述する時空間として，特殊相対性理論で用いられた Minkowski 時空間に代わって，より一般的な Riemann 時空間が必要となる．この時空間の幾何学的な量（曲率など）を用いて重力の影響を記述することを理論の幾何学化とよぶ．

7.2 一般相対性理論（相対論的な重力理論）

1915 年 Einstein によって発表された一般相対性理論は，相対論的な重力理論として体系的に整備された理論であり，これまでいくつかの観測･実験事実の説明に成功してきた．本節では，一般相対性理論の簡単な要約とその応用についてまとめる．

7.2.1 一般相対性理論の要約

7.1 節で導入した（$\eta_{\mu\nu} + 2\kappa h_{\mu\nu}(x)$）を，$\kappa$ の高次の項を含むように一般化したものを $g_{\mu\nu}(x)$ で表し，これを計量 tensor（2 階の共変対称 tensor *）とする 4 次元時空間を考える．すでにみたように，κ の 1 次までの次数では $h_{\mu\nu}(x)$ が重力場を記述していたことから推測できるように，一般相対性理論ではここで導入した $g_{\mu\nu}(x)$ が，重力に関して κ のすべての次数の情報を含む場となる．したがって，$g_{\mu\nu}(x)$ が満たす場の方程式と，与えられた重力場の中での質点の運動を決定する運動方程式を与えることによって，この理論の体系が整うことになる．

A. 相対論的な重力場の方程式（Einstein equation）

一般相対性理論における重力場の方程式は

$$R^{\mu\nu}(x) - \frac{1}{2}g^{\mu\nu}(x)R(x) = -\kappa^2 T^{\mu\nu}(x) \tag{2.1}$$

で与えられる．これを Einstein 方程式という．ここで，κ は（7.1 節 （1.62）式）で与えられた結合定数，$T^{\mu\nu}(x)$ は物質および電磁場などの重力以外のすべての energy-momentum tensor 密度を表す．また $g^{\mu\nu}(x)$ は 2 階の対称反変計量 tensor を表し，次の関係 $g^{\mu\lambda}(x)g_{\lambda\nu}(x) = \delta^{\mu}{}_{\nu}$ を満たす．

（2.1）の左辺に現れる $R^{\mu\nu}(x)$ と $R(x)$ はそれぞれ，Ricci tensor および scalar 曲率とよばれる時空間の曲率を表し，$g_{\mu\nu}(x)$ とその微分を用いて次の式で与えられる．

$$R^{\alpha}{}_{\beta,\mu\nu}(x) \equiv \partial_\mu \Gamma^{\alpha}_{\beta\nu}(x) - \partial_\nu \Gamma^{\alpha}_{\beta\mu}(x) + \Gamma^{\alpha}_{\lambda\mu}(x)\Gamma^{\lambda}_{\beta\nu}(x) - \Gamma^{\alpha}_{\lambda\nu}(x)\Gamma^{\lambda}_{\beta\mu}(x) \tag{2.2}$$

$$\Gamma^{\lambda}_{\mu\nu}(x) \equiv \frac{1}{2}g^{\lambda\sigma}(x)\{\partial_\mu g_{\sigma\nu}(x) + \partial_\nu g_{\sigma\mu}(x) - \partial_\sigma g_{\mu\nu}(x)\} \tag{2.3}$$

$$R_{\mu\nu}(x) \equiv R^{\lambda}{}_{\mu,\nu\lambda}(x), \quad R^{\mu\nu}(x) = g^{\mu\alpha}(x)g^{\nu\beta}(x)R_{\alpha\beta}(x), \quad R(x) \equiv g^{\mu\nu}(x)R_{\mu\nu}(x) \tag{2.4}$$

上式で，$\Gamma^{\lambda}{}_{\mu\nu}(x)$ および $R_{\mu\nu}(x)$ は，下の添字 μ と ν の入れ替えに関して対称である．ここで，$R^{\alpha}{}_{\beta,\mu\nu}(x)$ を Riemann-Cristoffel tensor，$\Gamma^{\lambda}{}_{\mu\nu}(x)$ を Cristoffel の記号といい，

* $g_{\mu\nu}$ のように成分を表す添字が下についている tensor を共変 tensor（covariant tensor）とよぶ．一方，$g^{\mu\nu}$ のように添字が上についている tensor を反変 tensor（contravariant tensor）とよぶ．

時空間の幾何学的な性質を定める重要な量である．

これらの定義式からわかるように，(2.1) は $g_{\mu\nu}(x)$ とその微分および2階微分を含む非線形な場の方程式となっている．与えられた energy-momentum tensor 密度 $T^{\mu\nu}(x)$ に対して，(2.1) を解くことによって，$T^{\mu\nu}(x)$ が作る重力場 $g_{\mu\nu}(x)$ が求められ，その時空間の幾何学的な構造 $R^{\alpha}{}_{\beta,\mu\nu}(x)$，$R_{\mu\nu}(x)$ および $R(x)$ も同時に定められることになる．

従来の考え方では特殊相対性理論も含めて，時間・空間は最初から与えられたものであり，時間が経過するにつれて，その与えられた空間の中で物体がいかに運動するか，または物理現象がどのように進行するかを問うことが物理学の課題であった．一方，一般相対性理論の考え方は，物質分布の在り方がそれを含む時空間の幾何学的な構造を与えるのであり，それを決める方程式が Einstein 方程式 (2.1) となる．この点で一般相対性理論では，時間・空間に関する認識が，従来の考え方とは完全に逆転していることがわかる．後でみるように，観測で宇宙の物質分布を探ることによって宇宙空間の $T^{\mu\nu}(x)$ が得られ，それを右辺にもつ (2.1) を解くことによって，宇宙の空間構造とその時間変化を求めることが可能となる．この意味で，方程式 (2.1) によって，人類は初めて宇宙全体の時間・空間の構造を議論するための理論的な武器を得たことになる．

B. 重力場中の質点の運動方程式

与えられた重力場中の質点の運動方程式は，質点が重力場以外の力の作用を受けていないとき[*1]，次の式

$$\frac{d^2x^\mu}{d\tau^2}+\Gamma^{\mu}_{\nu\lambda}(x)\frac{dx^\nu}{d\tau}\frac{dx^\lambda}{d\tau}=0 \tag{2.5}$$

で与えられる[*2]．ここで，固有時間 τ は

$$c^2(d\tau)^2 \equiv -g_{\mu\nu}(x)dx^\mu dx^\nu \tag{2.6}$$

で定義される．この式で表される曲線を，測地線 (geodesic) という．質点が重力場のほかに，Lorentz 力などの他の力の作用を受けているとき，それらの力は (2.5) の右辺に現れる．

方程式 (2.1) によって物質がつくる重力場が求められ，また (2.5) によって与えられた重力場中での質点の運動が決まることになる．これで相対論的な重力理論の体系が整っ

[*1] 質点が重力場の影響だけを受けていて，それ以外の他の力を受けていないとき，この質点は「自由落下」しているという．

[*2] (2.5) には，質量や重力場との結合定数などの質点の種類を特定する物理量は含まれていない．これは 7.1.4 項で指摘した観測事実（g_a/m_a は粒子の種類によらず同じ値をもつ）によるものであり，その結果として測地線という幾何学的な概念で，質点の運動が記述される．

た．これらの方程式では，7.1.7 項で指摘した 2 つの不完全性が取り除かれていることを以下で示す．

C. Gauge 変換での共変性

まず一般座標変換で，(2.1) の両辺は 2 階の反変 tensor として変換し，(2.5) の両辺は反変 vector として変換する[*1]．よって，これらの方程式はともに一般座標変換で共変であることから，κ のすべての次数で gauge 共変な理論となっている．したがって，7.1.7 項で指摘した理論の不完全性の（i）は取り除かれていることがわかる．

D. $T^{\mu\nu}(x)$ の満たすべき条件式

次に不完全性の（ii）について考察する．そのために，(2.1) の左辺を $G^{\mu\nu}(x)$ とおく．すなわち，$G^{\mu\nu}(x) \equiv R^{\mu\nu}(x) - \frac{1}{2} g^{\mu\nu}(x) R(x)$．

このとき，次の関係式

$$\nabla_\mu G^{\mu\nu}(x) \equiv \partial_\mu G^{\mu\nu}(x) + \Gamma^{\mu}_{\mu\lambda} G^{\lambda\nu}(x) + \Gamma^{\nu}_{\mu\lambda} G^{\mu\lambda}(x) = 0 \tag{2.7}$$

が恒等的に成り立つ．(2.7) で導入された $\nabla_\mu G^{\mu\nu}(x)$ を，2 階の反変 tensor $G^{\mu\nu}(x)$ に対する共変微分とよび，これは一般座標変換に対して共変な微分の形式を与える．

(2.1) と (2.7) から，$T^{\mu\nu}(x)$ の共変微分も

$$\nabla_\mu T^{\mu\nu}(x) \equiv \partial_\mu T^{\mu\nu}(x) + \Gamma^{\mu}_{\mu\lambda} T^{\lambda\mu}(x) + \Gamma^{\nu}_{\mu\lambda} T^{\mu\lambda}(x) = 0 \tag{2.8}$$

を満たすことになる．(2.8) は，$T^{\mu\nu}(x)$ が満たすべき条件式であり，(7.1 節 (1.39) 式) の一般化となっている．

重力場が N 個の質点とだけ相互作用しているとき，重力場の源 $T^{\mu\nu}(x)$ は，次式で定義される質点の energy-momentum tensor 密度 $T_P^{\mu\nu}(x)$

$$T_P^{\mu\nu}(x) \equiv \sum_{a=1}^{N} m_a (-g(x_a))^{-1/2} \int d\tau_a \frac{dx_a^\mu}{d\tau_a} \frac{dx_a^\nu}{d\tau_a} \delta^{(4)}(x - x^a) \tag{2.9}$$

で与えられる．ただし $g(x)$ は，2 階の共変 tensor $g_{\alpha\beta}(x)$ を，4 行 4 列の行列とみなしたときの行列式を表す．7.1.3 項で与えた N 個の質点の energy-momentum tensor 密度の式 (7.1 節 (1.17) 式) と比べると，(2.9) では因子 $(-g)^{-1/2}$ が新たに現れていることに注意したい．これは一般座標変換に対する変換性を考量したとき，(2.9) で定義された $T_P^{\mu\nu}(x)$ が 2 階の反変 tensor として変換するからである[*2]．

(2.9) から，

[*1] 詳細は一般相対性理論の教科書を参照のこと．

[*2] 一般座標変換では，$(-g(x))^{-1/2}\delta^{(4)}(x - x_a)$ が scalar 関数となることに注意したい．

$$\begin{aligned}\partial_\mu T_P^{\mu\nu}(x) &\equiv \sum_{a=1}^{N} m_a(-g(x_a))^{-1/2}\int d\tau_a \frac{dx_a^\mu}{d\tau_a}\frac{dx_a^\nu}{d\tau_a}\frac{\partial}{\partial x^\mu}\delta^{(4)}(x-x^a)\\ &= -\sum_{a=1}^{N} m_a(-g(x_a))^{-1/2}\int d\tau_a \frac{dx_a^\mu}{d\tau_a}\frac{dx_a^\nu}{d\tau_a}\frac{\partial}{\partial x_a^\mu}\delta^{(4)}(x-x^a)\\ &= -\sum_{a=1}^{N} m_a(-g(x_a))^{-1/2}\int d\tau_a \frac{dx_a^\nu}{d\tau_a}\frac{d}{d\tau_a}\delta^{(4)}(x-x^a)\\ &= \sum_{a=1}^{N} m_a\int d\tau_a \frac{d}{d\tau_a}\left\{(-g)^{-1/2}\frac{dx_a^\nu}{d\tau_a}\right\}\delta^{(4)}(x-x^a)\\ &= \sum_{a=1}^{N} m_a\int d\tau_a \left\{\partial_\lambda(-g)^{-1/2}\frac{dx_a^\lambda}{d\tau_a}\frac{dx_a^\nu}{d\tau_a}+(-g)^{-1/2}\frac{d^2x_a^\nu}{d\tau_a^2}\right\}\delta^{(4)}(x-x^a)\\ &= -\Gamma^\nu_{\mu\lambda}(x)T_P^{\mu\lambda}(x)-\Gamma^\mu_{\mu\lambda}(x)T_P^{\lambda\nu}(x)\end{aligned} \tag{2.10}$$

となる．ここで，関係式 $\partial_\lambda(-g)^{-1/2} = -(-g)^{-1/2}\Gamma^\mu_{\mu\lambda}$ と質点の運動方程式（2.5）を用いた．したがって，$T_P{}^{\mu\nu}(x)$ は条件式 (2.8) を満たすことがわかる．

質点の energy-momentum tensor 密度 $T^{\mu\nu}{}_P(x)$ が，次の式 $\nabla_\mu T_P{}^{\mu\nu}(x) = 0$ を満たすことが示されたが, この式はまた $\partial_\mu T_P{}^{\mu\nu}(x) \neq 0$ となることを意味している．したがって $T_P{}^{\mu\nu}(x)$ は連続の方程式を満たさない，すなわち質点の energy-momentum tensor 密度 $T_P{}^{\mu\nu}(x)$ 単独では保存しないことがわかる．もっと一般的に，重力場以外のすべての energy-momentum tensor 密度 $T^{\mu\nu}(x)$ を考えた場合も，(2.8) から明らかなように，これは連続の方程式を満たさない．7.1.5 項で議論したように，この場合も $T^{\mu\nu}(x)$ に重力場の energy-momentum tensor 密度 $T_G{}^{\mu\nu}(x)$ を加えた全 energy-momentum tensor 密度（$T^{\mu\nu}(x)$ + $T_G{}^{\mu\nu}(x)$）を考えたとき，これが連続の方程式を満たすことが示される[*1,2]．

この結果，一般相対性理論の基本方程式（2.1）と（2.5）は，条件式（2.8）を満たすことが示された．すなわち，一般相対性理論では，7.1.7 項で指摘された不完全性（ii）も取り除かれていることがわかる，よって，一般相対性理論は，論理的に整備された相対論的重力理論であることが明らかになった．以下で，一般相対性理論の物理的な側面を考察する．

[*1] $T^{\mu\nu}(x) + T_G{}^{\mu\nu}(x)$ が連続の方程式を満たすことは，Noether の定理から導かれる．Noether の定理に関しては 46）高橋・柏（2005）の 3.7 節を参照．重力場の energy-momentum tensor 密度 $T_G{}^{\mu\nu}(x)$ の表式に関しては，Einstein の表式を含めてさまざまな提案がなされている．詳細は 38）山内・内山・中野（1967）参照．なお，弱場近似における重力場の energy-momentum tensor 密度に関しては後に述べる．

[*2] Energy-momentum tensor 密度が連続の方程式を満たすとき，それを空間積分して得られた energy-momentum tensor が保存することが導かれるためには，重力場を含むさまざまな場の量が空間的に無限の遠方で十分に速く 0 に近づくことが必要条件となる．重力場の場合, 対象となる系によっては（宇宙全体を考えた場合など），この必要条件がつねに満たされるとはかぎらないことに注意したい．

E. 弱場近似

大きな天体などの近傍では強い重力場が現れるが，それ以外のところでは一般に重力場の強さは小さく，重力場 $g_{\mu\nu}$ は Minkowski 時空間の計量 $\eta_{\mu\nu}$ から，わずかに異なる．この場合，$g_{\mu\nu}(x) \approx \eta_{\mu\nu} + 2\kappa h_{\mu\nu}(x)$ とおくことができる．これを弱場近似とよぶ．

弱場近似では（κ の 1 次までで），

$$g^{\mu\nu}(x) \approx \eta^{\mu\nu} - 2\kappa h^{\mu\nu}(x) \tag{2.11}$$

$$\Gamma^{\lambda}_{\mu\nu}(x) \approx \kappa\{\partial_\mu h^{\lambda}_{\nu}(x) + \partial_\nu h^{\lambda}_{\mu}(x) - \partial^{\lambda} h_{\mu\nu}(x)\} \tag{2.12}$$

$$R^{\alpha}{}_{\beta,\mu\nu}(x) \approx \kappa\{\partial_\mu \partial_\beta h^{\alpha}_{\nu}(x) - \partial_\mu \partial_\beta h^{\alpha}_{\nu}(x) - \partial_\mu \partial^{\alpha} h_{\beta\nu}(x) + \partial_\nu \partial^{\alpha} h_{\beta\mu}(x)\} \tag{2.13}$$

$$R_{\mu\nu} \approx \kappa\{\partial_\alpha \partial^{\alpha} h_{\mu\nu}(x) - \partial_\mu \partial_\alpha h^{\alpha}_{\nu}(x) - \partial_\nu \partial^{\alpha} h_{\mu\alpha}(x) + \partial_\mu \partial_\nu h(x)\} \tag{2.14}$$

$$R \approx 2\kappa\{\partial_\alpha \partial^{\alpha} h(x) - \partial_\mu \partial_\alpha h^{\mu\alpha}(x)\} \tag{2.15}$$

であるから，これを代入すると，(2.1) は

$$\begin{aligned} R^{\mu\nu}(x) - \frac{g^{\mu\nu}(x)}{2} R(x) \\ \approx \kappa\{\partial_\alpha \partial^{\alpha} h^{\mu\nu}(x) - \partial_\alpha \partial^{\mu} h^{\alpha\nu}(x) - \partial_\alpha \partial^{\nu} h^{\alpha\mu}(x) \\ + \partial^{\mu} \partial^{\nu} h(x) - \eta^{\mu\nu}(\partial_\alpha \partial^{\alpha} h(x) - \partial_\alpha \partial_\beta h^{\alpha\beta}(x))\} = -\kappa^2 T^{\mu\nu}(x) \end{aligned} \tag{2.16}$$

となり，Einstein 方程式の弱場近似は，7.1 節で議論した $h^{\mu\nu}(x)$ の場の方程式（7.1 節 (1.16) 式）と一致することがわかる．

また，$\Gamma^{\lambda}{}_{\mu\nu}(x)$ の弱場近似 (2.12) を，測地線の式 (2.5) に代入すると，

$$\frac{d^2 x^{\mu}}{d\tau^2} + \kappa\{\partial_\lambda h^{\mu}_{\nu}(x) + \partial_\nu h^{\mu}_{\lambda}(x) - \partial^{\mu} h_{\lambda\nu}(x)\} \frac{dx^{\lambda}}{d\tau} \frac{dx^{\nu}}{d\tau} = 0 \tag{2.17}$$

となる．すなわち，測地線の方程式 (2.5) も，弱場近似ですでに議論した質点の運動方程式（7.1 節 (1.23) 式）に一致する．

この結果，7.1 節で議論した κ の 1 次までの範囲で gauge 共変性をもつ線形理論は，一般相対性理論の弱場近似になっていたことが明らかになった．このことから，一般相対性理論は，7.1 節で指摘した 2 つの不完全性を取り除いた相対論的な重力理論であり，Newton の重力理論を非相対論的な極限で含むものであることが示された．

$g_{\mu\nu}(x)$ を κ の高次まで考えたとき，$R^{\mu\nu}(x) - (g^{\mu\nu}(x)/2) R(x)$ は，(2.16) に加えて κ

の2次以上の項をもつ．この高次の項をまとめて $-T_G^{\mu\nu}(x)$ で表したとき，$T^{\mu\nu}(x)+T_G^{\mu\nu}(x)$ は連続の式を満たす．このことから，$-T_G^{\mu\nu}(x)$ を弱場近似での重力場の energy-momentum tensor 密度とみなすことができる．

7.2.2 厳密解の例

Einstein 方程式（2.1）は非線形方程式であるから，一般にはその厳密解を求めることは困難である．ここでは球対称な形をもつ天体を考え，それが自転していないものとして，この天体がつくる重力場を Einstein 方程式から求めてみよう．

この時空間の4次元距離は，一般に（2.6）で表されるが，重力源の天体が球対称でその自転を無視できるとき，その周囲の時空構造は，空間座標として極座標 (r, θ, ϕ) を用いて，

$$-c^2(d\tau)^2 = g_{00}(r,t)(cdt)^2 + g_{rr}(r,t)(dr)^2 + g_{\theta\theta}(r,t)\{(d\theta)^2+\sin^2\theta(d\phi)^2\} \quad (2.18)$$

で与えられる．ここで $g_{00}(r,t)$, $g_{rr}(r,t)$, $g_{\theta\theta}(r,t)$ は，座標変数 r と t のみの関数である．$g_{\mu\nu}(x)$ のそれ以外の成分は，対称性と重力源が自転していないことを考慮して0ととることができる．さらに一般座標変換に対する共変性を利用して，$g_{\theta\theta}=r^2$ となるよう動径座標 r を取り直すことができる．

計算の便宜上，$g_{00}\equiv -e^{\nu(r,t)}$, $g_{rr}\equiv e^{\lambda(r,t)}$ とおくと，この系の計量 tensor $g_{\mu\nu}(x)$ は

$$g_{00}=-e^{\nu(r,t)},\quad g_{rr}=e^{\lambda(r,t)},\quad g_{\theta\theta}=r^2,\quad g_{\phi\phi}=r^2\sin^2\theta \quad (2.19)$$

となる．よって*，

$$g^{00}=-e^{-\nu(r,t)},\quad g^{rr}=e^{-\lambda(r,t)},\quad g^{\theta\theta}=r^{-2},\quad g^{\phi\phi}=r^{-2}\sin^{-2}\theta \quad (2.20)$$

となる．$g_{\mu\nu}$ および $g^{\mu\nu}$ のそれ以外の成分はすべて0である．

これらを（2.3）に代入すると，

$$\begin{aligned}
&\Gamma^0_{00}=\frac{\dot{\nu}}{2c},\quad \Gamma^0_{10}=\Gamma^0_{01}=\frac{\nu'}{2},\quad \Gamma^0_{11}=\frac{\dot{\lambda}}{2c}e^{\lambda-\nu},\\
&\Gamma^1_{00}=\frac{\nu'}{2}e^{\lambda-\nu},\quad \Gamma^1_{10}=\Gamma^1_{01}=\frac{\dot{\lambda}}{2c},\quad \Gamma^1_{11}=\frac{\lambda'}{2},\quad \Gamma^1_{22}=-re^{-\lambda},\quad \Gamma^1_{33}=-r\sin^2\theta e^{-\lambda},\\
&\Gamma^2_{21}=\Gamma^2_{12}=\frac{1}{r},\quad \Gamma^2_{33}=-\sin\theta\cos\theta,\quad \Gamma^3_{31}=\Gamma^3_{13}=\frac{1}{r},\quad \Gamma^3_{32}=\Gamma^3_{23}=\frac{\cos\theta}{\sin\theta}
\end{aligned} \quad (2.21)$$

となり，それ以外の $\Gamma^\lambda{}_{\mu\nu}(x)$ の成分はすべて0となる．ここで $\dot{\nu}$ などは ν などの時間微分を，λ' などは λ などの r 微分を表す．

（2.21）を（2.2）および（2.4）に代入して，

---

* $g^{\mu\lambda}g_{\lambda\nu}=\delta^\mu{}_\nu$ を使う．

$$R_{00} = \frac{\ddot{\lambda}}{2c^2} + \frac{\dot{\lambda}(\dot{\lambda} - \dot{\nu})}{4c^2} - \left\{ \frac{\nu''}{2} + \frac{\nu'(\nu' - \lambda')}{4} + \frac{\nu'}{r} \right\} e^{\nu - \lambda} \tag{2.22}$$

$$R_{01} = R_{10} = -\frac{\dot{\lambda}}{cr} \tag{2.23}$$

$$R_{11} = \frac{\nu''}{2} + \frac{\nu'(\nu' - \lambda')}{4} - \frac{\lambda'}{r} - \left\{ \frac{\ddot{\lambda}}{2c^2} + \frac{\dot{\lambda}(\dot{\lambda} - \dot{\nu})}{4c^2} \right\} e^{\lambda - \nu} \tag{2.24}$$

$$R_{22} = -1 + \left(1 + \frac{\nu' - \lambda'}{2} r \right) e^{-\lambda} \tag{2.25}$$

$$R_{33} = \sin^2 \theta R_{22} \tag{2.26}$$

となり，それ以外の成分は 0 となる．さらに，

$$\begin{aligned} R &= g^{00} R_{00} + g^{11} R_{11} + g^{22} R_{22} + g^{33} R_{33} \\ &= e^{-\lambda} \left\{ \nu'' + \frac{\nu'(\nu' - \lambda')}{2} + \frac{2(\nu' - \lambda')}{r} + \frac{2}{r^2} \right\} \\ &\quad - e^{-\nu} \left\{ \frac{\ddot{\lambda}}{c^2} + \frac{\dot{\lambda}(\dot{\lambda} - \dot{\nu})}{2c^2} \right\} - \frac{2}{r^2} \end{aligned} \tag{2.27}$$

が得られる．

この結果，(2.1) 左辺の 0 でない成分は

$$R^{00} - \frac{g^{00}}{2} R = \left(-\frac{\lambda'}{r} + \frac{1}{r^2} \right) e^{-\nu - \lambda} - \frac{e^{-\nu}}{r^2} \tag{2.28}$$

$$R^{11} - \frac{g^{11}}{2} R = \frac{e^{-\lambda}}{r^2} - \left(\frac{\nu'}{r} + \frac{1}{r^2} \right) e^{-2\lambda} \tag{2.29}$$

$$R^{22} - \frac{g^{22}}{2} R = \frac{1}{2r^2} \left[e^{-\nu} \left\{ \frac{\ddot{\lambda}}{c^2} + \frac{\dot{\lambda}(\dot{\lambda} - \dot{\nu})}{2c^2} \right\} - e^{-\lambda} \left\{ \nu'' + \frac{\nu'(\nu' - \lambda')}{2} + \frac{\nu' - \lambda'}{r} \right\} \right] \tag{2.30}$$

$$R^{33} - \frac{g^{33}}{2} R = \frac{\sin^{-2} \theta}{2r^2} \left[e^{-\nu} \left\{ \frac{\ddot{\lambda}}{c^2} + \frac{\dot{\lambda}(\dot{\lambda} - \dot{\nu})}{2c^2} \right\} - e^{-\lambda} \left\{ \nu'' + \frac{\nu'(\nu' - \lambda')}{2} + \frac{\nu' - \lambda'}{r} \right\} \right] \tag{2.31}$$

$$R^{01} = R^{10} = \frac{\dot{\lambda}}{cr} e^{-\nu - \lambda} \tag{2.32}$$

となる．

A. 天体外部の重力場

天体の外部では energy-momentum tensor 密度 $T^{\mu\nu}(x)$ は 0 となる．よって，この領域における重力場を得るには，上で与えた (2.28) から (2.32) までの各式を 0 とおいた

ときの解を求めればよい．

まず（2.32）より，$\dot{\lambda}=0$ が得られる．すなわち，λ は時間 t には依存しないこと，よって $\lambda=\lambda(r)$ とおけることがわかる．次に（2.28）と（2.29）より

$$e^{\nu}(R^{00}-\frac{g^{00}}{2}R)+e^{\lambda}(R^{11}-\frac{g^{11}}{2}R)=-\frac{\lambda'+\nu'}{r}e^{-\lambda}=0 \tag{2.33}$$

となり，$\lambda'+\nu'=0$ が得られる．したがって，時間の任意関数 $\mu(t)$ を導入して，$\lambda+\nu=\mu(t)$ と書けることがわかる．これを時間で微分すると，$\dot{\lambda}+\dot{\nu}=\dot{\nu}=\dot{\mu}$ となるから，$\nu=\mu(t)+\tilde{\nu}(r)$ と書ける．ここで $\tilde{\nu}(r)$ は時間に依存しない r だけの関数である．一般座標変換で共変であることを用いると，時間変数 t を取り直すことにより $\mu(t)=0$ とおくことができる*．よって $\nu=\tilde{\nu}(r)$ となり，$\tilde{\nu}(r)$ を改めて $\nu(r)$ と書けば，$\lambda(r)+\nu(r)=0$ となる．これを代入すると，$e^{\nu}(R^{00}-\frac{g^{00}}{2}R)=-e^{\lambda}(R^{11}-\frac{g^{11}}{2}R)$ の関係が成り立つので，（2.28）か（2.29）のどちらか一方のみを考えればよい．

（2.28）に $e^{\nu}r^{2}$ をかけた式を 0 とおいて変形すると，

$$(-r\lambda'+1)e^{-\lambda}=(re^{-\lambda})'=1 \tag{2.34}$$

となり，これから，

$$e^{-\lambda(r)}=1-\frac{r_s}{r}=e^{\nu(r)} \tag{2.35}$$

が得られる．ここで r_s は積分定数であり，その値は後で定める．

この結果，球対称で自転していない天体がその外部に作る重力場によって表される時空構造は

$$\begin{aligned}-c^{2}(d\tau)^{2}&=-e^{\nu(r)}(cdt)^{2}+e^{\lambda(r)}(dr)^{2}+r^{2}(d\theta)^{2}+r^{2}\sin^{2}\theta(d\phi)^{2}\\&=-\left(1-\frac{r_s}{r}\right)(cdt)^{2}+\left(1-\frac{r_s}{r}\right)^{-1}(dr)^{2}+r^{2}(d\theta)^{2}+r^{2}\sin^{2}\theta(d\phi)^{2}\end{aligned} \tag{2.36}$$

で与えられる．これを Schwarzschild の外部解という．（2.36）からわかるように，$r\to r_s$ で $g_{00}\to 0,\ g_{rr}\to\infty$ となり，時空構造はこの点で特異になる．

B. 天体内部の重力場

天体内部の重力場について調べる．ここでは（2.1）の（0, 0）成分

$$R^{00}-\frac{g^{00}}{2}R=-\kappa^{2}T^{00} \tag{2.37}$$

* （2.18）の $-c^{2}(d\tau)^{2}=g_{00}(cdt)^{2}+\cdots=-e^{\nu}(cdt)^{2}+\cdots=-e^{(\tilde{\nu}(r)+\mu(t))}(cdt)^{2}+\cdots$ で，$dt'=e^{\mu(t)/2}dt$ を満たす t' を導入し，これを t と定義し直せばよい．

についてのみ考察する．(2.28) から問題の式は

$$(r\lambda'-1)e^{-\lambda}+1=\kappa^2 r^2 e^{\nu} T^{00} \tag{2.38}$$

となる．これを書き換えると，

$$(re^{-\lambda})'=1-\kappa^2 r^2 e^{\nu} T^{00} \tag{2.39}$$

となるので，両辺を r で積分して

$$e^{-\lambda}=1-\frac{\kappa^2}{r}\int_0^r dr' r'^2 e^{\nu(r')} T^{00} \tag{2.40}$$

が得られる．このとき，$r=0$ で λ が有限の値をもつための条件から，積分定数を 0 と定めた．

C. 天体表面での接続条件

天体の半径を r_0 としたとき，(2.35) で与えられる天体外部の重力場と，(2.40) で与えられる天体内部の重力場は，$r=r_0$ で等しい値となるはずなので，次の関係式

$$1-\frac{r_s}{r_0}=1-\frac{\kappa^2}{r_0}\int_0^{r_0} dr' r'^2 e^{\nu(r')} T^{00} \tag{2.41}$$

が成り立つ．この式から，まだ未定であった積分定数 r_s が

$$r_s=\kappa^2\int_0^{r_0} dr' r'^2 e^{\nu} T^{00}=\frac{2GM}{c^2} \tag{2.42}$$

と表されることがわかる．ここで，M は次の式で定義される天体の静止質量

$$Mc^2 \equiv E=4\pi c\int_0^{r_0} dr' r'^2 e^{\nu(r')} T^{00}(r') \tag{2.43}$$

を表す．この式から明らかなように，M は天体内部に含まれる物質の質量和ではなく，その内部のすべての energy を考慮した天体の静止質量を意味する．(2.42) で与えられる r_s は，天体の静止質量と万有引力定数および光速の組み合わせで与えられるその天体に固有な物理量である．r_s をその天体の Schwarzschild 半径とよぶ．

D. 太陽の場合

太陽の質量 M は 1.99×10^{30} kg であるから，その Schwarzschild 半径 r_s は $r_s=2.95$ km となる．太陽の半径 r_0 は 6.96×10^5 km なので，外部解が適用される領域 ($r\geq r_0>r_s$) では，(2.36) で与えられる時空構造は特異点をもたないことがわかる．

ところで，もし何らかの物理的なプロセスにより，太陽がその質量を保ったまま，半径が $r_s=2.95$ km 以下まで圧縮されたとする．このとき，圧縮された太陽の半径はその Schwarzschild 半径よりも小さくなり，太陽外部の時空構造は $r=r_s$ となる点で特異になる．

このように，天体の半径がその天体のSchwarzschild半径よりも小さくなるまで圧縮されたとき，そのコンパクトで高密度の天体をブラックホール（black hole）とよぶ[*1,2].

7.2.3 宇宙の時空構造

すでに述べたように，宇宙に存在する物質の分布がわかれば，Einstein方程式（2.1）を解くことによって，宇宙の空間的な構造とその時間変化を調べることができる.

宇宙に存在する恒星は銀河という星の集団を成し，これらの銀河が集まって銀河団を形成している．さらに銀河団が集まって超銀河団が造られている．したがって，小さなscale（銀河・銀河団や超銀河団のscale）で考えたとき，宇宙には物質の存在するところと銀河団等の物質が集中していることがあり，物質分布は非一様であるといえる．しかし，それらを超えた大きなscaleで考えれば，第一近似で宇宙の物質分布は均質であると考えるのが妥当である．このような物質分布をもつ宇宙は，空間的に一様な構造をもつ定曲率空間であり，その時空構造は次の式[*3]

$$-c^2(d\tau)^2 = --c^2(dt)^2 + a^2(t)\left[\frac{(dr)^2}{1-kr^2} + r^2\{(d\theta)^2 + \sin^2\theta(d\phi)^2\}\right] \tag{2.44}$$

で与えられる．ここで $a(t)$ は宇宙のscaleを表す因子である．k は宇宙空間の曲率の符号を示すものであり，$k=-1$，0，$+1$ のそれぞれの値に対応して，開いた宇宙，平坦な宇宙，閉じた宇宙となる.

このとき，計量tensor $g_{\mu\nu}(x)$ は

$$g_{00} = -1, \quad g_{rr} = \frac{a^2(t)}{1-kr^2}, \quad g_{\theta\theta} = a^2(t)r^2, \quad g_{\phi\phi} = a^2(t)r^2\sin^2\theta \tag{2.45}$$

であり，その他の成分は0となる．これを（2.3）に代入すると，$\Gamma^{\lambda}{}_{\mu\nu}(x)$ の0でない成分は

---

*1 地球のSchwarzschild半径は約1 cmなので，その質量を保ったまま半径が1 cm以下になるまで圧縮すると，地球もブラックホールになる.

*2 地球表面から地球脱出速度（約11 km s^{-1}）以下で投げ上げられた物体は，地球重力に引き戻されて再び地球に落下し，地球の重力圏から脱出できない．一般に，天体の表面から脱出速度（各天体は固有な脱出速度をもつ）以下で投げ上げられた物体は，天体の重力によって引き戻されて，その重力圏から脱出することは不可能である．強い重力場をもつブラックホール（半径が r_s よりも小さい天体）の場合，その脱出速度は光速よりも大きくなる．したがって，ブラックホールの表面から，光速またはそれ以下の速度で投げ上げられた物体（または光）は，途中，ブラックホールの重力に引き戻されてその重力圏を脱出できない．光速は物理的に可能な最高速度であるから，いかなる物質も光速以上で投げ上げられることはありえないので，光を含むすべての物体はこの圧縮された天体から脱出することは不可能であることがわかる．この意味でその天体には，ブラックホールのよび名がつけられている.

*3 宇宙空間における座標設定の方法はわかりにくいが，（2.44）は宇宙に点在する各銀河をそれぞれ座標上の固定点として張られたものである．したがって，この座標上では，銀河の位置を示す座標値は時間がたっても変化しない．このような座標を銀河に固定された共動座標という.

$$\Gamma^0_{rr}=\frac{a\dot a}{c(1-kr^2)},\quad \Gamma^0_{\theta\theta}=\frac{a\dot a}{c}r^2,\quad \Gamma^0_{\phi\phi}=\frac{a\dot a}{c}r^2\sin^2\theta,$$

$$\Gamma^r_{0r}=\Gamma^r_{r0}=\frac{\dot a}{ca},\quad \Gamma^r_{rr}=\frac{kr}{1-kr^2},\quad \Gamma^r_{\theta\theta}=-(1-kr^2)r,\quad \Gamma^r_{\phi\phi}=-(1-kr^2)r\sin^2\theta,$$

$$\Gamma^\theta_{0\theta}=\Gamma^\theta_{\theta 0}=\frac{\dot a}{ca},\quad \Gamma^\theta_{r\theta}=\Gamma^\theta_{\theta r}=\frac{1}{r},\quad \Gamma^\theta_{\phi\phi}=-\sin\theta\cos\theta,$$

$$\Gamma^\phi_{0\phi}=\Gamma^\phi_{\phi 0}=\frac{\dot a}{ca},\quad \Gamma^\phi_{r\phi}=\Gamma^\phi_{\phi r}=\frac{1}{r},\quad \Gamma^\phi_{\theta\phi}=\Gamma^\phi_{\phi\theta}=\frac{\cos\theta}{\sin\theta} \tag{2.46}$$

となる.

これを (2.4) に代入すると, $R^{\mu\nu}$ の 0 でない成分は

$$R^{00}=3\frac{\ddot a}{c^2a} \tag{2.47}$$

$$R^{rr}=-\left(\frac{\ddot a}{c^2a}+\frac{2k}{a^2}+\frac{2\dot a^2}{c^2a^2}\right)\left(\frac{a^2}{1-kr^2}\right)^{-1} \tag{2.48}$$

$$R^{\theta\theta}=-\left(\frac{\ddot a}{c^2a}+\frac{2k}{a^2}+\frac{2\dot a^2}{c^2a^2}\right)(a^2r^2)^{-1} \tag{2.49}$$

$$R^{\phi\phi}=-\left(\frac{\ddot a}{c^2a}+\frac{2k}{a^2}+\frac{2\dot a^2}{c^2a^2}\right)(a^2r^2\sin^2\theta)^{-1} \tag{2.50}$$

となり, これから

$$R=-6\left(\frac{\ddot a}{c^2a}+\frac{k}{a^2}+\frac{\dot a^2}{c^2a^2}\right) \tag{2.51}$$

が得られる.

次に, 宇宙に存在する物質の energy-momentum tensor 密度を $T_c^{\mu\nu}$ で表したとき, 現在の宇宙ではその構成要素の大部分は銀河が担っているものと考えられるので*, 銀河を質点とみなしてそれらの集合で宇宙の主な質量分布が与えられる. このとき, この座標系では銀河の位置は固定されているから, その速度は 0 とみなせる. よって, $T_c^{\mu\nu}$ は

$$T_c^{00}(x)=c\rho(x),\quad T_c^{0i}=T_c^{i0}=0,\quad T_c^{ij}=0 \tag{2.52}$$

で与えられる. ただし, $\sum_a m_a(-g(x^0,\boldsymbol{x}))^{-1/2}\delta^{(3)}(\boldsymbol{x}-\boldsymbol{x}_a)\equiv\rho(x^0,\boldsymbol{x})$ とおいた. $\rho(x)$ は銀河分布を平均化したときの宇宙の質量密度である. 第一近似では, 宇宙は均一であると考えているから, これは時間だけの関数である.

この場合, Einstein 方程式 (2.1) の (0, 0) 成分は,

* 最近の観測データは, 銀河間にも暗い物質 (dark matter とよばれる) が存在し, その量は宇宙の構造を議論するうえで無視できない可能性がある.

$$\frac{\dot{a}^2(t)}{c^2a^2(t)}+\frac{k}{a^2(t)}=\frac{\kappa^2}{3}c\rho(t)=\frac{8\pi G}{3c^2}\rho(t) \tag{2.53}$$

となる[*1]．（2.1）の $(r, r), (\theta, \theta), (\phi, \phi)$ 成分は，上式を時間で微分することによって得られるので，ここでは改めて考察することはしない．

（2.53）は，宇宙の scale 因子の時間変化を定める方程式であり，

$$H^2(t)-\frac{8\pi G}{3}\rho(t)=-k\frac{c^2}{a^2(t)} \tag{2.54}$$

と変形できる．ただし，$H(t)\equiv(\dot{a}(t)/a(t))$ であり，これを Hubble 係数とよぶ．

（2.54）の右辺に注目すると，k は定数であり，$c^2/a^2(t)$ は時間が経過するにつれてその大きさは変わるが，符号（つねに正）は変化しない．よって，右辺の符号はつねに一定である．したがって左辺の符号も時間が経過しても変化しない．この結果，宇宙の現在の Hubble 係数の大きさ（これを H_0 で表す）と，その質量密度の値（これを ρ_0 で表す）を観測で求め，そのデータから $(H_0^2-\frac{8\pi G}{3}\rho_0)$ の符号，したがって右辺の定数 k の符号を定めることができる[*2]．

1929 年 Hubble は，観測データに基づいて現在宇宙が膨張していることを明らかにした．今後宇宙の膨張がいつまでも続くのか，それとも将来のいつの日か膨張が終了し，その後収縮に転ずるかは興味深い問題である．この問題は，宇宙内部の物質相互に作用する重力によって，宇宙膨張という運動を止めることができるか否かの問題と考え直すことができる．重力の強さは内部の質量密度によって決まることから，現在の宇宙膨張速度を表す Hubble 係数 H_0 と質量密度の大きさ ρ_0 を測定し，その大小を比較することによって判断できる．すなわち，ρ_0 が十分に大きければ宇宙の膨張は停止することになり，その逆の場合には宇宙膨張はいつまでも続くことになる．以上の考察から，

密度の大きさ	k の値	空間の構造	宇宙膨張
$\rho_0 > \rho_c$	$k=1$	閉じた空間	宇宙膨張はいつか停止し，その後収縮に向かう
$\rho_0 = \rho_c$	$k=0$	平坦な空間	宇宙膨張は漸近的に静止に向かう
$\rho_0 < \rho_c$	$k=-1$	開いた空間	宇宙膨張はいつまでも続く

となる．ここで，$\rho_c\equiv(8\pi G/3)H_0^2$ を臨界密度とよぶ．現在の H_0 と ρ_0 の観測データにはまだ不確定な要素が多く，この問題に決着をつけるためには，より精度の高い測定データが求められている．

[*1] $\kappa^2 \equiv 8\pi G/c^3$ を用いた．
[*2] k の値を決めるためには，ρ_0 は銀河の平均密度だけでなく，dark matter を含む宇宙のすべての物質の質量密度を求めることが必要である．

7.2.4 一般相対性理論の実験的な検証

相対論的な重力理論である一般相対性理論の実験的な検証として，太陽を源とする相対論的な重力場の物理的な効果を調べるものと，重力波存在の検証を考える．

A. 光の軌道の湾曲

質量をもたない光が重力による引力を受けるか否かについて，Newton の重力理論では明確な議論をすることが不可能であった．この問題に関して一般相対性理論は，光線は重力の影響を受けることを明らかにした. 重力による光線への影響を重力レンズ効果とよぶ. 重力レンズ効果は，太陽の近傍を通り過ぎる光の軌道が太陽重力場の影響で曲げられることを予測しているが，それは太陽の背後にある星が太陽重力の影響で本来の位置とは異なる方向で観測されるという事実によって検証された．

また，銀河などの重力による重力レンズ効果は，それらの銀河よりも遠方にある天体からの光に関して，軌道の湾曲や増光効果などさまざまな影響を及ぼすが，この影響は宇宙の構造を調べるうえで重要な役割を果たしている．

B. 惑星軌道上の近日点移動

一般相対性理論は, 太陽系の惑星の近日点（軌道上で惑星が太陽に最も近づく位置）が, 1 回公転するごとに移動することを示している．もともと，Newton 重力理論の枠内でも，他の惑星による重力の影響で，1 回公転するごとに惑星の近日点が移動することは確かめられていたが，観測結果は Newton 重力理論の効果だけでは説明できない近日点移動が起きていることを明らかにした．惑星の近日点移動に関する観測結果と Newton 重力理論による計算結果との差は，相対論的な重力場の影響によるものであり，一般相対性理論の結論はこの差を理論的に解明するものであった．

C. 重力波

電磁場の波動である電磁波は，1864 年に Maxwell がその存在を理論的に示し，24 年後の 1888 年に Herz によって実験的に存在が確認された．重力場の場合，Einstein 方程式（2.1）の弱場近似式（7.1 節 （1.54）式）は, 電磁場の Maxwell 方程式と同じように, 波動解（重力波）をもつ．このことは，一般相対性理論が重力波の存在を予言していることを意味する．一般相対性理論の予言を受けて，これまで重力波の存在を検証するために多くの試みがなされてきたが，今のところ，それを実験的に直接とらえることには成功していない．

重力波を実験的に検出する実験が困難な理由は，電磁場的な相互作用に比べて重力場と物質の間の相互作用が非常に弱いことにある．したがって，人工的に重力波を発生させ，それを重力波測定器で検出することは，ほとんど不可能である．そのため，地球外の天体が放出する重力波を捉えることを目指して，高感度の重力波検出装置の建設が世界の数ヵ所で進められている．天体が放出する重力波を測定対象とする場合でも，一般的にはその

energy は非常に弱いので，現状では超新星爆発などの特別な現象で放出される重力波の検出を目指している．

一方，1974 年に発見された連星パルサー（PSR1913 + 16）* の観測から，重力波の存在が間接的に確認された．荷電粒子が加速度運動することによって電磁波が放出され，その電磁波が energy を運び去ることによって荷電粒子自体の energy が失われる．同様に，連星パルサーが周期的な公転運動をすることによって重力波を放出し，公転の energy を減少し，その公転周期が短くなる．公転運動の周期変化を精密に測定した結果，連星パルサー PSR1913 + 16 の公転周期は少しずつ短くなっていること，その減衰の様子は理論的に求めた重力波放出による公転 energy 放出によるものと一致することが明らかになった．これは重力波そのものを観測したものではないが，その存在を間接的に検証したものといえる．

7.3 重力場の量子化に関するコメント

量子化された相対論的な電磁場理論の成功に触発されて，重力場の量子化問題に関して多くの試みがなされてきたが，残念ながらこれまでのところ，理論的にもまた実験的にも満足のいく量子化された重力理論の構築には成功していない．

本節では重力場の量子化に関して考察する．7.2 節で述べたように，一般相対性理論は，相対論的な重力理論として論理的に整備された理論であり，かつ，観測および実験によってその予測が検証されている理論体系でもある．そこで以下では，一般相対性理論の量子化問題に関して考察する．

7.3.1 自由重力場（$\kappa = 0$ の場合）の量子化について

すでに述べたように，一般相対性理論の弱場近似は，（7.1 節 （1.10）式）で与えられる Lagrangian 密度 $\mathcal{L}^h$ で記述される tensor 場 $h_{\mu\nu}(x)$ の理論と等価である．$h_{\mu\nu}$ が相互作用をしていないとき，次の自由場の方程式

$$-\partial_\mu\partial^\mu h^{\alpha\beta} + \partial^\alpha\partial^\lambda h_\lambda^\beta + \partial^\beta\partial^\lambda h_\lambda^\alpha - \partial^\alpha\partial^\beta h_\lambda^\lambda - \eta^{\alpha\beta}(\partial^\sigma\partial^\lambda h_{\sigma\lambda} - \partial^\lambda\partial_\lambda h_\sigma^\sigma) = 0 \qquad (3.1)$$

が成り立つ．この方程式を満たす $h_{\mu\nu}(x)$ の量子化を考える．

7.1.4 項で示したように，この方程式は gauge 変換（7.1 節 （1.24）式）に対して共変である．よって，4.5 節で考察した電磁場の量子化の場合と同様に，量子化に際しては，

* パルサーとは周期的に電波のパルスを放出する天体であり，質量が太陽と同程度でその半径が約 10 km（太陽半径の約 7 万分の 1）というコンパクトでかつ高密度（原子核と同程度の密度）で，その主成分は中性子からなる中性子星である．また連星パルサーとは，他の天体と重力的に結合して二重星をなすパルサーを意味する．PSR はパルサーを意味し，1913 と + 16 はこの天体の方向を表す．

まず gauge を固定して考えることが必要である．詳細は省略するが，その手続きは電磁場の量子化と同様に行えばよい．ただし，電磁場の場合にはなかった新しい状況として，古典場（非量子論的な場）の理論では存在しなかった仮想的な場（ghost field）を導入する必要がある．これは gauge を固定した影響によるものであり，理論が unitarity を満たす上で重要な役割を果たしている[*1]．このような手続きで量子化された重力場 $h_{\mu\nu}$ は，helicity $+2$（または -2）をもつ質量 0 の量子グラビトン（graviton）場を記述する．

7.3.2 相互作用しているとき（$\kappa \neq 0$ の場合）の重力場 $g_{\mu\nu}(x)$ の量子化について

$\kappa \neq 0$ の場合，重力場 $g_{\mu\nu}(x)$ は自分自身が作る energy-momentum tensor 密度や，電磁場などの他の energy-momentum tensor 密度と相互作用をもつ．重力場とこれらの energy-momentum tensor 密度の相互作用は弱いので，7.3.1 項で考察した $\kappa = 0$ の場合を自由場として，energy-momentum tensor 密度との相互作用を相互作用係数 κ の摂動で取り扱うことができる．この計算法は，量子電磁力学を含む通常の量子化された gauge 場の理論の場合と同様である．しかしながら，これらの gauge 場の理論がくりこみ可能であるのに対して，量子化された重力場の理論がくりこみ可能である可能性は低い[*2]．

量子化された場の理論がくりこみ可能であることが，理論が物理的に有効であるための絶対条件であるか否かに関しては，必ずしも明確な結論が得られているわけではないが，くりこみ不可能性は重力場の量子化に関して大きな障害となっている．

7.3.3 重力場の量子化に関する基本的な問題

上でみたように，重力場の量子化にあたって，場を量子化する通常の場の理論の方法が有効でないことが明らかになった．ここで改めて，重力場の量子化に関する基本的な問題を検討したい．

A. 重力場を量子化することの必然性？

電磁波が量子的な特徴をもつことは，光電効果および Compton 散乱などの実験で検証され，それが電磁場を量子化することの動機となった．重力場の場合，一般相対性理論が予言した重力波の存在は，連星パルサーの観測で間接的に検証されたが，それが量子的振る舞いをすること，すなわちグラビトンの存在に関する実験的な検証はまだなされていない．グラビトンの存在に関する実験以外を考えても，重力場の量子的な振る舞いを明らかにした実験は，これまで報告されていない．

重力場の量子論的な効果が実験的に検証されていない理由としては，重力場と物質場の

[*1] ゴースト場（ghost field）の必要性とその役割に関しては，非可換 gauge 理論の量子化に関する教科書を参考にされたい．

[*2] 量子化された場の理論の繰り込みに関する議論は第 6 章を参照．

結合が電磁場の場合に比べてはるかに小さいことが考えられる*．しかしながら，従来の場の量子化の手続きが適用できない理論的な状況の中で，実験的にも量子論的な効果がみえないことは，量子化を実行する上での大きな困難となっている．

B. 量子化された重力場系の状態とは？

量子力学の系は，座標演算子 $\hat{x}$ と運動量演算子 $\hat{p}$ などの operator と，系の状態を記述する状態 $|\psi> = \int dx <x|\psi> |x> = \int dx\psi(x) |x>$ などの組によって表された．同様に，場の operator と系の状態を表す状態の組で場の量子系も記述される．量子化された重力場が扱う物理系では，場の operator は $\hat{g}_{\mu\nu}$ などがその役割を果たすことになるが，量子化された重力場系の状態の物理的な意味付けは，必ずしも明確ではない．

これは上記した課題，すなわち量子化された重力場の理論で取り扱うべき物理現象は何か，その現象において重力の量子論的な効果がどのように検証されるか，と密接に関連した問題であり，量子化された場の状態の物理的意味付けも，これらの課題が解明された後で解決する問題かもしれない．

重力場の量子化にあたっては，上記した 2 つの基本的な問題を深く考察し直すことが求められている．

さらに勉強したい人へ

一般相対性理論をさらに勉強したい人には，38）山内・内山・中野（1967），または 48）内山龍雄（1978）を，宇宙物理学に関しては 49）池内了（1997），非可換ゲージ場の量子化に関しては 50) Weinberg, S. (1998) を参考にされたい．

* 陽子と電子間の電気的な引力 F_E と重力 F_G の大きさの比は，$|F_E| / |F_G| = 2.3 \times 10^{39}$ となる．

付　　録

Lorentz の質量公式

第 1 章で議論した連続体の質量の連続方程式（1.4 節　(4.2) 式）

$$\frac{\partial \rho}{\partial t} + \partial_i(\rho v_i) = 0 \tag{A.1}$$

および，運動量の balance 方程式（1.4 節　(4.5) 式）

$$\frac{\partial}{\partial t}(\rho v_i) + \partial_j(\rho v_i v_j) = \partial_j T_{ij} \tag{A.2}$$

を考えよう．これらは相対性理論とは無関係に得られたものである．相対論的な連続体の理論において，(A.1)(A.2) がいかなる Lorentz 系でも成立するためには，ρ や v_i や T_{ij} をどのように Lorentz 変換したらよいかを考えよう．そのために，まず

$$\Theta_{44} \equiv -c^2 \rho \tag{A.3a}$$

$$\Theta_{ij} \equiv \Theta_{ji} \equiv \rho v_i v_j - T_{ij} \tag{A.3b}$$

$$\Theta_{4j} \equiv \Theta_{j4} \equiv ic\rho v_j \tag{A.3c}$$

という 10 個の量を導入しよう*．すると (A.1)，(A.2) は簡単に

$$\partial_\mu \Theta_{\mu\nu} = 0 \tag{A.4}$$

とまとめられる．$\nu = 4$ とおくと (A.1) が得られ，$\nu = i$ とおくと (A.2) が得られる．(A.4) がすべての Lorentz 系で成り立つためには，$\Theta_{\mu\nu}$ が 4 次元空間において tensor として振る舞えばよい．たとえば，x_1 方向の Lorentz 変換は $\beta \equiv v/c$ として，

* Greek は 1，2，3，4，Latin は 1，2，3 をとる．$x_4 = ict$.

$$x'_1 = (x_1 + i\beta x_4) / \sqrt{1-\beta^2} \tag{A.5a}$$

$$x'_2 = x_2 \tag{A.5b}$$

$$x'_3 = x_3 \tag{A.5c}$$

$$x'_4 = (x_4 - i\beta x_1) / \sqrt{1-\beta^2} \tag{A.5d}$$

であるから，

$$a_{11} = a_{44} = 1 / \sqrt{1-\beta^2} \tag{A.6a}$$

$$a_{14} = -a_{41} = i\beta / \sqrt{1-\beta^2} \tag{A.6b}$$

$$a_{22} = a_{33} = 1 \tag{A.6c}$$

$$a_{12} = a_{21} = a_{13} = a_{31} = a_{23} = a_{32} = 0 \tag{A.6d}$$

$$a_{24} = a_{42} = a_{34} = a_{43} = 0 \tag{A.6e}$$

を用いたとき，

$$\Theta'_{\mu\nu}(x') = a_{\mu\sigma} a_{\nu\rho} \Theta_{\sigma\rho}(x) \tag{A.7}$$

と変換すればよい．

静止系における量を $^{(0)}$ で表すと，(A.3) から

$$\Theta^{(0)}_{44} = -c^2 \rho^{(0)} \tag{A.8a}$$

$$\Theta^{(0)}_{ij} = -T^{(0)}_{ij} \equiv p^{(0)} \delta_{ij} \tag{A.8b}$$

$$\Theta^{(0)}_{4j} = \Theta^{(0)}_{j4} = 0 \tag{A.8c}$$

であるから，x_1 方向に速度 v で動いている系では (A.7) によって

$$\Theta_{44}(x) = -c^2 \rho = -c^2 \rho^{(0)} / (1-\beta^2) - p^{(0)} \beta^2 / (1-\beta^2) \tag{A.9}$$

となる．ここで $p^{(0)}$ は静止系における圧力，$\rho^{(0)}$ は静止系における質量密度である．

いま，静止系における体積要素を $dV^{(0)}$ とするとき，速度 v の系の体積要素 dV は

$$dV = dV^{(0)} \sqrt{1-\beta^2} \tag{A.10}$$

である．したがって (A.9) を積分すると，

$$\int dV\rho = (1/\sqrt{1-\beta^2})\int dV^{(0)}\rho^{(0)} + \left\{(\beta^2/c^2)/\sqrt{1-\beta^2}\right\}\int dV^{(0)}p^{(0)} \qquad \text{(A.11)}$$

となる．左辺は速度 v の物体の質量，右辺第 1 項の積分は物体の静止質量である．右辺の第 2 項の積分は（物体に働く力×物体の長さ）の程度のもので，質点にあっては 0 としてよい．こうするとわれわれはよく知られた Lorentz の質量公式

$$m(v) = m(0)/\sqrt{1-\beta^2} \qquad \text{(A.12)}$$

を得る．なお（A.11）の最後の積分は，（A.8b）によると

$$\int dV^{(0)}p^{(0)} \equiv \frac{1}{3}\int dV^{(0)}\Theta_{ii}^{(0)}(x) \qquad \text{(A.13)}$$

と書くことができる．これを物体の**自己応力**（self-stress）という．この量は，物体が粒子として振る舞うためには（すなわち，Lorentz の質量公式（A.12）が成り立つためには），0 でなければならない．

参　考　書

1) 阿部龍蔵，統計力学，東京大学出版会（1996）
2) 江沢　洋，場と量子，ダイヤモンド社（1976）
3) 江沢・恒藤，量子物理学の展望（上），岩波書店（1977）
4) 江沢・恒藤，量子物理学の展望（下），岩波書店（1978）
5) 伏見康治，力学，岩波物理学講座，岩波書店（1955）
6) 後藤鉄男，拡がりをもつ素粒子像，岩波書店（1978）
7) Haken, H., *Quantum Field Theory of Solids*, North-Holland (1976)
8) Harris, E. G., *A Pedestrian Approach to Quantum Field Theory*, John-Wiley (1972)
9) Henley, E. M. and Thirring, W., *Elementary Quantum Field Theory*, McGraw-Hill (1962)；(邦訳) 初等場の量子論，講談社（1974）
10) Heisenberg,W. K., 山崎和夫訳，部分と全体，みすず書房（1974）
11) Heitler, W., *Quantum Theory of Radiation*, Oxford (1944)
12) 今井　功，流体力学（前編），裳華房（1973）
13) 角谷典彦，連続体力学，共立出版（1969）
14) 木内政蔵，光（岩波全書），岩波書店（1935）
15) 中嶋貞雄，岩波講座　現代物理学の基礎（8）物性Ⅱ　素励起の物理，岩波書店（1972）
16) 中西　襄，場の量子論，培風館（1975）
17) 西島和彦，*Fields and Particles*, W. A. Benjamin (1969)
18) 西島和彦，相対論的量子力学，培風館（1973）
19) 大貫義郎，ポアンカレ群と波動方程式，岩波書店（1976）
20) Oppenheimer, J. R., 小林　稔訳，電気力学，吉岡書店（1960）
21) Pines, D., *Elementary Excitations in Solids*, W. A. Benjamin (1964)
22) 高野文彦，多体問題，培風館（1975）
23) 高橋秀俊，電磁気学，裳華房（1959）
24) 高橋　康，物性研究者のための場の量子論Ⅰ，培風館（1974）
25) 高橋　康，物性研究者のための場の量子論Ⅱ，培風館（1976）
26) 高橋　康，量子力学を学ぶための解析力学入門，講談社（1978）
27) 高林武彦，量子論の発展史，中央公論社（1977）
28) 谷内・西原，非線形波動，岩波書店（1977）
29) 寺沢寛一，自然科学者のための数学概論　応用編，岩波書店（1960）

30）武田・宮沢，素粒子物理学，裳華房（1965）
31）Taylor, P. L., *A Quantum Approach to the Solid State*, Prentice-Hall（1970）
32）朝永振一郎，量子力学Ⅰ，みすず書房（1952）
33）朝永振一郎，量子力学Ⅱ，みすず書房（1953）
34）朝永振一郎編，物理学読本，みすず書房（1969）
35）朝永振一郎，スピンはめぐる，中央公論社（1974）
36）朝永振一郎，素粒子論の研究Ⅰ，岩波書店（1949）
37）山内・武田，量子物理学，裳華房（1974）
38）山内・内山・中野，一般相対性及び重力の理論，裳華房（1967）
39）Whittaker, E. T., 霜田・近藤訳，エーテルと電気の歴史（上，下），講談社（1976）
40）矢島祐利，電磁理論の発展史，河出書房（1947）
41）湯川秀樹，素粒子論序説（上），岩波書店（1948）
42）湯川秀樹，物理講義，講談社（1975）
43）湯川・片山，岩波講座　現代物理学の基礎（11）素粒子論，岩波書店（1974）
44）横山寛一，量子電磁力学，岩波書店（1978）
45）高橋　康，量子力学を学ぶための解析力学入門　増補第2版，講談社（2000）
46）高橋・柏，量子場を学ぶための場の解析力学入門　増補第2版，講談社（2005）
47）Poincaré, J. H., 河野伊三郎訳，科学と仮説，岩波書店（1938）
48）内山龍雄，一般相対性理論，裳華房（1978）
49）池内　了，観測的宇宙論，東京大学出版会（1997）
50）Weinberg, S., 青山・有末訳，ワインバーグ場の量子論3，吉岡書店（1998）

第1版へのあとがき

この本では，第1章～第3章を，古典場から量子場の理論に踏み込んでいくための準備にあてた．第4章では，発生消滅演算子を用いて場を量子化し，粒子像をとり返す考え方を簡単に述べた．量子化された場の振幅が粒子的性質を再現し，その位相が波動的特徴を受け継いでいる．相対論的理論では，負の振動数をもった波の振幅を反粒子を1個発生する演算子とみなすと，相対論的因果律を満たすことができる．反粒子の導入によって波が光円錐の外に出ることを防いだわけである．これは現代流行の言葉でいうと，ある種の「閉じ込め問題」に成功したわけである．反粒子が，光円錐の外側で粒子の効果とちょうど消し合うためには，半整数の spin をもった場に対しては反交換関係を，整数の spin をもった場には交換関係を仮定しなければならない．これが spin と統計に関する Pauli の定理である．第5章では量子化された場という考え方の応用例をほんの少しばかりあげ，第6章ではいろいろと悲観的なことを並べたててしまった．

非相対論的な場の理論に関するかぎり，つまりあまり高い energy の粒子を問題にしないかぎり，場の量子論の前途は洋々としており，これから先，場の量子論的技術や考え方が，物性論や生物物理学にどんどんと染みこんでいくであろうことは，ほとんどまちがいないと思う．その場合重要なことは，微視的物理学として発展した場の量子論から，どのようにして巨視的物理学を引き出すかである．事実，量子的効果が巨視的現象に顔を出す例はたくさんある．よく知られている例は超伝導とか超流動などのほか，量子光学などはもちろんのこと，最近では結晶転位の問題や人間の記憶の機構にすら，場の量子論が活躍している．だいたい Planck の定数は小さいものだが，微視的要素の1つ1つが，なんらかの機構によってすべての効果が加え合わされるような特別の秩序に並ぶと，全体としては巨視的な現象を生み出すことになる．したがって，場の量子論の結果において $\hbar \to 0$ とすれば，われわれの出くわす巨視的な現象が再現されると思うのは単純すぎる*.

一方，場の量子論は深刻な持病に悩まされている．それは，この本のはじめに議論したように，大きさをもたない試験体を許し，そのようなもので測定することのできる局所場という理想化されたものを相手にしてきた報いであろう．第0章で述べたように，場を有限の領域で平均してやると，確かに積分の収束はよくなる．この平均操作がうまくでき

---

* 微視的物理から巨視的物理を導こうといういき方でおもしろいのは，梅沢博臣氏による最近の試みである．詳しくは東北大金属材料研究所における梅沢氏による講演集「場の量子論と多体問題」(1977) を参照されたい．ただし，この講演集は残念ながら市販されていない．

るとよいのだが，相対性理論というやっかいな枠がある．この枠からはみ出さないで平均操作を遂行することは，今のところ誰も成功していない．すべてのLorentz系での観測者が同意してくれるような，うまい平均操作ができないのである．

確かにわれわれは，点という純数学的なものを物理学に持ち込んでPygmalion症にかかっているのである．しかしながら次の点には注意しなければならない．巨視的な物体については，物の大きさという概念は割合はっきりしているが，微視的世界では物の「大きさ」とはいったい何を意味するのであろうか．電子が大きさをもっているとはいったいどういうことであろうか．大きさをもっているとしたら，それは何からできていて，何が電子を電子として安定に保っているのであろうか……といった疑問が次々と続くことになる．どこかでこの悪循環を絶たなければならない．つまり，どこかで「電子の大きさは？」という疑問自体が意味を失うはずである．

局所場の理論によると，場の相互作用というのは4次元空間における1点で，3個以上の場の量が積になって現れる項のことである．場の量のおのおのがその点において粒子を発生させたり消滅させたりする演算子であるから，相互作用に関与する粒子はつねに同一点で発生消滅することになる．なぜそうしなければならなかったかというと，それは，そうすると相対論的要求を形式的に満たすことがやさしいからである．2つ以上の重なった点は，どんなLorentz系から見ても重なっているという単純な事実によるものである．では相異なった点で場が相互作用するように理論を書き直してみてはどうだろうか．もちろんそのような変更はむずかしいけれども不可能ではない．しかし，まだ一般的証明があるわけではないが，経験によると有限な答えが出るようにするといつでも，相対論的因果律かそれとも理論のunitarity（これは確率が保存するということと，量子力学で基本的な「完全性の条件」の現れ）が破れる．今のところ，相対論的因果律と，unitarityと，答えが有限であるという3つの条件を満たす理論は存在しない．したがってわれわれは，前の2つの条件のどちらか，または両方の条件をゆるめなければならない．むずかしいのはしかし，巨視的な領域でボロが出ないように条件をゆるめることである．ボロを小さい領域に閉じ込めておかなければならない．

「小さい領域」というのがわけのわからない言葉で，小さいか大きいかなどということは，何か単位を決めてやらないと意味がない．いったい自然はどんな単位をもっているのであろうか．おそらく自然には何か長さの単位があって，物質の存在することそのものが，この単位以下の微小領域の空間の構造を規定しており，また逆に空間の構造が物質のあり方を制限し，そこでは電子の大きさなどを問題にすることが意味を失うようになっているのであろう．微小なところでは，空間の次元すらeffectiveに変わっているのかもしれない*．

---

* 広がりをもつ粒子像を得ようとする最近の動きについては，6）後藤鉄男（1978）参照．

しかし，このような自然のからくりを見破るには，単に空想にふけっているだけではだめで，私はやはり，ちょうど反粒子の存在が相対論的因果律を保証し，かつ spin と統計の関係を成り立たせていたように，現在われわれが見る自然の秩序と積分が収束する機構とが無関係なものであるとは思わない．なんとかここらで Pygmalion 症の苦しみから抜け出せないものだろうか．

最後に笑い話でこの本を閉じることにしよう．これはある若い科学者が Einstein に会ったときの会話．

「先生，先生のノートをぜひ見せていただきたいのですが……」

Einstein はきょとんとして，「いったい何のノートのことかね？」

若い科学者は続ける．「私はベッドの横にいつでもノートを置いておくのです．いいアイデアが浮かんだらすぐ書いておかないと翌朝忘れているといけないので．先生のそのようなノートをぜひのぞかせてください．」

「君はそんなことをするのかね．」と Einstein．「私は書きとめておくほど，そんなにたびたびいいアイデアが出ないので，ノートを置いておく必要を感じたことはないのだよ．」

つまり，量より質の問題というわけだが，ただし，この話の真偽のほどは保証のかぎりではない．

1978年

高橋　康

索　　引

著者紹介

高橋 康　理学博士

1951 年　名古屋大学理学部卒業

Professor Emeritus, Department of Physics, University of Alberta

主要著書　「量子力学を学ぶための解析力学入門　増補第 2 版」「量子場を学ぶための場の解析力学入門　増補第 2 版」「物理数学ノート I, II」（以上講談社），「物性研究者のための場の量子論 I, II」（培風館）など.

表 實　理学博士

1971 年　東京教育大学大学院理学研究科物理学専攻修了

慶應義塾大学名誉教授

主要著書　「時間の謎をさぐる」「キーポイント複素関数」「複素関数演習（共著）」（以上岩波書店），「量子力学特論」（共著，朝倉書店）など.

NDC 421　254p　21cm

古典場から量子場への道 増補第 2 版

1979 年 9 月 20 日　第 1 版第 1 刷発行
2021 年 10 月 22 日　増補第 2 版第 6 刷発行

著　者　高橋 康・表 實

発行者　髙橋明男

発行所　株式会社 講談社

〒 112-8001 東京都文京区音羽 2-12-21
販売部 (03) 5395-4415
業務部 (03) 5395-3615

KODANSHA

編　集　株式会社 講談社サイエンティフィク
代表 堀越俊一

〒 162-0825 東京都新宿区神楽坂 2-14 ノービィビル
編集部 (03) 3235-3701

印刷所　株式会社双文社印刷

製本所　株式会社国宝社

ISBN 4-06-153260-X